# 极薄煤层绿色智能综采关　键　技　术

主　编　李　斌
副主编　陈金拴　贺炳伟

应急管理出版社

·北　京·

#### 图书在版编目（CIP）数据

极薄煤层绿色智能综采关键技术 / 李斌主编 . --北京：应急管理出版社，2023
　ISBN 978-7-5020-9159-0

Ⅰ.①极… Ⅱ.①李… Ⅲ.①薄煤层采煤法—研究 Ⅳ.①TD823.25

中国国家版本馆 CIP 数据核字（2023）第 202299 号

#### 极薄煤层绿色智能综采关键技术

| | |
|---|---|
| **主　　编** | 李　斌 |
| **责任编辑** | 成联君　尹燕华 |
| **责任校对** | 赵　盼 |
| **封面设计** | 安德馨 |

| | |
|---|---|
| 出版发行 | 应急管理出版社（北京市朝阳区芍药居 35 号　100029） |
| 电　　话 | 010-84657898（总编室）　010-84657880（读者服务部） |
| 网　　址 | www.cciph.com.cn |
| 印　　刷 | 北京盛通印刷股份有限公司 |
| 经　　销 | 全国新华书店 |
| 开　　本 | $710 \text{mm} \times 1000 \text{mm} 1/16$　印张 $18\frac{1}{4}$　字数 314 千字 |
| 版　　次 | 2023 年 12 月第 1 版　2023 年 12 月第 1 次印刷 |
| 社内编号 | 20231020　　　　　　　定价　85.00 元 |

**版权所有　违者必究**

本书如有缺页、倒页、脱页等质量问题，本社负责调换，电话:010-84657880

# 编 委 会

**主　　编** 李　斌
**副主编** 陈金拴　贺炳伟
**编写人员** 李　峰　杨迎新　童应山　甄葳棋　吴文前
　　　　　王　森　皮国强　王文彬　白世民　赵　雄
　　　　　贺延军　赵　云　牛清富　沈贵阳　常海军
　　　　　王　波　张连东　李　荣　周明明

# 前　言

能源作为国民经济发展的重要保障，是我国经济发展的基石。煤炭作为我国的主体能源之一，在我国能源分布中占主体地位，在一次能源开采和消费中一直保持在60%左右，在我国能源战略中具有特殊重要意义。陕西省延安市煤炭资源丰富，煤田总面积7110 km$^2$，预测地质储量110亿t，约占全国煤炭储量总量的0.3%，居陕西省第二位，其中查明资源储量56.16亿t。全市赋煤区域大部分为薄煤层和极薄煤层，约占全市煤田总面积的70%，特别是延安中部矿区（子长南部、宝塔区、延长、延川、富县、黄龙）煤层平均厚度0.6 m，属极薄煤层，储量约24亿t。其中子长矿区属三叠纪煤田，也是三叠纪成煤条件最好的煤区，一般埋藏深度为300~600 m，煤种属国内少有的44~45号气煤，干燥基发热量一般大于25120.8 J/g，焦油产率多大于12%，是配焦、气化、液化、煤化工综合利用的优质用煤，可有效填补我国煤炭资源结构性不足问题。

极薄煤层工作面因采高低，设备运转空间有限，人员活动区域小，工人只能爬行或以卧姿作业；工作面作业环境恶劣，设备迁移困难等特点，在煤炭资源开发利用过程中劳动作业环境恶劣，作业强度大，巷道掘进及工作面回采过程中矸石产出量大，一方面造成矸石处理困难，另一方面选煤压力大。如何贯彻落实"创新、协调、绿色、开放、共享"新发展理念，以科学技术为支撑点，在极薄煤层开采中大力推广新技术、新工艺、新设备的实践应用，是极薄煤层资源开发利用过程中有效降低矸石产出、优化劳动作业环境、降低劳动作业强度、提高煤炭资源回收率，增加矸石利用的重要途径。

为了推动极薄煤层开采技术进步，促进企业升级转型，实现极薄煤层煤炭资源绿色、安全、高效开采，延安车村煤业集团有限公司坚持走"产学研用"相结合的道路，联合西安科技大学、郑州煤矿机械集团股份有限公司、山东矿机集团股份有限公司、北京华宇工程有限公司西安分公司、哈尔滨博业科技开发有限公司等技术研发和装备制造单位，共同攻关，在集成创新和引进消化吸收再创新的基础上，首创了融"110工法"无煤柱开采技术、智能化综采技术及清洁生产技术为一体的极薄煤层绿色智能综采技术，在采前降低掘进矸石产出，提高煤柱资源回收率；开采过程中实现地面操控采煤常态化，改善劳动作业环境，降低劳动作业强度，减少采煤矸石产出；通过多技术路径实现矸石开发再利用，变废为宝，缓解极薄煤层开采矸石的处理压力，推动了我国极薄煤层绿色智能综采技术发展。本书总结了极薄煤层开采技术的发展历程与丰硕成果，梳理了攻关团队推进极薄煤层智能综采技术创新的艰苦努力和重大突破。尽管极薄煤层绿色智能综采技术尚需进一步完善，但能够为继续破解极薄煤层煤炭资源开发利用的技术难题起到抛砖引玉的作用，并有力推动极薄煤层煤炭资源开发利用取得新的突破。

本书是集体智慧的结晶，是团队协作的成果。许多专家学者、煤矿科技工作者、设备制造企业为极薄煤层绿色智能开采装备技术的研发、配套与应用付出了艰辛的努力，特别是延安能源化工集团和车村煤业集团的大力支持，以及禾草沟二号煤矿全体人员在实践中积累的技术经验与创新成果，为本书提供了基础。本书的编写得到了西安科技大学相关专家的悉心指导与热情帮助，得到了北京华宇工程有限公司西安分公司、哈尔滨博业科技开发有限公司、郑州煤矿机械集团股份有限公司、山东矿机集团股份有限公司、延安能源化工（集团）有限责任公司、延安车村煤业（集团）有限责任公司有关领导、科研人员、管理人员的大力支持与全力配合，在此一并表示衷心的感谢和崇高的敬意！

编 者

2023 年 8 月

# 目　录

1　绪论 ································································· 1
　　1.1　极薄煤层煤炭资源分布及开采意义 ············· 1
　　1.2　国内外综采技术发展现状 ······················· 3
　　1.3　综采智能化关键技术发展现状 ················· 6
　　1.4　极薄煤层绿色智能综采技术现状 ············· 18

2　极薄煤层工作面地质条件及开采参数 ··············· 22
　　2.1　禾草沟二号煤矿工作面地质条件 ············· 22
　　2.2　工作面巷道布置 ································ 27
　　2.3　开采参数确定 ··································· 34
　　2.4　工作面矿压规律 ································ 37
　　2.5　生产参数确定 ··································· 57

3　极薄煤层绿色智能综采关键装备及工艺 ············· 59
　　3.1　智能综采装备总体配套原则 ··················· 59
　　3.2　极薄煤层绿色智能综采装备设计选型 ········· 76
　　3.3　供电系统设计及设备选型 ······················ 95
　　3.4　极薄煤层绿色智能综采工艺 ·················· 102

4　极薄煤层绿色智能综采监测与控制技术 ············ 124
　　4.1　智能综采单机控制与集控系统需求 ·········· 124
　　4.2　综采设备单机智能化技术 ···················· 134
　　4.3　综采设备集中监控系统技术 ·················· 142

5 极薄煤层绿色智能综采保障体系 …………………………………………… 159
　5.1 信息化矿山建设 ……………………………………………………… 159
　5.2 绿色安全保障体系建设 ……………………………………………… 165
　5.3 管理保障体系建设 …………………………………………………… 193

6 极薄煤层绿色智能开采实践与应用推广 …………………………………… 206
　6.1 禾草沟二号煤矿 1123 智能化综采工作面概况 …………………… 206
　6.2 1123 工作面智能综采设备型号与参数 …………………………… 208
　6.3 安装调试 ……………………………………………………………… 212
　6.4 生产组织方式 ………………………………………………………… 216
　6.5 实践效果 ……………………………………………………………… 257
　6.6 经济社会效益 ………………………………………………………… 267
　6.7 极薄煤层绿色智能开采技术推广应用 ……………………………… 269
　6.8 极薄煤层绿色智能开采技术展望 …………………………………… 270

参考文献 ………………………………………………………………………… 272

# 1 绪 论

## 1.1 极薄煤层煤炭资源分布及开采意义

### 1.1.1 极薄煤层储量与分布

煤炭资源是我国重要的能源之一，长期以来，对我国国民经济的发展起到了重大的推动作用。在我国"富煤、贫油、少气"的资源禀赋条件下，煤炭的需求总量依旧很大。根据国家统计局数据，2022 年我国原煤产量 45.6 亿 t，煤炭消费量占能源消费用量的 56.2%，并且根据《能源发展战略行动计划 2014—2020》预计到 2030 年，煤炭在我国能源消费结构中的比重仍将达到五成以上。可以预见，在未来相当长的发展周期内，煤炭在我国能源消费结构中的主导地位难以动摇。

我国煤炭赋存呈多样化，按照煤层赋存厚度分为 3 类，厚度大于 3.5 m 的煤层为厚煤层，厚度 1.3~3.5 m 的为中厚煤层，厚度在 1.3 m 以下的统称为薄煤层，不大于 0.8 m 的属于极薄煤层，超过 8 m 的称特厚煤层。在我国，煤厚小于 1.3 m 的薄煤层储量丰富且分布广泛，据统计在近 80 个矿区中的 400 多个矿井中赋存 750 多层薄煤层，保有工业储量 98.3 亿 t，可采储量约为 61.5 亿 t，约占煤炭可采总储量的 19%。其中，煤厚小于 0.8 m 的极薄煤层占 13.98%，煤厚 0.8~1.3 m 的占 86.02%。我国薄煤层储量的整体特征是"西多东少"，如四川、云南、贵州、重庆等省区煤炭以薄煤层赋存为主。由于煤炭开采较早的中东部中厚煤层已面临枯竭，故而薄煤层开采的局面则是"西缓东急"，许多矿井面临着薄煤层的开采问题，以保证矿井生产能力的均衡和延长矿井服务年限，如汾西中盛、泰安盛泉、铁法晓南、淮北祁南、淄博矿业、兖州南屯、徐州新河、大同姜家湾、晋华宫等矿区。另外，高瓦斯矿井的部分薄煤层开采还肩负着作为保护层的任务，如安徽淮南、山西阳泉、河南能化、辽宁沈煤、山西柳林华晋、黑龙江七台河新兴等矿区。焦煤、肥煤、无烟煤、气煤等稀缺煤种作为国家战略保护资源，尤其得到高度重视并进行合理规划开采，如陕西省延安市三叠系煤田，煤种属国内少有的 44～45 号气煤，是国内少有优质配焦化工用煤，可有效填补我国煤炭资源结构性不足问题。

陕西省延安市煤炭资源丰富，煤田总面积 7110 $km^2$，预测地质储量 110 亿 t，约占全国煤炭储量总量的 0.3%，位居陕西省第二位，其中查明资源储量 56.16 亿 t。全市赋煤区域大部分为薄煤层和极薄煤层，约占全市煤田总面积的 70% 左右。其中陕北二叠纪煤田可采煤层 1 层，煤层厚度小于 0.8 m；三叠纪煤田可采煤层 6 层，一般单层厚度小于 1 m；黄陇侏罗纪煤田可采煤层 2 层，煤层平均厚度为 2.02 m，特别是延安中部矿区（子长南部、宝塔区、延长、延川、富县、黄龙）煤层平均厚度为 0.6 m，属极薄煤层，储量约 24 亿 t。因此，为减少煤炭资源的浪费，保证煤炭工业的可持续性发展，大力推进极薄和薄煤层开采技术与相关设备研发，可以有效保障薄煤层煤炭资源安全开发利用，具有巨大的经济价值和社会效益。

### 1.1.2 极薄煤层开采技术特点与难题

长期以来，与中厚和厚煤层开采相比，极薄煤层具有以下特点：①工作面采高低，设备运转空间有限，人员活动区域小，工人只能爬行或以卧姿作业；②工作面环境恶劣，设备迁移困难；③长壁机械化工作面投入大，经济效益低等。众多不利因素使得各矿区在投产初期，通常优先开采中厚及厚煤层，大量薄煤层资源处于搁置状态，回采产量占总产量的比重只有 10.4%，远低于储量所占的比重，而且有下降的趋势，弃薄保厚的行为浪费了大量宝贵的煤炭资源，造成了生产接续和资源平衡开发的矛盾日益突出，采储比例失调，缩短了矿井的服务年限，同时我国华东、华南、东北、西南等地区煤炭资源紧缺，极薄和薄煤层资源可采储量所占的比重大，煤炭资源供求关系紧张。

以上问题已引起各方面的高度重视，因此，近年为保证矿井生产能力的均衡、延长矿井的服务年限、提高资源采出率，薄煤层的开采技术及装备特别是智能开采技术及装备正越来越受到国家及行业的重视。极薄煤层安全高效智能开采是当今煤炭生产的世界性难题。主要体现在工作面采高低，赋存条件不稳定，破岩装备可靠性差等方面。为降低工作面劳动强度，保障人员安全，推进综采智能化，提高生产效率，研究采煤新工艺、新技术，设计高效智能煤机装备，已成为国内外采煤行业迫切需要研究的方向。

## 1.2 国内外综采技术发展现状

### 1.2.1 大采高综采技术发展现状

近年来随着国内外煤机制造业技术的进步，尤其是国内煤机设计与制造等技术的迅速进步，以及煤炭企业经济形势逐渐好转，大采高开采方法逐渐得到推广应用。根据《大采高液压支架技术条件》(MT 550—1996) 规定，最大采高大于或等于 3800 mm，用于一次采全高工作面的液压支架称为大采高液压支架，对应的采煤工作面称为大采高工作面。大采高综采工作面的特点是支架高度大、采煤机功率大、需安装强力刮板输送机和相应的大型辅助设备，其一次性投资较大，对井型及井下巷道、硐室的尺寸要求较高，但具有产量大、效率高、适用于集中生产、井下布置简单等特点。

20 世纪 60 年代，由于液压支架制造技术的发展，国外主要产煤大国率先进行大采高开采。1960 年，日本设计带中间平台、采高为 5.0 m 的液压支架；1970 年，德国研发的垛式支架成功开采热罗林矿 4.0 m 采高煤层。同年，波兰研发了两柱掩护式大采高液压支架；1980 年，德国赫母夏特公司设计并研发了 G550 - 22/60（最大采高 6.0 m）掩护式液压支架，在威斯特伐伦矿获得成功应用且取得良好效果；1983 年，美国怀俄明州卡帮县 1 号矿采用长壁大采高综采开采技术，采高为 4.5～4.7 m，日产量为 6200 t，工效为 210～360 t/工，实现了高产高效；1987 年，苏联在多个大采高工作面使用 KM130 - 4 型掩护式支架，并研发了 KM142 型、YKM - 4 型、YKM - 5 型支架以满足不同生产条件；1993 年，德国 DBT 公司研发的大采高液压支架在捷克 LAZY 矿投入使用，通过不断攻克技术难题使开采高度由 4.0 m 提高到 6.0 m，在不同的生产条件均获得较好的使用效果。

我国在 1978 年首次应用大采高开采技术，引入德国掩护式支架及配套设备，在开滦范各庄矿 1477 工作面成功进行试验。并且，在引进国外设备的基础上研制了适应我国煤矿地质条件的一系列产品，并进行了工业性实验和实际生产，取得了一定的经验。1985 年，官地煤矿采用国产 BC520 - 25/47 支架开采 4.5 m 厚煤层；1986 年，邢台东庞矿采用 BY3200 - 23/45 支架，成功开采煤层倾角为 38°的大采高工作面，取得显著效果。21 世纪初，我国大采高开采技术发展到一个新的阶段，部分矿井工作面达到并超过国际水平。2003 年，神华神东公司补连塔煤矿大采高综采工作面年产原煤 924 万 t，采高达到 4.8 m。2004 年，神东煤炭公司上湾煤矿大采高一次采全高机械化综采工作面正式投产，采高5.4 m，实现原煤年产能1075万t。大同煤矿集团公司四老沟矿在巷道顶板、底板"两硬"条件下，通过优化开采工艺，引进高性能综采装备，实现采高4.5 m。2006年，晋城煤业集团寺河矿在近水平煤层中，采高达到6.0 m，极限采高达到6.2 m，进一步实现综采工作面机械化开采新的高度。2007年，神东煤炭公司上湾煤矿6.3 m大采高重型综采工作面投产，这是我国首个重型大采高综采工作面，采出率及开采工效大幅度提高；2009年，神东煤炭公司补连塔煤矿6.8 m超大采高综采工作面开始运行，全工作面年增产120万t，采出率相对上湾煤矿6.3 m工作面提高了9.5%。2018年，郑煤机为神东上湾煤矿研制的首套ZY26000/40/88D型8.8 m超大采高液压支架正式投入使用，该设备的成功应用，为上湾煤矿创造了最高日产5.84万t，最高月产146万t。2023年6月，郑煤机集团10 m超大采高智能化液压支架完成首批交付，该液压支架的支护高度、工作阻力均为目前世界之最，该套设备将应用于陕煤曹家滩矿业超大采高工作面，预计投入使用后，年生产原煤有望突破2000万t。上述项目实现了国内和国际的首次工程化实践，为解决大采高和超大采高煤层开采积累了丰富的经验。

### 1.2.2　极薄煤层综采技术发展现状

近些年来厚及中厚煤层高产高效开采技术的发展有了较大提高，而极薄煤层开采因设备不配套，开采技术水平相对较低。随着厚及中厚煤层资源的减少和一些矿井开采顺序的发展，我国将逐步加大极薄煤层的开采。大多数薄煤层的地质条件比较恶劣，工作面空间狭小，开采难度较大，薄煤层开采技术的发展还非常落后。

国内许多煤矿仍采用炮采或高档普采生产工艺，开采装备技术落后，产量低、效益、适应性及可靠性差，开采技术水平相对较低。如峰峰集团薄煤层储量达到1.26亿t，其中0.9~1.3 m薄煤层储量达7000万t以上，均为稀缺煤种（主要是主焦煤和肥焦煤），开采价值高。同时，薄煤层作为具有瓦斯突出危险的煤层的解放层，其开采后的空间可作为开采层的瓦斯等有害气体的释放空间，为主采煤层开采提供可靠的安全保障。随着厚及中厚煤层资源的减少和一些矿井煤层开采解放层的要求，我国急需加大薄煤层开采力度。由于受到工作面空间狭小、地质条件变化敏感、材料强度及机械结构、设备配套尺寸等限制，薄煤层机械化开采水平远远落后于中厚及厚煤层。近些年来厚及中厚煤层安全高效开采技术有了很大提高，促进了薄煤层装备研发制造和机械化开采快速发展。

目前，国外一些国家的极薄煤层开采机械化水平较高。乌克兰顿巴斯主要研究刨煤机和螺旋钻机采煤，取得了较好的经济效果，主要适用于开采薄煤层和极薄煤层（煤层厚 0.4~1.5 m）；波兰研制的 KSE-360 型滚筒极薄煤层采煤机，适用于厚度 1.0~1.6 m、倾角小于 35°的煤层；德国薄煤层生产全部实现综采化，德国 DBT（德国采矿技术）公司生产的高效长壁连续智能刨煤机应用于鲁尔矿区 1.3 m 的煤层中，使生产能力大幅提高，实现了高产高效。

我国薄煤层开采技术的发展经历了几个阶段，20 世纪 50 年代，当时采煤技术和设备都相对落后，所以炮采是进行薄煤层开采的首要工艺；60 年代深截煤机掏槽应用到了薄煤层开采中，落煤方式也开始采用爆破落煤；70 年代适用于薄煤层的设备有了长足的进步，研制出了多种类型的薄煤层刨煤机，包括全液压驱动刨煤机、刮斗刨煤机和钢丝绳牵引刨煤机等；90 年代以来，煤炭安全开采提出了可将薄煤层作为解放层从而达到为坚硬煤层卸压的目的，为此，煤炭科学总院研发了型号为 MG200/450-WD 型电牵引采煤机，并于 90 年代末下井应用，该采煤机应用工作面（采高为 1.2~1.7 m）在 2003 年第一季度，最高月产量达到 15 万 t，最高日产量达到 6000 多吨，创国内同等煤层开采厚度的最高月产与日产纪录。

21 世纪初，为满足晋城煤业集团薄煤层生产经济指标需求，天地科技股份有限公司上海分公司在 MG200/450-WD 型电牵引采煤机的基础上，研制成功了 MG2×125/550-WD 型采煤机，其采高范围更大，适应性更好。该设备在晋城煤业矿井应用后，在平均采高 1.6 m 煤层条件下，平均日生产能力达到可观的 3000 t。

2007 年，为解决淮南矿业集团矿井部分工作面开采薄煤层解放层需要，天地科技股份上海分公司、鸡西煤矿机械有限公司分别推出了装机功率更大、性能更加先进的 MG320/710-WD、MG2×150/700-WD 型采煤机。其对特定解放层薄煤层的适用条件更加适合，使用效果较好，后续成功应用于多个薄煤层矿井。为满足 0.8~1.0 m 左右的薄煤层高效开采的需要，在"十一五"期间，天地科技股份有限公司上海分公司、鸡西煤矿机械有限公司等推出了多款薄煤层采煤机，主要有 MG100/238-WD、MG150/346-WD、MG200/446、MG180/420-BWD 等型采煤机。

2008 年左右，山东能源枣庄矿业有限责任公司、重庆能源投资集团公司、天地科技股份有限公司三家合作，共同研制开发出具有自主知识产权、最低采厚达到 0.75 m 的 MG100/238-WD 型紧凑电牵引滚筒采煤机，该采煤机为煤层厚度 0.75~1.25 m，煤层倾角 0°~25°、煤质中硬的薄煤层综合机械化工作面开采提供了最优的选择，该采煤机在薄煤层综采工作面试验应用过程中达到月单产达 4 万 t 以上。

## 1.3 综采智能化关键技术发展现状

### 1.3.1 采煤机智能化关键技术

采煤机是采煤工作面的核心设备，它在工作面主导智能采煤过程。目前的采煤机智能化技术已通过智能感知和人工远程实时干预，实现"初级智能 + 远程干预"运行，其主要智能化功能体现为以下几方面。

#### 1. 采煤机姿态感知

采煤机姿态感知通过在采煤机机身上布置传感器监测采煤机割煤过程中采煤机截割高度、行走距离与速度及机身倾角。滚筒截割高度感知是通过旋转角度传感器的精密伺服旋转电位器测量摇臂相对于机身的摆动角度，推算实时截割高度；位置检测与牵引速度感知是通过旋转编码器检测牵引行走轮的转动圈数与角度，定时采样计算出机器牵引行走的距离与速度；机身倾角感知是通过二维倾斜传感器直接检测到机身倾角状态，传感器布置如图 1-1 所示。

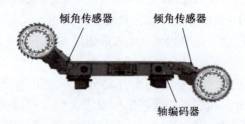

图 1-1　采煤机主要传感器布置示意

#### 2. 采煤机运行环境状态感知

采煤机运行环境包括外部环境和内部环境，外部环境主要包括采煤机所处位置的瓦斯浓度、通风情况等，内部环境为采煤机主要机构的状态参数。运行环境状态感知通过各类传感器完成。采用瓦斯浓度传感器、风速传感器等监测外部环境。内部环境监测根据各机构需求配置传感器，如通过布设温湿度传感器实现电控箱温湿度监测，在喷雾和冷却水路中安装流量传感器采集水路信息，在油路中安装压力传感器监测液压系统压力，在泵箱中配置油温、油位传感器进行油温、油位监测。典型采煤机运行环境状态感知传感器配置如图 1-2 所示。

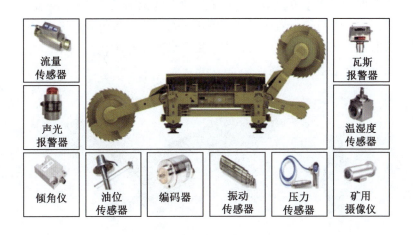

图 1-2　典型采煤机运行环境状态感知传感器配置

### 3. 机载视频监控

通过安装在采煤机摇臂上的照明灯和机载摄像仪实时追踪采煤机滚筒割煤状态，以视频方式显示采煤机截割滚筒与支架和顶板的动态相对位置。通过采煤机专用视频监控技术，可在巷道计算机或其他网络终端上实时监测工作面状态，并具有远程在线操控采煤机功能（图 1-3）。

图 1-3　照明灯和摄像仪安装位置

#### 4. 人员临近识别

人员临近识别系统主要由定位识别卡、识别标签和信号转换器组成，如图 1-4 所示。定位识别卡由工作面巡视人员携带，识别标签和信号转换器单独安装在采煤机适当位置。当安装在采煤机上的识别系统检测到一定范围内的识别卡后，对采煤机进行操作限制或闭锁，在其所在的位置周围创建一个安全区域，从而避免在自动化生产过程中产生人员安全隐患。

图 1-4　采煤机人员临近识别

#### 5. 智能防碰撞检测

在自动化生产过程中，为减小空顶距并提升支架的跟机速度，需尽量减小采煤机与支架间的安全间距。采煤机防碰撞检测可通过毫米波雷达技术实现。毫米波雷达具有体积小、易集成、空间分辨力高、抗干扰能力强的特点，且可穿透煤尘、水雾等。毫米波雷达安装于采煤机机身上，通过前方、左右、上下方向的三维扫描检测各方的物体，如图 1-5 所示。通过毫米雷达波技术可从较远位置识别工作面支架升降情况，从而实现防碰撞检测，检测距离为 50 m，精度为 1 cm。

#### 6. 交互通信

采煤机至巷道的通信标准配置为 FSK 载波通信，通过主电缆控制线的频分复用，稳定传输距离可达 500 m 以上，指令传输延迟约 10 ms，延时抖动小于 1 ms，且支持 EIP、工业以太网 TCP/IP、CAN 通信协议，支持工作面 4G 通信功能。

#### 7. 采煤机智能记忆截割

图1-5 采煤机用毫米雷达波

采煤机智能记忆截割系统由截割控制模块、自动截割软件包、传感检测模块组成，采用自由曲线记忆截割方式，带端头工艺支持，满足复杂的截割条件，可按照实际学习的采煤工艺，实现两端头复杂的斜切、割三角煤、扫底等自动截割运行。记忆截割控制流程包括人工示教及数据处理、自适应调高、人工修正3个阶段。在人工示教及数据处理阶段，采煤机根据人工操作割煤一刀，存储每个采集点的当前位置和采煤机姿态、采高、行走速度等信息。在自适应调高阶段，采煤机控制系统根据采集到的数据形成记忆截割曲线并指导采煤机进行自适应调高采煤。当煤层地质条件发生较大变化时，进入人工修正阶段，退出记忆模式，改为人工干预采煤，将修正后的数据记录到系统中，用于指导下一刀采煤。

### 8. 采煤机自主定位

采煤机精准定位是实现割煤滚筒自动调高、刮板输送机自动调直、截割滚筒自适应调速的重要基础，近几年的惯导定位方法在采煤机定位技术上取得新突破，相关研发和应用十分活跃。天地科技股份有限公司上海分公司的第二代DSP电控系统嵌入澳大利亚LASC定位技术，在兖州煤业股份有限公司转龙湾煤矿，神华宁夏煤业麦垛山、金家渠、金凤、羊场湾、灵新等煤矿和陕西能源凉水井煤矿的采煤机上安装运行，可实时监测采煤机三维姿态，实现工作面自动调直，在转龙湾煤矿试验达到了300 m长工作面的定位测量误差小于10 cm。

### 9. 煤岩识别感知

煤岩的自然边界通常较为模糊，且经常会有夹矸或顶板下陷、底板上升的情况。无差别直接割矸将会对采煤机造成极大的损坏。因此采煤机在割煤过程中如果触及岩层顶底板，须及时进行适当的截割高度调整，以避免机器受到过载破坏及过多采出矸石。煤岩识别分为截割前、截割中、截割后3种模式，目前的截割前识别采用地质探测方法，截割中识别采用振动频谱法、电流检测法，截割后识别采用红外测温法、表面图像法。其中，国外采用红外测温法，国内采用摇臂振动、驱动电流和截割噪声的融合识别方法，再用神经网络识别模型可较准确地辨识煤岩截割状态变化。

### 1.3.2 液压支架智能控制关键技术

液压支架是采煤工作面支撑顶板、保护安全作业空间的"顶梁柱"设备，在工作面布置排列有数百架液压支架，目前液压支架已能够跟随采煤机实现自动推进和支护动作，其主要智能化功能体现为以下几方面。

#### 1. 自动移架

为了实现自动移架的功能，液压支架电液控制系统已由通过电液阀的人工控制方式升级为计算机程序控制系统。液压支架电液控制系统通过电液阀的人工控制变为计算机程序控制，将液压支架位姿状态信号传输给计算机，再由电液阀控制液压支架实现自动移架、自动推移输送机、自动放煤、自动喷雾的成组或单架控制的功能。液压支架电液控制技术由邻架先导控制技术、成组控制技术、端头集中控制技术和巷道计算机集中控制技术组成。

#### 2. 自动跟机

综采工作面液压支架可以跟随采煤机的截割位置完成自动移架、自动推移刮板输送机、自动喷雾、三机联动等成组或单架控制功能。当工作面地质条件发生较大变化时，通过远程监控中心对液压支架进行人工干预，以保持液压支架自动化操作。

#### 3. 自适护帮

遇到工作面煤壁片帮、顶底板松软情况时，自动跟机会出现护帮支护效果不佳、支架抬底动作不利索，造成移架结束后架前堆煤、扭架现象。为此，工作面支架一级护帮铰接处安装压力传感器和行程传感器，自动移架增设自适应控制功能：移架开始→抬底开始→抬底到达→移架到位设置多个循环，形成"多步移架"控制；在护帮支护时，二级护帮板与一级护帮板差动伸出支护煤壁；支护复位时，一级护帮板与二级护帮板差动收回，从而避免联动控制的二级护帮板插入煤壁。

#### 4. 自动调斜

在煤层顶底板倾角较大的工作面，容易造成液压支架倾斜、错位、挤咬甚至倒架事故。智能调斜液压支架上装有倾角传感器来在线感知倾斜参数，在支架底座上设有调斜液压千斤顶，当液压支架出现过山或退山时，自动升起支架底座倾倒侧 2 个调斜千斤顶，同时适当配合降架操作，最后将支架调整到迎山接顶状态。

#### 5. 自动调直

由于液压支架推移行程的累计误差，割采 3 个循环就会导致煤壁平直度产生弯曲，必须停机调整支架位置来校正直线度。目前，液压支架调直主要采用采煤机惯导定位、激光雷达扫描、视觉测量等方法测量刮板输送机弯曲度，配合差值算法和自身位移反馈完成定量"推－移"的液压支架排列调直。转龙湾煤矿 23303 工作面采用国外惯导测控设备进行液压支架自动调直试验，直线度测量误差小于 100 mm，通过支架电液控系统实现自动调直误差小于 300 mm。

#### 6. 智能供液

乳化液泵站是液压支架的动力源，须满足快速跟随降架、移架、升架控制所需的流量动态变化并维持恒定压力，以保证液压支架动作时间能跟上采煤机割煤速度。智能化工作面供液系统，实现了电磁卸载自动控制、泵站智能控制、变频驱动、多级过滤、乳化液自动配比、状态在线监测等功能，提供标准的以太网或 RS485 接口，采用 Modbus TCP/IP 或 Modbus RTU 通信协议，通过集控主机与工作面综合自动化系统进行双向通信。智能供液系统在现场使用之后，取得了降低顶板事故率 20% 以上，降低泵站事故率 37% 以上的效果。

#### 7. 自测矿压

液压支架立柱油缸工作阻力和伸缩量直接反映承压顶板压力和下沉量，通过实时监测液压支架立柱压力及位移变化，可以为顶板控制、压力预警、事故预防提供数据。综采支架压力及位移监测系统由监测单元、巷道监测站和地面监测中心组成。监测单元安装在支架上面，对液压支架压力和位移数据进行就地处理、显示和故障报警；巷道监测站接收各个单元的传输数据，集中显示；地面监测中心读取监测站的上传数据，监视、存储、分析矿压状态并生成报表。

#### 8. 自动补压

支架在正常支撑的情况下，因顶板松动等原因导致立柱下腔压力低于设定值时，电控系统自动发送升柱指令将立柱压力补充至初撑力。

9. 巷道集控

在工作面巷道构建液压支架集中控制中心，它将远程控制、以太网、通信、液压等技术融合应用，形成了液压支架自移动、自调高、自跟机、自调斜、自调直、自测压、自补压等智能化功能的集中监控系统，可对工作面液压支架的自动运行状态进行远程监控。

### 1.3.3 刮板输送机智能化关键技术

刮板输送机组（含转载机、破碎机）是综采工作面的"脊梁"设备，承担割采煤炭的装载、转载和输送任务，同时还作为采煤机行走轨道和支架推移支点，其主要智能化功能体现为以下方面。

1. 智能启动

在智能控制模式下，刮板输送机启动采用分阶段控制方法，即启动之初采用预张紧控制策略，通过对机头和机尾电机的分别控制，对输送机底部链条进行预张紧；在底部链条张紧之后，机头和机尾的电机才会同时同步启动运行，以防止机头堆链、跳链，避免机尾卡链、磨耗槽沿，并限制刮板链的启动载荷冲击。当启动完成后，先在设定的较高速段运行一定时间，清理滞留在中部槽中的浮煤，之后进入设定的低速过渡运行状态，刮板输送机带载后，根据负载和系统运行状况实现智能自动调速。

2. 智能调速

刮板输送机的智能调速策略通过以运行电流为主，煤流量、采煤机位置和方向为辅的调速方法，采用多参数混合逻辑的控制方法，通过准确的采煤机状态信息、电机的转矩、工作面条件参数、煤量检测装置数据及转载机、巷道带式输送机等后级设备的输送量，根据优先级及影响度进行综合分析，确定刮板输送机实际负载，采用分级调速控制，根据负载所在区域选择运行速度，避免因负载波动而频繁调速。采用激光扫描器实时监测刮板输送机运煤量，刮板输送机根据运量变化实时调整链速，实现运行速度与运煤量的成正比例调节，使电机的无功功率处于最低，也降低了刮板输送机的能耗，减少链轮、刮板链和中部槽等承载部件的滑动磨损量。

3. 功率协调

多电机功率智能协调可使头尾驱动电机能够随负载变化而自适应分配功率，避免电机运行功率失衡，从而保证在常态时头部电机主要承担运煤负载，尾部电机主要承担张紧底链，在负载增大时双电机协同拖动负载。

4. 智能紧链

采用自动伸缩机尾装置，随动调节启停及不同工况的刮板链张力及张紧状态。通过感应油缸腔内压力的变化来实时控制其与链条张紧力自适应的伸缩量，实现链条自动的张紧与松链。设定油缸压力上行、下行临界点压力，控制阀组使油缸压力保持在稳定区间，使链条处于适度张紧状态，由此实现了启动紧链、停机松链、运行适度张紧的智能控制。

5. 断链监控

工作面刮板输送机的断链掉链故障占其总故障的45%以上，因此设置在线监控保护技术，避免刮板输送机出现断链事故扩大。目前，较为可行的断链自动监测有3种方法：①刮板链环计数监测，如果发生断链故障，监测脉冲信号间隔会产生约150 ms的异常滞后；②监测变频驱动电动机的电流突降，断链瞬间的机尾电动机电流下降率超过70%；③从刮板链张力传感器直接获得张紧力突降。基于这些断链信息，监控系统会自动紧急闭锁停机，并发出报警，显示大致的断点位置。

6. 自动调直

刮板输送机自动调直技术与液压支架自动调直技术互为依托，相辅相成。刮板输送机自动调直要借助于液压支架调控，利用采煤机定位数据反演出刮板输送机轨道线形变化，然后优化计算调直目标基线，借助液压支架定量控制推移对刮板输送机轨道纠偏，从而实现刮板输送机直线度自动调直控制。

7. 采运协同

刮板输送机与采煤机、转载机和带式输送机之间互联信息接口，实时进行信息交换，以采煤机割煤量为动态流量，刮板输送机、转载机和带式输送机则据此实时调整自身运输能力，或对前后级设备给出调节策略，从而达到采运系统的各级能力最优匹配。

8. 直角转弯

它将刮板输送机与刮板转载机设计融为一体，刮板转载机的传动装置同时也是刮板输送机的机头传动装置，两者有机结合、同步运行，避免了刮板转载机因故障突然停运后引起的堆煤故障，同时省去了刮板输送机的机头传动装置，优化了刮板输送机与采煤机的配合，有利于端头支护和顶板控制。由于减少一次煤流转载，可节能10%以上。

9. 自硬化耐磨

我国自主研发出利用摩擦自硬化的中锰钢耐磨材料，利用运输煤流的低冲击功使中部槽表面产生马氏体相变、位错和层错复合强化，摩擦表面的硬化层厚度可达 1 mm，显微硬度高达 530 HV，从而使刮板输送机和转载机中部槽磨损率显著降低。该材料用于制造出首套国产 8 m 大采高刮板输送机中部槽，分别在金鸡滩煤矿 108 工作面和补连塔煤矿 12511 工作面使用，现场实测的百万吨过煤量的磨损量仅 0.6 mm，以可磨损厚度 25 mm 估算，预期过煤量可超 4000 万 t。

10. 破碎自动化

巷道破碎机普遍采用双齿辊的分级破碎机，目前已有破碎机状态监测系统，可在线监测减速器高低速轴承温度、润滑油温、电动机绕组温度、冷却水流量、冷却水压力、润滑泵压力，并与工作面刮板输送机、转载机联锁控制。值得借鉴的是，山特维克公司已推出新型智能圆锥破碎机，实现破碎机负荷状态联机调节，可将破碎比提高 25%，产能提高 50%。

11. 智能控制系统

智能控制系统可实现刮板输送设备的工况运行参数监测、链条自动张紧、煤量监测、刮板输送机的智能启动和智能调速及常见故障诊断、关键零部件健康状态分析等功能，保证刮板输送设备的高效、稳定运行。该系统主要由刮板输送机智能调速控制系统、监测主站、链条自动张紧控制、煤量扫描装置、设备健康管理系统及各类传感器组成。

### 1.3.4　智能化集中控制关键技术

目前的初级智采工作面已可以分 3 个层次监控：单机监控、巷道集中监控、地面远程监控。①单机监控主要由采煤机、液压支架、输送机、供液、供电、网络及信息等系统组成，通过通信接口实现各系统之间的信号采集、传输及反馈控制；②巷道集中监控将采煤机控制、电液控制、三机协同控制、泵站控制、工作面视频监控等系统有机整合，对综采设备进行远程监控；③地面远程监控可在地面指挥调度中心对工作面进行管控，实时掌握工作面装备的运行状态。

1. 远程可视化监控平台

在巷道的远程可视化监控平台犹如智采工作面的"大脑"，如同飞机、高铁列车、舰船的驾驶舱，监控人员就是智采工作面的驾驶员，其对采煤装备进行启停、状态监控，实现采煤工作面无人值守、自动运行。在郑州煤机液压电控有限公司智采驾驶舱内设有全自动控制模式和分系统自动控制模式，如图 1-6 所示。

全自动控制模式通过"一键"启停，泵站启动→带式输送机启动→破碎

1  绪    论

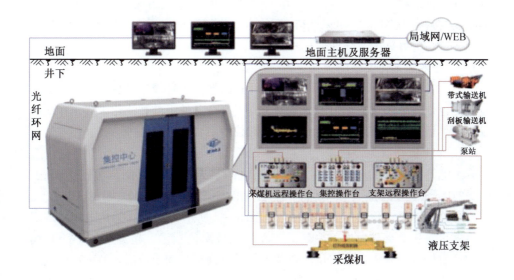

图1-6  智采工作面驾驶舱

机启动→转载机启动→刮板输送机启动→采煤机启动（上电）→采煤机记忆割煤程序启动→液压支架跟随采煤机自动化控制程序启动，然后工作面全自动化运行。

分系统自动控制模式是单独对综采设备进行自动化控制，分为液压支架远程控制，采煤机远程控制，工作面输送机、转载机、破碎机集中自动化控制，泵站控制，根据生产需要，独立启动运行。

2. 工作面物联网技术

井下综采工作面设备物联网通过无线通信与光纤通信联合组网，使采煤机、液压支架群组、刮板输送机组的运行状态信息互联互通，形成了包含地面监控中心、巷道监控中心、工作面工业以太网、工作面设备监控系统的物联网。其中，地面监控中心与巷道监控中心通过煤矿建设的井下工业以太环网连接，在采煤机上安装一台本安型无线交换机，液压支架上布置多台本安型无线交换机，采煤机上的无线交换机和液压支架上的无线交换机并行通信，一台交换机同时与多台交换机通信，以保证数据传输的稳定性和可靠性。目前的综采工作面物联网多以WiFi或Zigbee为无线通信方法，未来5G技术将用于井下工作面物联网。阳煤集团新元公司进行了5G在井下巷道的信号传输性能测试，其覆盖距离约 400 m，下行速率大于 800 Mbit/s，上行速率大于 70 Mbit/s，端到端时延小于 20 ms，可以期待 5G 技术将为智采工作面物联网提供更快速、更大容量、更可靠的无线通信技术。

### 1.3.5 智能综采待突破的关键技术

随着我国煤炭资源的日益减少，易开采的地质条件越来越少，矿山装备运行工况也变得越来越复杂。因此，为了克服复杂条件下的智能化采煤工作面技术难题，目前亟须突破的智能化采煤关键技术主要有以下几种。

#### 1. 采煤机精准定位技术

智能开采需要精确定位，它是采煤机的"方位觉"智能仿生技术难题。在没有 GPS 信号的狭窄空间运行，自主精准定位仍需进一步解决。

目前的地下定位技术的性能对比如图 1-7 所示，井下智能化工作面的定位方式可有 3 个突破方向：一是基于无线电波定位技术，超宽带（UWB）精确定位有望成为未来井下定位的新技术，采用到达时间定位法（TOF）或到达时间差定位法（TDOA），现场测试结果表明 UWB 定位距离覆盖范围广，单个基站可以覆盖半径达到 800 m，精度达到 30 cm；二是航迹推算定位技术，依靠惯导技术、陀螺仪和里程计等方法实现综合定位，在煤矿现场的 300 m 长的工作面定位误差小于 10 cm；三是井下环境特征匹配定位技术，借鉴自动驾驶汽车定位技术，在采煤机上安装激光雷达，利用采煤机的惯导装置做出大概位置判断，然后用预先制备的高精度地图与激光雷达 SLAM 云点图像与之对比，放在一个坐标系内配准，从而确认采煤机移动位置，这可能是目前最成熟、准

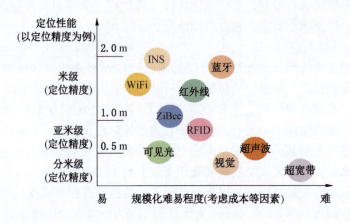

图 1-7 现有定位技术性能对比

确度最高的采煤机定位方法。

### 2. 煤岩界面识别技术

这是已经研究了 50 多年的智采化采煤关键感知技术,实际上是在割煤过程中,如何仿生人的"视觉""听觉""触觉"而自动识别煤岩界面。现有研究表明,在割煤过程中,以激光或高光谱、太赫兹的机器视觉可以"看到"煤岩分界的波谱变化,以截齿红外成像可以"看到"截割岩层的温升,从截割臂振动可以感觉到截割岩层的吃力状态。因此,目前的以单参数识别煤岩分界的方法,都存在一定的局限性,导致准确性不高。如何把采煤机感受的振动触觉、热成像视觉、声波听觉与激光或高光谱视觉进行融合,形成煤岩界面识别的新技术是解决该问题的主要方向之一,基于这些单向技术已有原理认识或试验研究,未来需要对它们的融合感知模型及信息处理方法加以深入研究。

### 3. 围岩自适支护技术

围岩支护状态事关智能化采煤的安全性,虽然目前对支架动作实现了自动化控制,但支护状态调节还主要依靠人工来完成,无法满足采煤作业智能高效推进的目标。为此,王国法院士提出实现液压支架群组与围岩的智能耦合自适应控制,基于图 1-8 所示的支护系统群组协同控制逻辑。

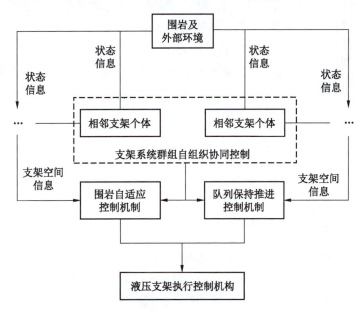

图 1-8 围岩支护群协同控制模型

#### 4. 自主纠偏技术

目前，综采工作面基本实现了直线度与截割高度的自动纠偏（调节），但对于复杂多变的工作面，智采工作面需要至少 10 个自主纠偏（调节）能力，方能实现采煤工作面从"自控"向"智控"转变，还需要研究：①割煤推进的自主纠偏技术，目前已具有割煤行进中的调速、调高的纠偏控制，煤流运输具有调量控制，但在推进方向的自主纠偏（调进）技术尚不成熟，至于切割煤层的调转速技术还处于空白；②围岩支护的自主纠偏技术，目前的液压支架已能够自动调进（推移），但对偏斜、偏移的自主纠偏（调进、调偏）尚未取得实质性的技术突破，支撑高度的自主纠偏（调高）目前没有可应用的成熟技术。

## 1.4 极薄煤层绿色智能综采技术现状

### 1.4.1 极薄煤层绿色智能综采工作面发展现状

机械化、自动化及智能化是提高薄煤层生产效率和降低采煤危险系数的有效手段，采煤机械化已在世界范围内普及，自动化及智能化技术在部分煤层条件较好的发达国家广泛使用。

20 世纪 90 年代以来，美国、英国、德国、澳大利亚等国开始着手研究自动化综采关键技术，并取得了一些显著性的成果。德国 DBT 公司成功研制了基于 PM3 电液控制系统的薄煤层全自动化综采系统。美国 JOY 公司开发了基于计算机集成的薄煤层少人操作切割系统。进入 21 世纪以来，国外煤矿开采追求"安全、高效、简单、实用、可靠、经济"的原则，其智能开采的技术思路是：通过钻孔地质勘探和掘进相结合的方式，描绘工作面煤层的赋存特征，通过陀螺仪获知采煤机的三维坐标，两者结合实现工作面的全自动化割煤，该思路避开煤岩识别难题，以地质条件为载体，规划自动化采煤过程。

目前，我国在薄煤层自动化综采方面与发达国家还有一定的差距。差距主要体现在煤岩界面识别、工作面设备自动找直技术等。根据国内实现的自动化及智能化开采控制模式，薄煤层智能化开采系统主要有远程干预无人化采煤工艺、矿井虚拟现实技术及远程遥控技术等。智能化开采远程干预无人化采煤工艺，即以"工作面自动控制为主，远程干预为辅"的工作面智能化生产模式，实现"无人跟机作业，有人安全值守"的开采理念；矿井虚拟现实技术创造出一个三维的采矿现实环境，模拟采矿作业过程及工艺设备的运行，操作人员可与虚拟现实系统进行人机交互，在任意时刻穿越任何空间进入系统模拟的任何区域；远程遥控技术，即以采煤机记忆截割、液压支架跟随采煤机自动动作、综采设备智能感知为主，人工远程干预及视频监控为辅。

近年来，随着我国相关企业对薄煤层自动化开采技术及装备的重视，在薄煤层自动化关键技术的理论及应用方面均取得了一定的成果。在薄煤层自动化开采技术的应用方面，我国取得了卓有成效的尝试及试验，代表性的薄煤层综采工作面有神华集团神东煤炭分公司榆家梁煤矿44305薄煤层自动化工作面、兖矿集团杨村煤矿4602薄煤层自动化工作面、陕西煤炭集团黄陵矿业有限公司一号煤矿1001综采工作面、中煤进出口公司唐山沟煤矿8812薄煤层自动化工作面。其中，44305工作面综采设备全部是进口设备，4602工作面、8812工作面设备全部为国产设备，薄煤层自动化关键设备已实现国产化。工作面典型特征都是以记忆切割加远程干预控制采煤机截割、电液控制液压支架为基础，在顶底板条件好的情况下，实现采煤机的自动化截割、支架跟随采煤机自动化移架、推移刮板输送机等作业。

我国的薄煤层综采主要以记忆切割技术为基础，人工频繁干预下复制采煤机截割轨迹实现自动化切割，受工作面煤层地质条件的影响较大，自动化关键技术的适应性相对较差，还需要进一步的探索。

### 1.4.2 车村煤业集团极薄煤层智能化发展现状

延安市禾草沟二号煤矿有限公司位于延安市子长市，行政区划属子长市余家坪镇，隶属于延安车村煤业（集团）有限责任公司（以下简称车村煤业集团），属地方国有煤矿。车村煤业集团禾草沟二矿为原延安市禾草沟二号煤矿整合区内新建矿井，原延安市禾草沟二号煤矿整合区是在原延安市禾草沟煤矿二号整合区范围的基础上向东部进行扩大调整而成，原延安市禾草沟煤矿二号井整合区是将原禾草沟煤矿二号井经单井扩大整合而成。四者的关系如图1-9所示。

矿井整合之前，原禾草沟煤矿二号井为低瓦斯矿井，生产技术条件简单。矿井采用竖-斜井联合开拓、对拉短壁前进式开采、小型割煤机刻槽、人工放煤、0.5T轨道侧翻自卸矿车运输、中央并列通风系统、轴流风机送风、多级水泵排水、矿灯照明。矿井整合后，于2013年12月正式通过综合验收投入生产。矿井井田面积12.1180 km²，开采3号煤层，开采标高+1035~+1075 m，煤层平均厚度0.75 m，矿井核定生产能力0.30 Mt/a，地质储量503万t，服务年限为9.5年；截至2022年12月31日，矿井保有储量为208.4万t，可采储量169.2万t。矿井地质条件简单，水文地质类型划分为中等。煤的自燃倾向

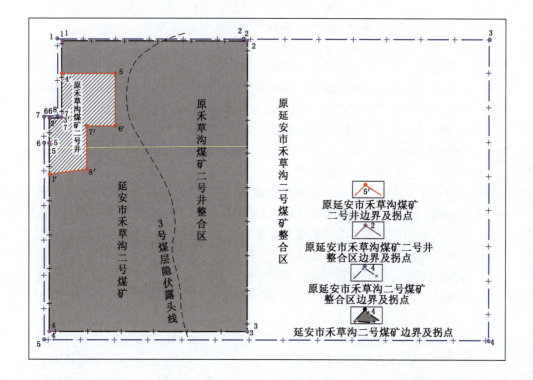

图1-9 延安市禾草沟煤矿二号井范围变化图

性为Ⅱ类自燃,属低瓦斯矿井。

多年以来,在集团党委的正确领导下,禾草沟二号煤矿在煤矿开采科技领域不断耕耘、发展且逐步成长。

2014年7月,公司装备了延安市首套极薄煤层综合机械化开采设备,开创了延安市极薄煤层机械化开采的先河。

2015年8月,实施了与中国矿业大学(北京)合作的"110工法"沿空留巷开采技术;2016年11月该项目通过中国煤炭工业协会科技成果鉴定,该项技术的应用达到"国内领先、国际首创"水平,真正意义上实现了"0"煤柱开采,极大提升了煤炭资源回收率。工作面煤炭资源回收率提高了14.2%。

2021年5月以来,集团主要领导亲自挂帅奔赴全国各地开展现场调研,并通过与科研院所、高等院校和设备研制单位多方论证、座谈和研判,确定了首套极薄煤层智能化综采设备在禾草沟二号煤矿 3 号煤层应用开展工业性试验。

2022 年 8 月，首套极薄煤层智能化综采设备入井安装并开始联调，该套设备的应用将极大地减少采煤工作现场的作业人员，大幅度降低工作面矸石采出率且可提升煤炭产量，为子长矿区极薄煤层绿色、智能、高效开采开辟了新路子。该项目的应用如下：

（1）实现工作面开采高度由 1.25 m 降至 0.8 m，精煤回收率由 34% 提升到 80%，提升 46%。

（2）实现工作面产能提升 25%，由过去的 20 万 t/a 提升到 25 万 t/a。全矿井年产能提升 10 万 t，年增加工业产值 1 亿元。

（3）实现矿井每年减少矸石产出量 46 万 t。节约洗选费用 966 万元/a，节约矸石处理费用 460 万元/a。

（4）实现作业人数可减少 42%，单个工作面人员由过去的 70 人减少到 40 人，矿井减少人数总计 60 人。每年可节约人工费用 600 万元。

该项目被省科技厅列入厅市联动重点项目和承担了延安市"揭榜制"极薄煤层绿色智慧化开采科研项目实施工作，目前项目取得了阶段性的成果。2023 年 4 月 11 日延安市发改委会同子长市工业和煤炭局组织专家组对该公司 1123 极薄煤层智能化采煤工作面进行了初步验收，验收最终得分 90 分。1123 极薄煤层智能化采煤工作面达到了陕西省 A 类智能化采煤工作面建设水平，初步验收顺利通过。

2023 年 6 月 14 日陕西省能源局会同省应急管理厅、国家矿山安全监察局陕西局监察执法三处、延安市发改委、子长市工业和煤炭局组织有关专家组对公司 1123 极薄煤层智能化采煤工作面进行了省级验收，专家组分别对采煤机、液压支架、转载机、破碎机、刮板机、视频监控及其配套控制系统、泵站及集成供液系统、网络和语音通信设备、集控中心及综合智能化控制系统等进行现场验收。验收最终得分 83 分。1123 极薄煤层智能化采煤工作面达到了陕西省 A 类智能化采煤工作面建设水平，省级验收顺利通过。

# 2 极薄煤层工作面地质条件及开采参数

## 2.1 禾草沟二号煤矿工作面地质条件

禾草沟二号煤矿位于子长县城以南 11 km（直距）处，行政隶属子长县余家坪乡所辖。井田南北长约 4.17 km，东西宽约 2.94 km，面积 12.1179 km²。2016 年 1 月，延安市禾草沟二号煤矿整合区依法取得了采矿许可证，矿井生产规模 0.21 Mt/a。

井田内出露和钻孔揭露的地层由老至新依次有三叠系上统永坪组（$T_3y$）、瓦窑堡组（$T_3w$）；侏罗系下统富县组（$J_1f$）；侏罗系中统延安组（$J_2y$）、直罗组（$J_2z$）；新近系上新统静乐组（$N_2j$）；第四系中更新统离石组（$Q_2l$）、上更新统马兰组（$Q_3m$）及全新统冲、洪、坡积物（$Q_4al$）。

区内地表多被上更新统马兰组地层覆盖，沟谷中覆盖有少量第四系冲洪积层和离石组地层，沟谷底有少量的瓦窑堡组地层出露。据钻孔揭露和地表出露，区内地层由老到新依次为：中生界三叠系瓦窑堡组（$T_3w$），新生界新近系上新统静乐组（$N_2j$），第四系中更新统离石组（$Q_2l$）、上更新统马兰组（$Q_3m$）、全新统冲坡积层（$Q_4^{lal+pl}$）。

井田含煤地层为三叠系上统瓦窑堡组（$T_3w$），区内钻孔未将瓦窑堡组（$T_3w$）揭穿，在原延安市禾草沟二号煤矿整合区的扩大区内有 4 个钻孔揭穿了瓦窑堡组（$T_3w$），分别为 ZK105、ZK305、ZK505、ZK309 号钻孔，根据钻孔揭露的地层情况，瓦窑堡组在区内上部第四段和第五段均被剥蚀殆尽，保留下来的瓦窑堡组地层厚度在钻孔中的揭露厚度分别为 267.35 m、272.90 m、253.22 m、180.55 m，平均厚度为 243.51 m。区内瓦窑堡组含煤层（煤线）10 余层，具对比意义的煤层 3 层，煤层编号自上而下依次为 3、2、1 号煤层。

根据区内钻孔揭露，赋煤区内 3 号煤层厚度为 0.68～0.90 m，平均为

0.79 m。在煤矿东部遭受剥蚀，仅赋存于煤矿西部，在赋存范围内全区可采。2 号煤层位于瓦窑堡组第二段中上部，层状产出。区内仅有 8 个钻孔见到该煤层，可采点仅 1 个（ZK102）。煤层厚度 0.20 ~ 0.58 m，平均厚度 0.38 m。该煤层不含夹矸。煤层赋存于整合区的中西部，东部因地层抬升遭受剥蚀殆尽。煤层厚度由整合区西南向东北方向渐变薄。该煤层单点可采，且无法连片，属不可采煤层。其他编号及未编号煤层在区内有零星可采点，经煤层对比后，不具备连片计算资源量的条件。

3 号煤层为全区可采煤层，位于瓦窑堡组第三段上部，层状产出，与 2 号煤层间距 68.75 ~ 73.14 m，平均 70.49 m。区内的 11 个钻孔和利用外围的 3 个钻孔中，有 11 个见到该煤层，另外，巷道见煤点 1 个，老窑见煤点 1 个，共 13 个见煤点，全部可采，可采面积约为 7.26 km$^2$。煤层厚度 0.68 ~ 0.90 m，平均厚度 0.79 m。煤层底板标高为 1035 ~ 1065 m；煤层埋深为 34.83 ~ 201.80 m，平均 105.72 m。该煤层不含夹矸。煤层赋存于煤矿区的西部，煤层厚度由西向东渐变薄，东部因地层抬升遭受剥蚀殆尽（图 2 - 1）。煤层顶板岩性主要为粉砂岩和细粒砂岩，煤层底板岩性主要为粉砂岩和泥质粉砂岩。3 号煤层在区内层位稳定，厚度变化小，变化规律明显，结构简单—较简单，煤类单一，煤质变化小。

矿井采用斜井单水平带区式开拓，主斜井井筒倾角 16°，井筒斜长 207 m，装备带式输送机，用于提升煤炭，兼作矿井进风和安全出口。副斜井倾角 22°，井筒斜长 108 m，采用单钩串车提升矸石及材料，兼作矿井进风和安全出口。回风斜井倾角 23°，井筒斜长 103 m，为专用回风井，兼矿井安全出口。其中南部带区划分为 36 个分带，首采分带为 1101、1102 分带，位于井田中部。设一个开采水平，水平标高为 1045 m。运输大巷、回风大巷均沿煤层布置。北部带区采用原混合提升斜井及原回风斜井生产，原混合提升斜井井筒倾角 20°，井筒斜长 87.714 m，用于提升煤炭、行人、下放材料、进风兼作安全出口；原回风斜井井筒倾角 20°，井筒斜长 87.714 m，回风斜井回风兼作安全出口。北部带区划分为 4 个分带。在南部井田闭坑后，北部带区接续。

矿井 3 号煤直接顶板主要为泥岩 - 砂质泥岩，次为粉砂岩，本岩组是煤系地层的主要岩组。岩石含有较高的黏土矿物和有机质，其结构面发育较多的水平层理、小型交错层理、节理裂隙和滑面等。据邻区勘探资料，干燥状态下单轴抗压强度为 50.86 MPa，饱和抗压强度 15.30 ~ 27.30 MPa，软化系数 0.24 ~ 0.76。饱和抗拉强度 1.22 ~ 3.43 MPa，抗剪强度 $c$ = 3.30 ~ 6.70 MPa，$\phi$ =

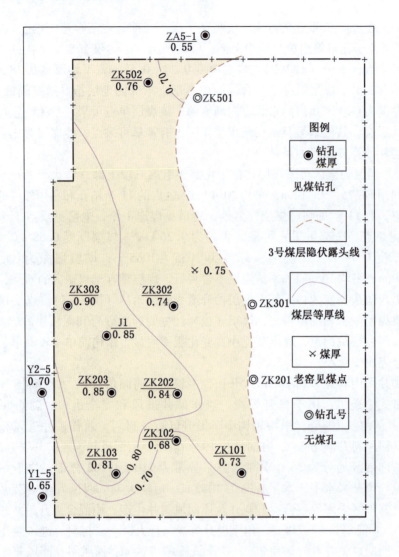

图2-1 3号煤层等厚线及见煤点分布

35.23°~41.81°。顶板岩性分布如图2-2所示。

煤层底板岩性主要为泥岩-砂质泥岩,次为粉砂岩,层状结构是煤系地层中粉砂岩、(砂质)泥岩组的典型结构,为薄-中厚层状,夹泥岩、煤、炭质泥岩等软弱夹层,局部夹有中厚层砂岩。该岩体结构特点是岩体分层多,软硬

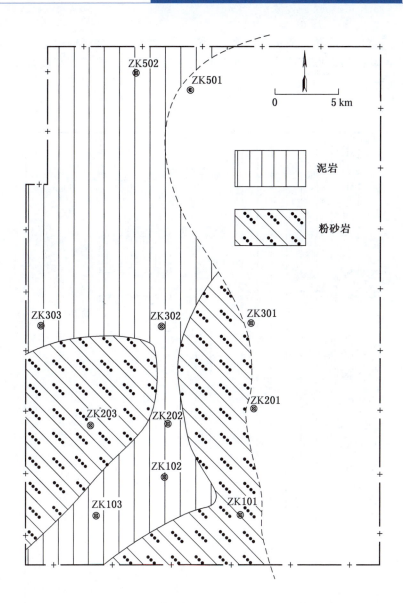

图 2-2 煤层顶板岩性分布图

相间。受沉积因素影响,剖面上厚度和平面上分布变化大。受各种结构面的影响,结构体形态以长方体、板状体为主,干燥状态下抗压强度为 32.49 ~ 46.12 MPa,饱和抗压强度为 12.09 ~ 20.12 MPa,为相对隔水层,易受地下水对岩石的软化、崩解、离析等影响。在煤层顶板多以复合结构产出，失去原岩压力平衡状态后，以离层或沿滑面滑脱失稳为主要表现形式。底板岩性分布如图 2-3 所示。

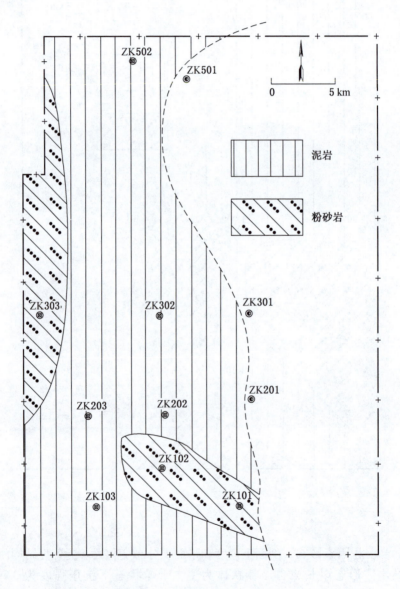

图 2-3 煤层底板岩性分布图

3号煤层均为黑色，沥青～油脂光泽，阶梯状～参差状断口，少量棱角状断口，硬度中等，性脆。外生裂隙较发育，裂隙面常被方解石和黄铁矿薄膜充填。条带状结构，层状构造。3号煤层的最大镜质组反射率（Rmax%）为0.789%，属于中煤阶Ⅱ变质阶段。原煤干燥基高位发热量（Qgr.d）极值为28.71～33.82 MJ/kg，平均值为32.12 MJ/kg，为特高发热量煤。3号煤的浮煤挥发分最大值为41.21%，最小值为36.78%，平均值为39.00%。黏结指数最大值为85，最小值为66，平均值为81，煤类为气煤45号（QM45）。

地勘时期测定3号煤层每克可燃物中瓦斯含量为0.28～0.90 mL；2013年度瓦斯等级鉴定报告中，矿井绝对瓦斯涌出量为3.47 m³/min，绝对二氧化碳涌出量为5.30 m³/min。相对瓦斯涌出量为5.55 m³/t，相对二氧化碳涌出量为8.48 m³/t。2015—2017年度井下实测瓦斯浓度均小于0.1%，且浓度变化不大。根据分析，禾草沟二号煤矿瓦斯属于"简单"类型。

禾草沟二号煤矿顶板风化基岩裂隙含水层和和瓦窑堡组砂岩裂隙承压含水层为矿井3号煤层的直接充水水源，补给条件一般，有一定的补给水源。该含水层受采掘破坏或影响的孔隙、裂隙、岩溶含水层，补给条件差，补给来源少或极少，矿井及周边存在少量老空积水，位置、范围、积水量清楚，矿井采掘工程一般不受水害影响。根据以上分析，矿井水文地质类型中等。

## 2.2 工作面巷道布置

### 2.2.1 长壁采煤工作面布置方式

智能化无人综采属于长壁采煤方法，工作面巷道布置采用长壁采煤系统。

根据矿井采煤、掘进的机械化程度，煤层巷道的维护条件，煤层瓦斯涌出量的大小以及工作面安全的需要，工作面平巷布置分单巷、双巷和多巷3种方式。在国外也有长－短－长工作面巷道布置方式。

1. 单巷布置

工作面每侧各布置一条平巷，一条为运输巷，另一条为回风巷，这是长壁工作面最基本的平巷布置方式。单巷布置的掘进率低，系统简单，巷道维护量小，目前多数综采工作面采用这种巷道布置方式。

2. 双巷布置

1）下侧双巷布置

综采工作面因运输平巷需设置转载机、带式输送机、泵站以及变电站等电气设备，当维护大断面平巷有困难时，可掘两条断面较小的平行巷道，一条放置带式输送机，另一条放置电气设备，形成双巷布置（图2-4）。由于综采要求工作面等长布置，两条平巷均沿中线掘进，当煤层倾角有变化时，平巷高低不平，因此不宜再以轨道作为辅助运输。

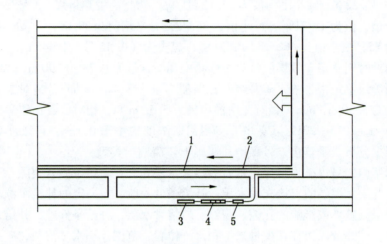

1—转载机；2—带式输送机；3—变电站；4—泵站；5—配电点

图2-4 综采工作面下侧双巷布置示意图

实际上，下侧双巷布置是把邻近工作面的回风平巷提前掘出，为本工作面服务，或放置设备，或排水运料，或兼而有之。与单巷布置相比，巷道并没有多掘，只是增加了回风平巷的维护时间。

目前不少采用无轨胶轮辅助运输方式的高效综采工作面都采用这种巷道布置方式，紧靠带式输送机巷的这条巷道就作为本工作面的无轨胶轮车辅助运输巷。

2）两侧双巷布置

由于通风、排水的需要，工作面上、下侧均可布置为双巷。如神府矿区大柳塔矿201工作面就是双巷布置。该工作面装备大功率、高强度综采设备，日生产能力可达万吨以上。工作面两条运输巷和两条回风巷间距25 m，靠内侧的为1号运输巷和1号回风巷，靠外侧的为2号运输巷和2号回风巷，2号运输巷和2号回风巷均铺设有排水管，设计综合排水能力为820 m³/h。1号和2号平巷隔一定距离以联络巷贯通，联络巷中开挖有水窝。这种布置方式既满足了工作面通风的要求，又解决了工作面开采时富水特厚松散潜水涌入时的排水问题。

3. 多巷布置

多巷布置即三条或四条平巷布置，这是美国长壁工作面平巷的典型布置方式。其掘进工艺和设备与房柱式盘区掘进相同。三条平巷和四条平巷布置如图 2–5 所示。平巷都为矩形断面，宽度为 5.5~6.0 m 或 4.5~5.0 m，高度为煤层厚度，平巷之间的距离根据围岩条件和开采系统的具体情况确定，一般为 19.0~25.0 m，平巷每隔 31.0~55.0 m 以联络巷贯通。

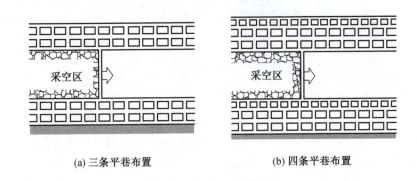

(a) 三条平巷布置　　　　(b) 四条平巷布置

图 2–5　多条平巷布置

下侧平巷中，靠工作面的一条铺设带式输送机运煤，另一条作辅助运输兼进风巷，其余均进风和备用。上侧平巷一般作回风用。平巷数目依据工作面瓦斯涌出量及围岩条件而定。

当用连续采煤机掘进工作面平巷时，多平巷掘进类似于房柱式开采，多条巷道的掘进不仅不会给开采造成困难，而且能满足生产的多种需要，掘进班产煤量平均达千吨以上。用连续采煤机掘进四条平巷的典型布置方式如图 2–6 所示。

美国安全法规要求综采工作面巷道不少于 3 条，即在工作面两端各布置 3 条或 4 条，以便于通风、行人和设备安装运输。

长壁综采工作面采用多巷的主要原因是：单产高，要求通风量大，综采工作面实际进风量均在 2500 m³/min 以上，需多条巷道保证通风；多条巷道便于使用多台无轨胶轮车，有利于工作面设备的快速运输、安装、搬迁。

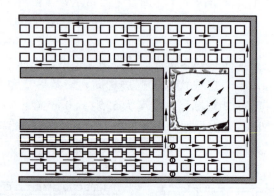

图 2-6　四条平巷典型布置方式图

4. 长-短-长工作面巷道

美国和澳大利亚等国普遍采用长短工作面布置方式。其实质是，在容易实现高产高效的区段布置长-短-长工作面。在地质变化和不规则区段用短工作面，长工作面配备高产高效综采设备，短工作面用连续采煤机开采。

长-短-长布置方式，即两个长工作面之间布置一个短工作面。这个短工作面既是两个长工作面的护巷煤柱，又是两个长工作面采完后，用连续采煤机开采的短工作面。这种布置方式，按切割划分工作面的巷道条数和巷道掘进时间分为"2+2 巷式""3+1"巷式和"4 巷式"三种。长-短-长 4 巷布置示意图如图 2-7 所示。

### 2.2.2 "110 工法"沿空留巷无煤柱智能化工作面布置

智能化无人综采工作面布置需要综合考虑矿井生产能力、煤层条件、矿山压力、通风能力、瓦斯浓度、设备配套及维护情况等因素。

延安市禾草沟二号煤矿智能化无人综采工作面设计倾向长度为 120 m，连续推荐走向长度 450 m。工作面东部为回风、运输大巷，南部为井田边界，西部为 1123 工作面前期回采采空区，北部为 1121 工作面采空区。巷道布置采用"110 工法"沿空留巷无煤柱布置方式，在相邻 1121 工作面回采期间，采用切顶留巷方式将 1121 运输巷保留下来作为 1123 回风巷，用于工作面回风。

智能化无人综采工作面巷道布置方式如图 2-8 所示。

工作面巷道断面必须满足通风要求，运输巷、回风巷的尺寸主要考虑设备

## 2 极薄煤层工作面地质条件及开采参数

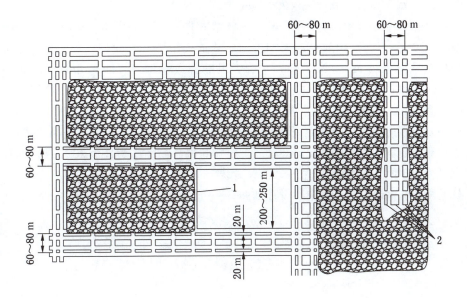

1—长工作面；2—短工作面

图 2-7 长-短-长 4 巷布置示意图

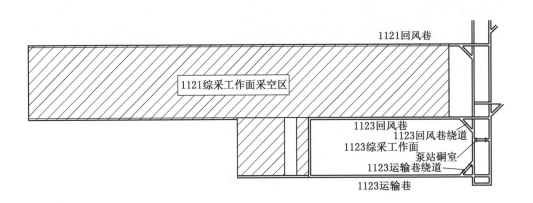

图 2-8 智能化无人综采工作面巷道布置方式

运输、布置、通风、切顶留巷施工空间等要求，并提前预留留巷后围岩变形空间。因此确定 1123 运输巷断面尺寸宽×高为 3800 mm×2300 mm，1123 回风巷断面尺寸宽×高为 3500 mm×2000 mm。

1123 运输巷为掘进巷道，巷道为半煤岩巷，巷道围岩主要经受掘进影响及 1123 工作面回采超前采动影响，因此巷道采用锚网索联合支护。巷道顶板锚杆型号为 φ20 mm×2200 mm 左旋无纵肋螺纹钢锚杆，矩形布置，间排距 800 mm×800 mm，每排 5 根；顶板锚索型号为 φ17.8 mm×7300 mm 锚索，排距 3000 mm，每排一根，布置于巷道中线；网片型号为 φ6 mm×2000 mm×1000 mm 钢筋网片。巷道帮部锚杆型号为 φ18 mm×1600 mm 矿用玻璃钢锚杆，矩形布置，间排距 900 mm×800 mm，每排 3 根，第一排距顶板 200 mm；网片型号为 HBPP15-15MS 护帮专用型矿用塑料拉伸网，相邻网搭接 100 mm，绑扎间距 300 mm。1123 运输巷设计如图 2-9 所示。

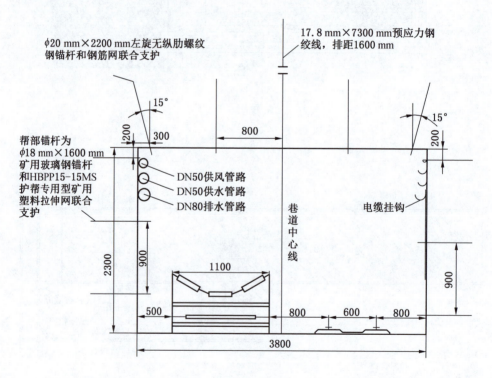

图 2-9　1123 运输巷断面及支护

1123 回风巷为 1121 工作面回采期间切顶留巷形成，巷道在 1121 运输巷永久支护的基础上，一方面考虑留巷过程中覆岩结构运动对留巷围岩的影响，采取一定的留巷围岩控制措施保证留巷期间的安全，另一方面，考虑1123工作面回采期间超前采动影响，确保工作面回采期间的巷道围岩稳定，因此巷道在原支护的基础上，首先，在爆破预裂人工切缝前，需对巷道顶板进行加固，以防止爆破震动对巷道顶板损伤过大从而使顶板发生大变形甚至冒顶等安全事故；其次，爆破预裂人工切缝实施后，利用工作面回采产生的矿山压力切落顶板时，一方面需要避免垮落顶板矸石向巷道空间滚落，需在工作面回采前进行巷道挡矸支护，另一方面采空区顶板切落后，巷道顶板形成短悬臂梁结构，由原固支梁结构转变为短悬臂梁，采空区覆岩稳定需要一定的时间，因此需采取临时补强措施，加强工作面回采后采空区覆岩结构运移造成的顶板压力影响下的巷道围岩稳定。对此在预裂爆破切缝前，采用顶部补强支护措施，加强顶板结构安全，提高切顶后短悬臂梁的强度及其承载能力；工作面回采前，在一定范围内通过滞后临时支措施，采用单体液压支柱配合工字钢构筑被动支护，加强工作面回采期间留巷顶板围岩稳定；通过巷帮挡矸支护措施，采用钢筋网+单体液压支柱及抬棚等避免切落矸石滚落至巷道空间，保证巷道断面成型。回风巷设计如图2-10所示。

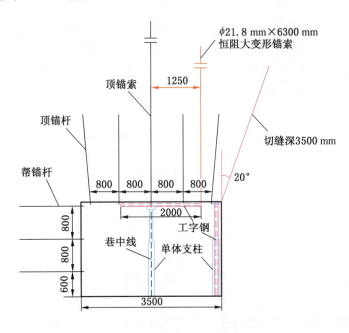

图2-10 工作面回风巷断面及支护

巷道顶板锚杆型号为 $\phi 20\ mm \times 2200\ mm$ 左旋无纵肋螺纹钢锚杆，矩形布置，间排距 $800\ mm \times 800\ mm$，每排5根；顶板中线锚索型号为 $\phi 17.8\ mm \times 7300\ mm$ 锚索，排距 $3000\ mm$，每排一根；靠近采空区侧锚索型号为 $\phi 21.8\ mm \times 6300\ mm$ 恒阻大变形锚索，锚索恒阻器规格为直径 $65\ mm$，长度 $500\ mm$，排距 $1000\ mm$，距巷道中线距离 $1250\ mm$，相邻三根锚索采用钢带连接。巷道煤壁帮锚杆型号为 $\phi 18\ mm \times 1600\ mm$ 矿用玻璃钢锚杆，矩形布置，间排距 $900\ mm \times 800\ mm$，每排3根，第一排距顶板 $200\ mm$；网片型号为 HB-PP15-15MS 护帮专用型矿用塑料拉伸网，相邻网搭接 $100\ mm$，绑扎间距 $300\ mm$。巷道采空区侧切顶帮联合使用11号工字钢、单体液压支柱及钢筋网进行挡矸支护，金属网为高强焊接钢筋网，网孔为 $50\ mm \times 50\ mm$，单片金属网尺寸为 $2300\ mm \times 1100\ mm$，金属网挂设时接顶接底，与顶板网搭接时，搭接长度不小于 $200\ mm$，帮部两网之间搭接长度不小于 $100\ mm$。网外通过工字钢与单体支柱进行固定，工字钢及单体支柱沿挡矸侧交错布置并处于同一直线，间距为 $500\ mm$，其中工字钢顶部接顶，底部采用木楔固定。

## 2.3 开采参数确定

综采工作面几何参数主要包括工作面倾向长度（工作面长度）、采高、工作面走向长度。工作面倾向长度主要取决于地质、生产技术、经济及管理等因素，采高主要取决于煤层厚度，工作面走向长度主要取决于采（盘）区大小。

### 2.3.1 工作面倾向长度

#### 1. 地质因素

（1）地质构造。影响工作面长度的地质构造主要是断层和褶曲。在回采单元划分时，一般以较大型的断层或褶曲轴作为单元界限，这就从客观上限制了工作面长度的大小。在小型断层发育的块段布置工作面时，由于小型断层会影响工作面正规循环，造成工作面推进度下降，尤其是对机组采煤造成较大影响，此时工作面不宜过长。通常，工作面内部发育的断层落差大于 $3.0\ m$ 时，将对综采工作面回采造成较大影响。

（2）煤层厚度。当煤层较薄、工作面采高小于 $1.3\ m$ 时，由于工作面控顶区及两巷空间小，不易操作和行人，受采煤机机面高度的影响，功率受限，设备故障率高，因此工作面长度不宜过长。

（3）煤层倾角。煤层倾角不仅影响工作面长度，而且影响采煤方法的选择。通常情况下，煤层倾角越小，其对工作面长度的影响也越小。当煤层倾角小于 10°时，工作面长度可视实际情况适当加大；煤层倾角介于 10°～25°之间时，可按常规工作面布置；煤层倾角介于 25°～55°之间时，工作面上下同时作业困难，工作面长度不宜过大；煤层倾角大于 55°以上，工作面长度则不应超过 100 m。

（4）围岩性质。围岩性质对工作面长度的影响主要是顶、底板对工作面长度的影响，另外煤层自身的软硬程度对工作面长度也有一定的影响。通常伪顶过厚（厚度大于 1.0 m）和顶板过于破碎条件下的采煤工作面，由于其支护工作量大、支护难度较大，此时工作面不宜布置过长；三软煤层工作面底软、支柱易扎底、顶底板移近量大，加之煤软易片帮，生产管理困难，这样的工作面也不宜过长。

（5）瓦斯含量。瓦斯含量的大小对工作面长度有一定的影响。瓦斯含量小的煤层工作面长度一般不受通风条件的制约。瓦斯含量大的煤层，工作面长度越大则煤壁暴露的面积就越大，随着产量的提高，单位时间内瓦斯涌出量就大，回采时需要的风量就越大。但由于受工作面及两巷的断面限制，风量不可能无限度地加大，因此需严格执行"以风定产"规定。双突及高瓦斯矿井更要考虑瓦斯含量以及通风能力对工作面长度的影响。

### 2. 生产技术因素

（1）采煤工艺。长壁采煤工作面一般采用炮采、普采、综采 3 种采煤工艺。工作面采用不同的采煤工艺，对工作面长度有明显的影响。普采工作面，为了充分发挥采煤机组的效能，实现工作面的安全高效，在同样的条件下工作面长度应比炮采长。综采（放）工作面，由于液压支架的使用能保证采煤机快速截割，减少辅助时间，因此其工作面长度较非综采工作面要长。另外，因综采（放）支架装备费用高，而工作面越长遇到地质构造变化的可能性越大，此时工作面就不宜布置过长。

（2）设备条件。工作面装备能力制约和影响采煤单元参数。工作面设备对工作面长度的影响主要表现在工作面设备运输能力和有效铺设长度，其运输设备的出煤能力必须与工作面生产能力相匹配。

（3）安全条件。①顶板管理和推进速度对顶板移动变形破坏的影响。工作面长度对机组维修有一定的影响，这表现在不同长度的工作面，排除故障所需时间长短不同，工作面长度对矿山压力显现也有影响，当工作面顶板下沉量达到最大值时，工作面支架可能会被压死，因此只能靠改变推进度来解决。考虑到这两种因素，应用可靠性理论的研究结果是：当地质条件好时，工作面长度比计算结果减少8%~14%，地质条件较差时减少45%~52%。②通风能力。多数情况下，工作面长度与通风的关系不大，但是对于高瓦斯煤矿工作面风速可能成为限制工作面长度的重要因素。因为如果推进度一定，工作面越长则每一循环产量就越高，瓦斯涌出量就越多，需要风量就更大。

### 3. 经济因素

在一定的地质和生产技术条件下，通过理论分析和计算，可以得到一个最优的工作面长度范围。通常按产量和效率最高法确定工作面合理长度区间，再进行工作面效益最好即吨煤成本最低的分析计算，得出最佳的工作面长度。

### 4. 管理因素

管理水平的高低，对确定工作面长度的影响很大。技术管理水平较高，确保工作面的工程质量和设备正常运转的能力就强，当因地质条件产生局部变化出现回采困难时，就能及时迅速地采取措施恢复正常回采。从生产管理来看，短工作面易于管理，这是因为地质变化小，顶板管理相对简单，工作面容易做到"三直两平"，发生机电事故的概率也小，对于初次采用新采煤方法的矿井，由于受技术管理水平和设备操作熟练程度等因素的制约，工作面长度宜短些。综采工作面布置的设备多、吨位大，液压元件精密度高，各种机电保护系统、插件和线路复杂，需要严格的科学管理和较高的操作水平，才能满足综采工作的要求

工作面长度的增加，既有利于减少辅助作业时间，降低巷道掘进率，又有利于提高开机率、采区采出率和工作面单产，从而提高工作面效率。工作面地质条件优越，煤层倾角小、厚度大、顶底板稳定，可将工作面长度适当加大。机械化装备水平及可靠性高，要求工作面生产能力越大，工作面长度适应生产能力，其长度也可适当增大。确定合理的工作面长度，还应考虑顶板控制、煤层瓦斯含量以及工作面通风等因素，条件受限时，工作面长度不宜过大。

综合分析禾草沟二号煤矿3号煤层条件，煤层倾角较小，一般0°~3°，煤层厚度为0.72~0.78 m，平均厚度为0.75 m，煤层赋存比较稳定，矿井采用沿空留巷，综合考虑矿井产能及地质条件，最终确定工作面长度为120 m。

### 2.3.2 工作面采高

综采工作面采高是工作面的一个重要参数，不但影响工作面设计产能和资源回收率，还影响主要设备的选型。工作面采高的确定主要依据煤层厚度（包括煤层夹矸厚度），同时要考虑设备能力和矿山压力显现状态。

根据1123运输巷掘进期间揭露煤层厚度及工作面附近ZK103号钻孔综合

柱状图显示，1123 工作面煤层厚度为 0.72~0.78 m，平均厚度为 0.75 m，以资源回收率最高为目标，最终确定 1123 工作面采高为 1.2 m。

### 2.3.3 工作面走向长度

合理的工作面走向长度是实现高产高效的重要条件，工作面走向长度的长短直接关系到工作面的产量。然而，工作面走向长度受矿井设备、地质条件及通风系统等因素影响，其长度越长管理难度越大。因此，合理确定工作面走向长度是工作面安全高效生产的基本要求。

1123 工作面位于井田西翼，东部为回风、运输大巷，南部为 1123 井田边界，西部紧靠永明煤矿为井田西翼边界，北部为 1121 采煤工作面采空区，西翼盘区走向长度约 1071 m，限制了工作面范围，1123 智能化综采工作面原采用常规综采开采，智能化工作面布置前已进行回采，且考虑根据相关保护煤柱留设规定，盘区边界保护煤柱取 70 m，最终确定 1123 智能综采工作面走向长度为 450 m，可实现资源利用最大化。

## 2.4 工作面矿压规律

### 2.4.1 矿山压力研究的基本理论及研究方法

#### 2.4.1.1 矿压研究的基本理论

1. 矿山压力基本概念

地下岩体在受到开挖以前，原岩应力处于平衡状态。开掘巷道或进行采煤工作时，破坏了原始的应力平衡状态，引起岩体内部的应力重新分布，直至形成新的平衡状态，这种由于矿山开采活动的影响在巷道周围岩体中形成的和作用在巷道支护物上的力称为矿山压力。在矿山压力作用下，巷道围岩和支护物会出现各种力学现象，如岩体变形、破坏、塌落，支护物变形、破坏、折损，以及在岩体中出现的动力现象，这些力学现象统称为矿山压力显现。所有减轻、调节、改变和利用矿山压力作用的各种方法叫矿山压力控制。

2. 采煤工作面围岩移动特征

根据"砌体梁"结构理论，长壁采煤工作面采用全部垮落法处理采空区时，工作面上覆岩层运动特征如图 2-11 所示。工作面上覆岩层沿铅垂方向自上而下分为三带：Ⅰ 弯曲下沉带、Ⅱ 裂隙带、Ⅲ 垮落带，其中后两带的几何特征对工作面矿压显现有较显著的影响。垮落带的高度一般为采高的 2~5 倍，裂隙带高度根据覆岩性质的不同一般为采高的 10~25 倍。坚硬岩层垮落后松散系数较小，一般垮落带和裂隙带高度较大，同时由于其滞后垮落，对工作面矿压显现影响较大。实测表明，沿工作面方向采空区上方裂隙带和垮落带呈马鞍形状，反映了中部顶板下沉量较大导致冒落岩石充填空洞的高度相对较小的特点。

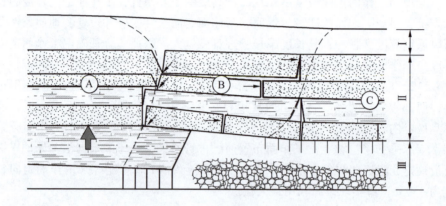

图 2-11 采场覆岩压力显现图

工作面上覆岩层沿推进方向可以分为三个区域：

（1）支承影响区（A 区），位于工作面前方和上方，一般始于工作面前方 30~40 m，区域岩层变形缓慢，在支承压力作用下表现为垂直压缩，在采空区覆岩运动影响下出现水平拉伸和局部微量上升。

（2）离层区（B 区），煤壁后方至采空区压实区上方岩层失去支承后，断裂岩块急剧下沉，离层自下而上发展，出现若干组相互分离的咬合岩层，其挠度曲线各不相同，一般自下而上挠度递减。

（3）重新压实区（C 区），在工作面后方 40~60 m，裂隙带岩层受到下部已垮落岩层的支承，下沉速度减小，直至完全压实。

**3. 矿压显现主要研究对象**

主要研究工作面开采后顶板的冒落、断裂形式，并通过现场观测和数据分析，总结提炼出综采工作面的直接顶初次垮落、基本顶初次来压以及周期来压等矿压显现规律，从而为工作面的顶板控制和生产安排提供基础。主要研究对象分别介绍如下：

（1）直接顶初次垮落。煤层开采后，将首先引起直接顶的垮落，采煤工作面从开切眼开始向前推进，直接顶悬露面积增大，当达到其极限垮距时开始垮落，直接顶的第一次大面积垮落称为直接顶初次垮落。直接顶初次垮落的垮距称为初次垮落距，初次垮落距的大小取决于直接顶岩层的强度、分层厚度和直接顶内节理裂隙的发育程度等，一般为 6~12 m，它是直接顶稳定性的一个综合指标。

（2）基本顶初次来压。直接顶初次垮落后，当基本顶悬露达到极限跨距时，基本顶断裂形成三铰拱式的平衡，同时发生已破断的岩块回转失稳（变形失稳），有时可能伴随滑落失稳（顶板的台阶下沉），从而导致工作面顶板的急剧下沉。此时，工作面支架出现受力普遍加大现象，即称为基本顶的初次来压。由开切眼到初次来压时工作面推进的距离称为基本顶的初次来压步距。

（3）周期来压。随着回采工作面的推进，在基本顶初次来压以后，裂隙带岩层形成的结构将经历"稳定—失稳—再稳定"的变化，这种变化将周而复始地进行。由于结构的失稳导致工作面顶板来压，这种来压将随着工作面的推进而周期性出现，这种现象称为工作面顶板的周期来压。

#### 2.4.1.2　矿压观测的主要目的

（1）掌握采煤工作面上覆岩层运动规律，了解采场矿压控制对象的范围；根据支架实际工作阻力，分析围岩与支架的相互作用关系，并对工作面顶板来压规律进行预测预报，及时采取预防措施，实现安全高效生产。

（2）通过分析支架工作阻力、围岩移动收敛数据，总结提炼工作面初次来压、周期来压的规律及采动影响范围，为综采工作面顶板科学管理提供可靠依据。

（3）通过矿压显现规律研究，对工作面液压支架的可靠性和适应性进行评价。

（4）验证回采巷道支护强度在工作面超前支承应力作用下能否满足安全使用要求。

#### 2.4.1.3　智能化综采工作面矿压观测

（1）智能化综采工作面接入矿用压力传感器作为工作面支护质量在线动态监测系统，监控平台采用配套的监控软件，可以从监控中心屏幕上直接观察每台支架的实时工作阻力，同时可在现场直接观察每台支架立柱的压力表或压力分机显示数据，判断每台支架的工作阻力情况。

（2）工作面两巷每 100 m 安装一台顶板离层仪，并设置围岩观测点。生产过程中，工作面距顶板离层仪距离小于 40 m 时，有技术员每天观测一次数据及围岩情况并做好记录，距离 40~80 m 时，每 3 天观测一次并记录，距离工作面距离大于 80 m 时,每周观测一次并记录。以此监测两巷来压情况。

(3) 支护质量监测,每旬由采煤技术员不定期对工作面和两巷支护质量动态检查 2 次,监测内容包括支架阻力、煤壁片帮情况、端面距、采高及端面顶板冒落情况、两巷超前支护质量等。

### 2.4.2 覆岩破断运移规律

#### 2.4.2.1 理论分析

煤矿开采过程中,煤层回采后,为上覆岩层弯曲下沉断裂提供了自由空间,同时,上覆岩层在自身及其上覆载荷作用下弯曲变形破断。以关键层理论为基础,建立覆岩破断力学模型,分析计算极薄煤层回采下覆岩破坏运移规律。

**1. 承载层的判别**

根据关键层理论,煤层覆岩中存在一层或多层厚硬岩层对其上覆岩层起承载作用,将相邻厚硬岩层简化为组合梁模型,第 1 层硬岩载荷为

$$q_1(x)|_m = \frac{E_1 h_1^3 \sum_{i=1}^{m} \gamma_i h_i}{\sum_{i=1}^{m} E_i h_i^3} \tag{2-1}$$

式中 $q_1(x)|_m$ ——考虑到第 $m$ 层岩层对第 1 层坚硬岩层形成的载荷;

$h_i$ ——第 $i$ 岩层厚度,m;

$\gamma_i$ ——第 $i$ 层岩层重力密度,kN/m³;

$E_i$ ——第 $i$ 层岩层弹性模量,MPa;$i = 1, 2, \cdots, m$。

当第 $m+1$ 层为坚硬岩层时,其挠度小于下部岩层挠度,第 $m+1$ 层以上岩层载荷由第 $m+1$ 层坚硬岩层承载,其载荷不再由其下岩层承载,则有:

$$q_1(x)|_{m+1} < q_1(x)|_m \tag{2-2}$$

由式(2-2)即可自下向上依次判断覆岩中所包含的承载层。

**2. 硬岩破断的力学条件**

硬岩破断条件是其载荷 $q$ 超过自身抗拉强度,基于简支梁模型可得:

$$\sigma_{\max} = \frac{q l_f^2}{2 h^2} > \sigma_t \tag{2-3}$$

式中 $\sigma_{\max}$ ——硬岩承受的最大拉应力,MPa;

$l_f$ ——硬岩初次破断距,m;

$h$ ——硬岩层厚度,m。

由式 (2-3) 可得硬岩初次破断距为

$$l_f = h\sqrt{\dfrac{2\sigma_t}{q}} \qquad (2-4)$$

岩层初次破断后，随着推进距离的增加，会出现周期性破断，此时，覆岩破断结构类似悬臂梁，基于悬臂梁模型可得：

$$\sigma_{\max} = \dfrac{3q}{h^2}l_p^2 - \dfrac{1}{5}q > \sigma_t \qquad (2-5)$$

式中 $\sigma_{\max}$——硬岩初次破断后承受的最大拉应力，MPa；

$l_p$——周期破断距，m；

$h$——硬岩层厚度，m。

由式 (2-5) 可得硬岩周期破断距为

$$l_p = h\sqrt{\left(\sigma_t + \dfrac{1}{5}q\right)\Big/3q} \qquad (2-6)$$

由于岩石的碎胀性，随着岩层的逐渐破断垮落充填采空区，上覆岩层自由空间逐渐减小，满足下式：

$$\Delta_i = M - \sum_{j=1}^{i-1} h_j(k_j - 1) \qquad (2-7)$$

式中 $\Delta_i$——第 $i$ 层下方自由空间高度，m；

$M$——采高，m；

$h_j$——第 $j$ 层岩层厚度，m；

$k_j$——第 $j$ 层岩层碎胀系数。

覆岩中第 $j$ 层岩层断裂的临界开采长度：

$$L_j = \sum_{i=1}^{m} h_i \cot\varphi_a + l_j + \sum_{i=1}^{m} h_i \cot\varphi_b \qquad (2-8)$$

**3. 工作面覆岩破断特征**

根据禾草沟二矿地质资料，得到煤层覆岩厚度及其力学参数见表 2-1。

表 2-1 煤层覆岩厚度及其力学参数

| 层号 | 厚度/m | 岩石名称 | 重力密度/(kN·m⁻³) | 抗拉强度/MPa | 弹性模量/GPa |
| --- | --- | --- | --- | --- | --- |
| 8 | 4.60 | 粉砂岩 | 26.39 | 2.14 | 23.15 |
| 7 | 6.55 | 细粒砂岩 | 25.52 | 2.95 | 42.65 |

表2-1（续）

| 层号 | 厚度/m | 岩石名称 | 重力密度/($kN \cdot m^{-3}$) | 抗拉强度/MPa | 弹性模量/GPa |
|---|---|---|---|---|---|
| 6 | 4.95 | 中粒砂岩 | 23.39 | 2.88 | 10.46 |
| 5 | 4.55 | 泥质粉砂岩 | 25.55 | 1.98 | 14.87 |
| 4 | 6.55 | 细粒砂岩 | 25.52 | 2.95 | 42.65 |
| 3 | 0.26 | 煤层 | 13.10 | 0.81 | 13.27 |
| 2 | 0.14 | 炭质泥岩 | 23.67 | 2.03 | 12.63 |
| 1 | 8.15 | 泥质粉砂岩 | 25.55 | 1.98 | 14.87 |
|  | 0.81 | 3号煤 | 13.10 | 0.81 | 13.27 |

将煤层顶板各岩层参数代入式（2-1），并通过式（2-2）对覆岩承载层进行判别，计算得距煤层顶板 8.55 m 的层号 4 细粒砂岩与距离 24.6 m 的层号 7 细粒砂岩为承载层。

考虑到煤层埋深及覆岩岩性结构，取泥质粉砂岩、炭质泥岩、煤层、细粒砂岩、中粒砂岩碎胀系数分别为 1.01、1.06、1.07、1.09、1.05，计算可得第 7 层细粒砂岩下部自由空间为 0，即层号 7 细粒砂岩不破断。因此，当工作面达到充分采动时覆岩最大破断高度为 24.6 m。

根据式（2-1）计算，其中层号 4 细粒砂岩承载载荷 $q$ 为 326.47 kN，将表 2-1 中层号 4 细粒砂岩力学参数代入式（2-4）、式（2-6）计算得该岩层初次破断距为 27.84 m，周期破断距为 11.49 m。根据空间几何关系，取岩层破断角范围为 45°~65°，则工作面推进 35.79~44.95 m。

#### 2.4.2.2 覆岩破断规律数值模拟分析

**1. 基本顶初次破断**

如图 2-12 所示，当工作面推进至 20 m 时，基本顶细粒砂岩在其上覆岩层载荷及其自重作用下开始发生弯曲下沉，且随着工作面的继续向前推进，基本顶岩层产生离层裂隙并不断向上发育，当工作面推进至 50 m 时，基本顶岩层弯曲下沉，由于顶板岩块端部挤压破碎基本顶产生回转失稳，在两端产生拉裂隙，此时基本顶岩层初次破断，破断距 30 m，初次垮落步距 50 m。

**2. 基本顶周期破断**

（1）第一次周期垮落。基本顶初次破断后，随着工作面的推进，当工作

## 2 极薄煤层工作面地质条件及开采参数

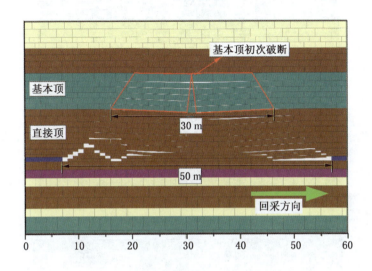

图 2-12 基本顶初次破断

面推进至 60 m 时,基本顶第一次周期垮落,基本顶破断岩块长度为 14 m,破断岩块后方已垮落岩体离层裂隙压实,破断岩块后段与已垮落岩块铰接,前段与未垮落岩层铰接,垮落岩块对下方垮落直接顶岩层产生作用力,如图 2-13a 所示。

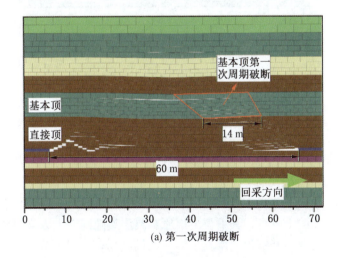

(a) 第一次周期破断

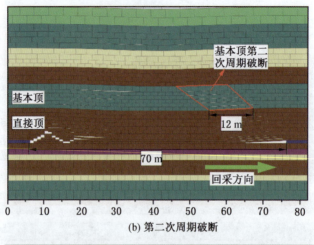

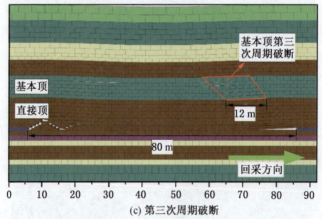

图 2-13 基本顶周期破断

（2）第二次周期垮落。随着煤层不断开挖，基本顶以上岩层间离层裂隙逐渐增加并向上发育，当工作面回采至 70 m 时，基本顶发生第二次周期垮落，垮落岩块长度为 12 m，基本顶下位岩层产生明显的竖向裂隙，直接顶垮落充分，如图 2-13b 所示。

（3）第三次周期垮落。当工作面推进至 80 m 时，工作面后方采空区覆岩离层裂隙进一步向上发育，其下位岩层原有离层裂隙随着上方岩层弯曲下沉变形，逐渐趋于闭合，基本顶岩层发生第三次周期垮落，破断岩块长度为 12 m，如图 2-13c 所示。

由以上分析可知，工作面回采过程中，基本顶岩层呈周期性垮落，其初次垮落步距为 50 m，基本顶初次破断距为 30 m，基本顶周期破断距为 12~14 m。该模拟结果与理论分析结果基本顶初次垮落步距 35.79~44.95 m，初次破断距 27.84 m，周期破断距 11.49 m 基本一致。

**3. 采场顶板演化特征**

通过对比分析不同计算时步下覆岩顶板破断特征分析采场顶板破断演化规律。工作面回采 100 m 时，计算 40000 步时采场顶板稳定，以 8000 步间隔取计算时步下采场顶板破断演化如图 2-14 所示。工作面自 90 m 回采至 100 m 时，计算 0 步下，破断块 $B_1$、$B_2$ 呈平行四边形，其中块 $B_1$ 后端 $O_1$ 点落于煤层底板，前端 $A_1$ 点与工作面顶板岩性相铰接；块 $B_2$ 后端 $O_2$ 落于采空区后方已垮落直接顶岩层上，前端与基本顶下部铰接于 $A_2$ 点。计算至 8000 步时，块 $B_1'$ 沿 $O_1$ 点回转变形形成块 $B_1$，相比于块 $B_1'$，块 $B_1$ 大小无变化，其内部裂隙压密；块 $B_2$ 在上覆岩层移动载荷作用下，块体移动垮落，块体内裂隙闭合。当继续计算至 16000 步时，随着直接顶岩层与基本顶岩层的协同下沉运移，直接顶岩层在工作面前方煤壁处断裂，并与之前断裂岩层相接，块体 $B_1$ 后端 $O_1$ 点位置不变，前端铰接点 $A_1$ 移动至煤壁处。块体 $B_2$ 破坏变形与直接顶一致，

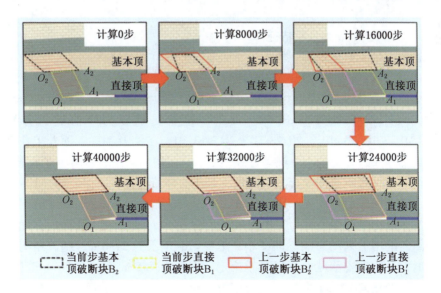

图 2-14 采场顶板破断演化

前端在工作面处断裂，前端点 $A_2$ 向工作面处移动，由于直接顶沿一定垮落角断裂，因此基本顶岩层断裂位置位于煤壁后方，距煤壁水平距离 3 m；块 $B_2$ 后端由于覆岩的运移，后端 $O_2$ 点向前方移动，其后部破断至垮落岩体上。计算至 24000 步时，块体 $B_1$、$B_2$ 继续在覆岩运移载荷作用下回转下沉，块体前端断裂铰接位置不变，后端由于接触至煤层底板，$O_1$、$O_2$ 端点均向前移动，当计算至 32000 步时，基本顶块 $B_2$ 与 $B_2'$ 重合，基本顶稳定，而 $B_1$ 块后端 $O_1$ 点继续向前方移动；当计算至 40000 步时，块 $B_1$ 与 $B_1'$ 重合，$B_2$ 与 $B_2'$ 重合，此时顶板覆岩运移破断稳定。

由以上覆岩垮落演化过程可知，随着工作面的推进，后方原形成的砌体梁铰接结构在覆岩运移载荷及块体自重作用下，逐渐失稳破断至采空区，在此过程中，因载荷作用，块体内部原产生裂隙逐渐闭合压实，随着原砌体梁 B 块的回转失稳，新开挖顶板岩层在铰接点载荷作用下，亦逐渐下沉，并在工作面煤壁处发生破断。由于直接顶沿一定破断角破断，基本顶岩层破断位置发生在工作面中部，其破断位置在直接顶破断块顶部前端端点前方。直接顶与基本顶破断后与前砌体 B 块共同回转，直至前砌体 B 块完全失稳垮落至采空区，形成新的砌体铰接结构，且对于极薄煤层，由于煤层厚度较小，直接顶厚度较大，在工作面周期垮落期间，无明显的垮落带形成，煤层顶板覆岩较易形成砌体铰接结构。

### 2.4.3 采场围岩应力分布特征

通过有限元数值模拟，模拟工作面不同推进距离下超前支承压力分布特征如图 2-15 所示，工作面开采不同距离下超前支承压力分布规律基本一致，在工作面前方先增大后减小并逐渐恢复至原岩应力，工作面开采距离分别为 30 m、60 m、90 m、120 m、150 m 时，超前支承压力峰值应力分别为 11.39 MPa、16.00 MPa、20.73 MPa、25.13 MPa、28.91 MPa，随着工作面开采距离的增大，峰值应力逐渐呈近线性增加，不同回采距离下超前支承压力影响范围一致，影响范围为 65 m，超前支承压力峰值位置在工作面前方 10 m 处。

工作面回采后侧向支承压力分布如图 2-16 所示，工作面回采 150 m 后对侧向实体煤影响范围主要为工作面后方及前方 50 m 处，在工作面后方随着距煤壁距离的增大采动影响逐渐减小，主要影响范围为 21.8 m，随着距离的进一步增大，侧向支承压力逐渐趋于稳定。在后方 7.5 m 至前方 50 m 范围内，靠近煤壁处侧向支承压力低于原岩应力，应力降低范围为 57.5 m，在工作面前方距离大于 50 m 范围内，工作面回采无影响。

**2** 极薄煤层工作面地质条件及开采参数 | 47

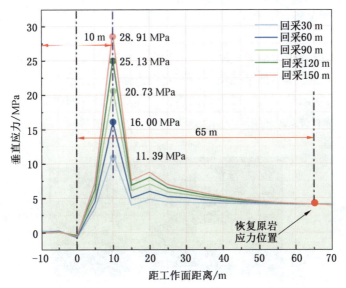

图 2-15 不同推进距离下超前支承压力分布特征

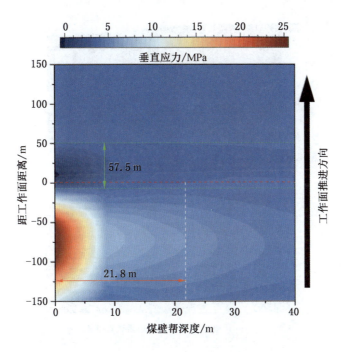

图 2-16 侧向支承压力分布特征

## 2.4.4 工作面顶板压力确定

### 2.4.4.1 极薄煤层采场顶板结构演化过程

根据模拟极薄煤层覆岩破断过程可知,工作面回采后,直接顶与基本顶岩层断裂基本同步,基本顶断裂位置位于直接顶断裂位置前方处,直接顶与基本顶破断岩梁共同回转下沉,形成双拱结构。其断裂过程如图 2-17 所示,断裂过程中具有以下特点:

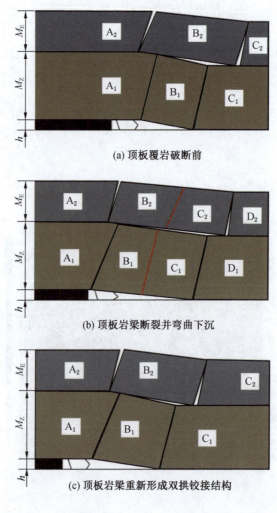

图 2-17 顶板结构破断演化

（1）随着工作面的推进，直接顶岩层在其重力及上一次基本顶周期垮落形成的砌体块 $B_2$ 作用下弯曲下沉，当悬顶达到极限跨距时，直接顶最大拉应力达到其抗拉强度，直接顶岩梁 $A_1$ 断裂并沿断裂点回转下沉，如图 2-17a 所示。

（2）直接顶破断后，随着直接顶的回转下沉，上方基本顶 $A_2$ 随之发生破断，其破断位置位于直接顶断裂线前方处。

（3）直接顶在自重及基本顶垮落岩块作用下破断时对采场产生一次冲击作用，基本顶断裂时，其破断载荷作用于工作面前方煤体。

（4）顶板岩梁断裂后，直接顶与基本顶均形成铰接结构，其中直接顶前端作用于工作面支架，后端与上一次破断直接顶间竖向裂隙压密，上一次破断直接顶岩块后端落于工作面底板，两次破断岩块共同回转下沉，基本顶破断后与直接顶破断形式一致，与上一次破断基本顶岩块共同回转下沉，如图 2-17b 所示。

（5）直接顶岩梁 $B_1$ 断裂后，其后端未触底板前，处于回转下沉状态，直接顶破断岩块 $B_1$ 与上一次破断直接顶 $C_1$ 形成的不稳定铰接岩梁自重作用于支架上，此阶段采场压力最大。在此过程中，基本顶岩块主要对工作面前方煤体作用，因此，在此过程中基本顶对采场支架压力影响较小。

（6）当直接顶破断岩块 $B_1$ 后端触底后，基本顶破断岩块 $B_2$ 随后亦触矸，此时形成"岩-矸"结构，直接顶破断岩块 $B_1$ 末段作用于采空区底板，基本顶破断岩块 $B_2$ 末端作用于直接顶垮落矸石，采场顶板形成"双拱结构"，如图 2-17c 所示。

#### 2.4.4.2 采场围岩-支架作用机理分析

通过对顶板岩梁断裂演化分析可知，顶板破裂过程中主要可分为两个阶段，顶板岩梁破断前及破断后，顶板岩梁破断前支架主要承担直接顶与基本顶岩梁悬臂自重作用及破断基本顶回转作用力，岩梁破断后支架主要承担直接顶本次破断岩块及上一次破断岩块共同形成的岩梁回转作用力。因此，对采场围岩-支架作用机理分析主要针对这两个阶段研究。

1. 顶板岩梁破断前

直接顶断裂前，采场顶板岩梁断裂前力学简化模型如图 2-18 所示。

对于基本顶岩梁 $B_2$，作用于支点 $D_2$，基本处于平衡状态，令 $\sum M_{D2} = 0$，则

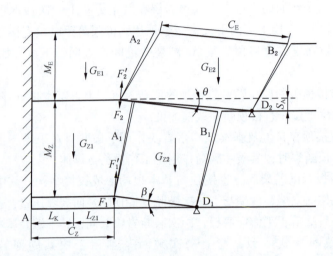

图 2-18 采场顶板岩梁断裂前力学简化模型

$$F'_2 = \frac{G_{E2}\cos\theta}{2} \quad (2-9)$$

根据几何关系

$$G_{E2} = M_E \gamma_E C_E \quad (2-10)$$

$$\theta = \arcsin\left(\frac{S_A}{C_E}\right) \quad (2-11)$$

$$S_A = h + M_Z(1 - K_A) \quad (2-12)$$

式中　$G_{E1}$——基本顶重力，kN；

$F'_2$、$F_2$——直接顶与基本顶相互作用力，kN；

$M_E$——基本顶厚度，m；

$C_E$——基本顶周期破断步距，m；

$M_Z$——直接顶厚度，m；

$C_Z$——直接顶破断步距，m；

$L_K$——支架有效控顶距，m；

$S_A$——基本顶末端最大下沉量，m；

$h$——煤层厚度，m；

$K_A$——岩石碎胀系数；

$\theta$——作用力 $F'_2$ 与垂向夹角，(°)；
$\gamma_E$——基本顶岩层重力密度，$kN/m^3$。

将式 (2-10)、式 (2-11)、式 (2-12) 代入式 (2-9)，计算得：

$$F'_2 = \frac{M_E \gamma_E C_E \cos\theta}{2} = F_2 \qquad (2-13)$$

对于直接顶岩梁 $B_1$，作用于支点 $D_1$，处于平衡状态，令 $\sum M_{D1} = 0$，则

$$F'_1 = \frac{G_{Z2}\cos\beta}{2} \qquad (2-14)$$

根据几何关系：

$$G_{Z2} = M_Z \gamma_Z C_Z \qquad (2-15)$$

$$\beta = \arcsin\left(\frac{h}{C_Z}\right) \qquad (2-16)$$

将式 (2-15)、式 (2-16) 代入式 (2-14)，计算得：

$$F'_1 = \frac{M_Z \gamma_Z C_Z \cos\beta}{2} = F_1 \qquad (2-17)$$

直接顶岩梁受力情况如图 2-19 所示。

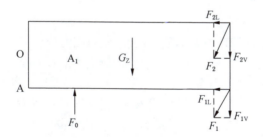

图 2-19 采场顶板岩梁直接顶岩梁受力情况

直接顶岩梁从上端部 $O$ 点处开始断裂，其力学条件为

$$\sigma = [\sigma_t] \qquad (2-18)$$

式中 $\sigma$——梁端断裂处实际拉应力，其大小为作用于该处的应力之差。即：

$$\sigma = \sigma_t - \sigma_p \qquad (2-19)$$

式中 $\sigma_t$——$O$ 点处产生的拉应力，MPa；
$\sigma_p$——在 $O$ 点处产生的压应力，MPa。

$O$ 点处由岩梁弯曲产生拉应力，故有：

$$\sigma_t = \frac{M_O}{W_O} \tag{2-20}$$

式中　$M_O$——$O$ 处的弯矩，N·m；
　　　$W_O$——梁端截面模量，mm³。

$$\begin{aligned} M_O &= M_{GZ1} + M_{F2V} + M_{F2L} + M_{F1V} + M_{F1L} + M_P \\ &= \frac{G_{Z1}C_Z}{2} + F_{2V}C_Z + \frac{F_{2L}M_Z}{2} + F_{1V}C_Z + \frac{F_{1L}M_Z}{2} + \frac{F_0 L_K}{2} \\ &= \frac{M_Z \gamma_Z C_Z^2}{2} + \frac{M_E \gamma_E C_E \cos^2\theta}{2} C_Z - \frac{M_E \gamma_E C_E \sin\theta\cos\theta}{2} \frac{M_Z}{2} + \\ & \quad \frac{M_Z \gamma_Z C_Z \cos^2\beta}{2} C_Z - \frac{M_Z \gamma_Z C_Z \sin\beta\cos\beta}{2} \frac{M_Z}{2} - \frac{F_0 L_K}{2} \end{aligned} \tag{2-21}$$

$$W_O = \frac{M_Z^2}{6} \tag{2-22}$$

将式（2-21）、式（2-22）代入式（2-20）得

$$\sigma_t = 3\left( \frac{M_E \gamma_E C_E \cos^2\theta C_Z - F_0 L_K}{M_Z^2} + \frac{8\gamma_Z C_Z^2 - \gamma_Z h^2 - M_E \gamma_E C_E \sin2\theta}{4M_Z} - \frac{h\gamma_Z \sqrt{C_Z^2 - h^2}}{2C_Z} \right) \tag{2-23}$$

$\sigma_p$ 由直接顶岩梁 $B_1$ 与基本顶岩梁 $B_2$ 压力应力分量 $F_{1L}$、$F_{2L}$ 造成，为

$$\sigma_p = \frac{F_{1L} + F_{2L}}{M_Z} = \frac{\gamma_Z C_Z \sin2\beta}{4} + \frac{M_E \gamma_E C_E \sin2\theta}{4M_Z} \tag{2-24}$$

将式（2-23）、式（2-24）代入式（2-19）得到 $O$ 点处实际拉应力为

$$\begin{aligned} \sigma &= \left( \frac{3\gamma_Z C_Z^2}{M_Z} + \frac{3M_E \gamma_E C_E C_Z \cos^2\theta}{M_Z^2} - \frac{2M_E \gamma_E C_E \sin\theta\cos\theta}{M_Z} + \frac{3\gamma_Z C_Z^2 \cos^2\beta}{M_Z} - \right. \\ & \quad \left. 2\gamma_Z C_Z \sin\beta\cos\beta - \frac{3F_0 L_K}{M_Z^2} \right) \end{aligned} \tag{2-25}$$

令 $\sigma = [\sigma_t]$，即可求得直接顶断裂步距 $C_Z$。

### 2. 顶板岩梁破断后

当直接顶岩梁断裂后，基本顶岩梁在直接顶断裂位置前方处断裂，其前端作用于工作面前方煤壁，而由于极薄煤层开采空间小，直接顶垮落岩体因碎胀特性膨胀后，基本顶岩层破断后回转角度较小，因此直接顶岩梁破断后工作面支架主要支承直接顶破断岩梁载荷。采场顶板岩梁结构可简化为图 2-20 所示

力学模型。若要支架能够控制住直接顶，则支架对直接顶的作用力 $F_0$ 应能够维持住直接顶的基本平衡，即破断顶板岩梁作用力 $F_N = F_0$。

由于 $\sum M_A = 0$，则

$$\frac{F_0 L_K}{2} = \frac{G_Z C_Z}{2} + F_{1V} C_Z \qquad (2-26)$$

得

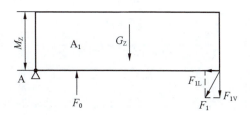

图 2-20　采场顶板岩梁断裂后岩梁受力模型

$$F_0 = \frac{G_Z C_Z + 2 F_{1V} C_Z}{L_K}$$

$$= \frac{M_Z \gamma_Z C_Z^2 + M_Z \gamma_Z C_Z^2 \sin\beta\cos\beta}{L_K} \qquad (2-27)$$

所以工作面面长方向每延米直接顶作用力为

$$F_N = F_Z = \frac{M_Z \gamma_Z C_Z^2 (1 + \sin\beta\cos\beta)}{L_K} \qquad (2-28)$$

#### 2.4.4.3　禾草沟二号煤矿采场顶板压力计算

禾草沟二号煤矿极薄煤层工作面顶板参数为煤层厚度 $h = 0.8$ m，$M_Z = 8.7$ m，$M_E = 6.5$ m，$C_E = 15$ m，$\gamma_Z = 25.52$ kN/m³，$\gamma_E = 25.55$ kN/m³，$L_K = 5$ m，$K_A = 1.07$，$[\sigma_t] = 1.48$ MPa，$F_0 = 3000/1.5 = 2000$ kN（支架宽度 1.5 m）。

将上述参数代入式（2-25），计算得直接顶断裂步距 $C_Z = 9.13$ m，与数值模拟结果 6~10 m 相近。

由式（2-28）计算顶板岩梁破断后面长方向每延米顶板压力为 $F_N = 2653.93$ kN。此时每个支架上方顶板压力为 $P = 1.5 \times F_N = 3980.89$ kN。

### 2.4.5　两巷矿压显现规律

## 1. 巷道围岩应力分布规律

图 2-21 所示为 105 工作面回采过程中 105 回风巷切顶卸压前后巷道顶板应力变化曲线。

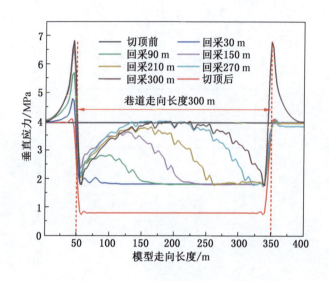

图 2-21　巷道顶板应力曲线图

从图中可以看出 105 回风巷掘进后，巷道顶板垂直应力基本保持在 4.0 MPa。而在 105 工作面回采过程中，巷道顶板的垂直应力不断发生变化，在 0~50 m 范围内，垂直应力不断增大；而 50~350 m 范围内，垂直应力基本稳定在 2.0 MPa；在 350~400 m 范围内，垂直应力逐渐减小。切顶卸压以后，巷道顶板垂直应力减小到了 1 MPa。从图中可以看出，随着工作面的不断向前推进，巷道顶板应力的最大值也在不断增大，而顶板应力影响范围也在不断增大。分析原因，随着工作面的不断回采，工作面采空区悬顶面积也在不断增大，而由于在模型边缘存在边界煤柱，因此边界煤柱所受载荷也在不断增大，而巷道顶板由于支护作用从而导致巷道顶板垂直应力减小到 2 MPa，而在切顶作用下，巷道顶板与采空区侧顶板相切割分离，从而导致巷道顶板应力减小到了 1 MPa。从图中左侧可以看出，当工作面回采 90 m 时，达到一次见方前，边界煤柱的垂直应力达到最大。

图 2-22 所示为 105 工作面回采过程中模型倾向顶板应力变化曲线，根据

前文，在工作面回采 90 m 位置布置测线，根据检测结果可知：当工作面回采 30 m 时，测线位置监测应力发生明显变化，即表明工作面回采的超前支承应力大于 60 m；而当工作面回采 60 m 时，测线位置监测应力变化值达到最大，且之后工作面回采 90 m、120 m 和 150 m 时测线位置监测应力不会发生明显变化，因此可以确定工作面回采超前支承应力最大值分布范围为 30 m。从图中可以看出，在工作面回采过程中，工作面顶板侧向支承应力分布范围不断增大，当工作面回采 120 m 时，侧向支承应力影响范围达到最大，约为 60 m，而侧向支承应力最大值位置距工作面边界约为 5 m。

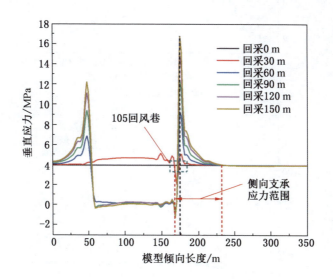

图 2-22　模型倾向顶板应力曲线图

## 2. 巷道围岩变形规律分析

通过对巷道围岩变形监测，巷道顶底板变形量监测曲线如图 2-23 所示。监测结果可知，巷道中部顶板下沉量＞切缝侧顶板下沉量＞未切缝侧顶板下沉量，巷道中部顶板下沉量最大值为 210 mm，切缝侧顶板下沉量最大值为 185 mm，未切缝侧顶板下沉量最大值为 140 mm。巷道不同位置的顶板下沉量变化趋势相同，但从下沉速率来看，巷道中部顶板下沉速率＞切缝侧顶板下沉速率＞未切缝侧顶板下沉速率，而未切缝侧顶板最先达到稳定状态，其次是切缝侧，最后是巷道中部，因此巷道中部顶板位移受工作面推进距离的影响＞切

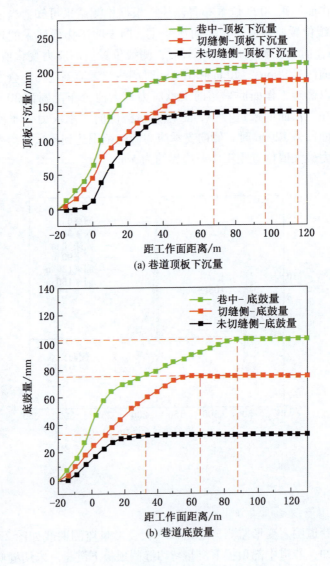

图2-23 巷道顶底板变形量监测曲线

缝侧顶板位移受工作面推进距离的影响>切缝侧顶板位移受工作面推进距离的影响;巷道中部底鼓量>切缝侧底鼓量>未切缝侧底鼓量,巷道中部底鼓量最大值为102 mm,切缝侧底鼓量最大值为75 mm,未切缝侧底鼓量最大值为 33 mm。

巷道两帮变形量监测曲线如图 2-24 所示，受工作面回采影响，留巷围岩在工作面后方 0～20 m 范围内围岩变形速度较快，在此范围内采空区顶板覆岩活动剧烈，留巷围岩受回采影响较大；随着工作面远离测点，围岩收敛速度逐渐降低，1 号测点在工作面后方 70 m 处稳定，稳定后最大变形量为 25 mm，在距工作面 70 m 处回撤临时支护后巷道两帮围岩变形稳定不再增加；2 号测点在工作面后方 20～80 m 范围内两帮收敛速度逐渐减小并趋于稳定，在后方 80 m 处回撤临时支护，回撤后在距工作面 80～110 m 范围内两帮变形量有所增加，由 35 mm 增大至 45 mm，随着距工作面距离的继续增大，两帮围岩变形稳定，最终稳定在 45 mm。巷道围岩变形稳定后，两帮变形量为 25～45 mm，在可控范围内。

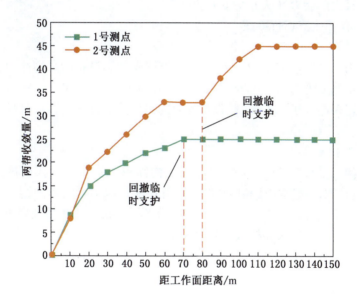

图 2-24 巷道两帮变形量监测曲线

## 2.5 生产参数确定

### 2.5.1 工作面产能指标

工作面所需设备的生产能力配套，应当考虑同类设备的实际生产能力、所选设备能够实现的生产能力和发展计划需要的生产能力。工作面所需生产能力以小时生产能力为基础。

工作面所需小时生产能力见下式：

$$Q_x = \frac{Q_r \times K_j}{K_s(24 \times 60 - t_z)/60} \quad (2-29)$$

式中　$Q_x$——工作面所需小时生产能力，t/h；

$Q_r$——工作面所需日生产能力，t/d；

$K_j$——生产不均衡系数，取 1.1~1.25；

$K_s$——时间利用系数，取 0.6~0.8；

$t_z$——日准备时间，min/d。

禾草沟二号煤矿矿井年生产能力 30 万 t，按照年生产天数 330 天计算，工作面所需日生产能力（$Q_x$）为 636.36 t。

### 2.5.2　工作面生产运行参数

#### 1. 工作面采高

禾草沟二号煤矿 1123 工作面采高因煤层厚度和设备的采高能力而定。该工作面煤层厚度为 0.72~0.78 m，平均厚度为 0.75 m，在此范围内按煤层最大厚度确定采高大于 0.8 m，按设备配套的最低采高确定工作面最低可采高度为 0.7 m。

#### 2. 采煤机截深

禾草沟二号煤矿 1123 工作面煤层结构简单无夹矸，普氏硬度系数 $f$ 为 2.0，煤质较软，截割功耗和机身的振动将伴随截深的增大而加剧。过大的截深会造成护帮、控顶的困难。根据采煤工作面的实际生产条件及周边其他工作面的生产经验，确定采煤机截深为 0.8 mm。

# 3 极薄煤层绿色智能综采关键装备及工艺

## 3.1 智能综采装备总体配套原则

极薄煤层绿色智能综采装备的总体配套原则包括生产能力配套、几何关系配套、工作性能配套、寿命配套以及智能化信息配套五个方面内容。工作面设备配套的主要目标是要求各性能参数、结构参数、生产能力、空间位置关系、几何结构尺寸、相互连接部分的形式、强度和尺寸、数据信息接口等方面协调匹配和优化配置原则,使各设备能高效、稳定可靠地运行。

工作面生产能力取决于采煤机破煤能力,工作面刮板输送机结构形式及其附件必须与采煤机的结构相匹配,如采煤机的行走机构、底托架及滑靴的结构、电缆及水管的拖移方式以及是否连锁控制等。要保证工作面能够正常生产,工作面输送机的运输能力应大于采煤机的破煤能力,液压支架移架速度应与采煤机的牵引速度相适应,输送机中部槽与液压支架推移千斤顶连接装置的间距要相互匹配,采煤机的采高范围与支架最大和最小结构尺寸相适应,采煤机截深与支架推移步距相适应等。

禾草沟二号煤矿综采设备的选型配套遵循以下原则:

(1) 设备充分消化吸收国内外近年来类似条件矿井生产的经验和先进技术,能够满足安全、高产、高效、智能化生产的要求。

(2) 所选设备应成熟可靠,属国内先进,能够满足工作面生产能力要求。

(3) 能满足工作面推进速度要求,各设备的配套形式、技术性能及尺寸合理。

(4) 所选设备应具有高可靠性,能保证工作面生产系统的稳定性、协调性。

(5) 工作面外围设备配套生产能力应大于工作面设备配套生产能力。

(6) 自动化控制系统要具备可靠的远程操控能力，能够满足智能化无人综采的需要；各种设备的控制模块要具有兼容性接口，便于相互间的通信和集中远程控制。

### 3.1.1 生产能力配套

生产能力配套主要包括工作面产量与设备能力间的一致，工作面推进速度与设备性能间的协调匹配，具体要求包括：采煤机落煤能力大于工作面要求的设计生产能力；刮板输送机的运送量大于采煤机的落煤能力，以确保采煤机截割煤壁的落煤能够及时运出开采工作面，避免煤块堆积影响开采设备正常工作；破碎机的破碎能力要确保能够击碎大块煤岩；液压支架的泵站压力与流量能够满足其动作要求。

**1. 确定综采工作面所需的生产能力**

工作面所需的小时生产能力计算公式为

$$Q_h = \frac{Q_d K}{hs} \tag{3-1}$$

式中　　$k$——生产不均衡因数；

　　　　$Q_d$——工作面日生产能力，t；

　　　　$h$——每天 $Q_d$ 生产时间，h；

　　　　$s$——时间利用系数。

**2. 采煤机实际生产能力**

采煤机实际生产能力计算公式为

$$Q_s = 60 v_c M B \gamma \tag{3-2}$$

式中　　$Q_s$——采煤机实际生产能力，t/h；

　　　　$v_c$——采煤机割煤速度，m/min；

　　　　$M$——采煤机平均割煤高度，m；

　　　　$B$——采煤机截深，m；

　　　　$\gamma$——实体煤的容重。

**3. 刮板输送机可实现的生产能力**

刮板输送机可实现的生产能力的计算公式为

$$Q_c = 3600 F \psi v_c \gamma_s \tag{3-3}$$

式中　　$Q_c$——刮板输送机可实现的生产能力，t/h；

　　　　$F$——中部槽货载截面积，$m^2$；

　　　　$\psi$——装满系数；

$\gamma_s$——松散密度系数，t/m³；

$v_e$——刮板输送机链速，m/s。

各单机可实现的生产能力与工作面生产能力的关系应满足：

$$Q_c \geqslant Q_s \geqslant Q_h \tag{3-4}$$

### 3.1.2 几何关系配套

设备几何关系配套是指工作面综采各设备间的空间位置关系、几何结构尺寸关系配套，主要包括工作面液压支架、采煤机和刮板输送机（简称综采"三机"）中部断面配套、工作面"三机"机头段配套、工作面"三机"机尾段配套。如果工作面采用端头支架支护，还应考虑端头支架与刮板输送机和转载机的配套。

设备几何关系配套的主要目的是在已选型设备的基础上，保证各配套设备（液压支架、采煤机和刮板输送机）啮合正常、搭接形式合理、空间位置关系和几何结构尺寸合理，各设备间不能有干涉现象或有影响工作面正常生产的因素，优化配置，发挥出各自的能力和性能，提高成套设备的可靠性、稳定性、协调性。

与中厚煤层和大采高综采设备相比，极薄煤层工作面设备总体配套有其特殊性。主要表现为设备配套除满足综采设备正常配套要求外，极薄煤层设备结构尺寸配套着重考虑通风断面、安全过机空间、必要的行人通道、安全过煤空间等配合尺寸是否能够满足生产要求。

#### 3.1.2.1 工作面"三机"中部断面配套

工作面"三机"中部断面配套的作用是校核液压支架在各种生产工况下，特别是极薄煤层最小采高时各设备间的空间配合关系是否满足要求。

对于综采工作面，采煤机、刮板输送机和液压支架间的配套尺寸关系如图 3-1 所示。从安全角度出发，支架至煤壁的无立柱空间宽度 $F$ 越小越好，它的尺寸组成为

$$F = B + e + G + x \tag{3-5}$$

$$G = f + s + a + b \tag{3-6}$$

式中　$e$——煤壁与铲煤板之间的空隙距离，mm；

　　　$x$——立柱斜置产生的水平增距，可按立柱最大高度的投影计算，mm；

　　　$G$——输送机宽度，mm；

　　　$f$——铲煤板的宽度，mm；

　　　$s$——输送机中部槽的宽度，mm；

$a$——电缆槽和导向槽的宽度，mm；
　　$b$——立柱与电缆槽之间的距离，为了避免输送机倾斜时挤坏电缆和保证司机的操作安全，此距离应大于 200~400 mm。

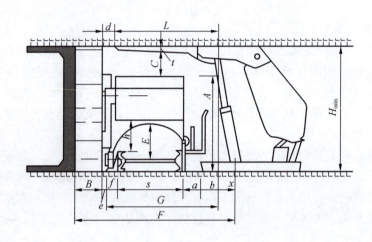

图 3-1 "三机"配套尺寸关系

由于工作面底板截割无法保证绝对水平，输送机产生偏斜，为了避免采煤机滚筒截割到顶梁，支架梁端与煤壁之间应留有无支护的间隙 $d$，此间隙为 200~400 mm。

从前柱到梁端的长度 $L$ 应为

$$L = F - B - d - x \tag{3-7}$$

在空间高度上，支架最小高度 $H_{min}$ 可表示为

$$H_{min} = A + C + t \tag{3-8}$$

式中　$t$——支架顶梁厚度，mm；
　　　$A$——采煤机机面高度，mm；
　　　$C$——采煤机机身上方的空间高度，按便于司机操作及留有顶板下沉量确定，mm。

上述几个公式反映的只是通常状态下综采工作面采煤机、刮板输送机和液压支架间的配套尺寸关系。对于极薄煤层工作面，由于极薄煤层厚度很薄，其配套关系有其特殊性。在设备配套尺寸除了满足式（3-5）至式（3-8）的要求外，还要考虑安全过机空间、过煤空间、行人空间、通风断面等是否满足

生产要求。因此，还必须分析最小采高状态下，上述几个参数是否能够满足设计要求。

图 3-2 所示为极薄煤层中部液压支架在最低采高时的"三机"配套图。其中图 3-2a 所示为推杆未推出时的综采"三机"状态，图 3-2b 所示为推杆推出后综采的"三机"状态，即采煤机正常割煤状态。

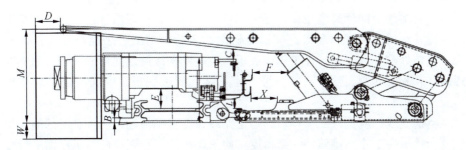

(a) 推杆未推出

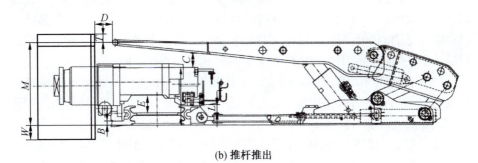

(b) 推杆推出

$D$—断面距，mm；$E$—过煤空间，mm；$M$—采高，mm；$L$—底座前端与电动机高度方向最小距离，mm；$T$—采煤工作面挑顶量，mm；$W$—采煤机滚筒的卧底量，mm；$X$—行人通道，mm

图 3-2 极薄煤层最低采高时的"三机"配套图

配套时要求上述各尺寸必须能够满足上述要求。其中过煤空间是为了保证工作面能够正常运煤，250 mm 是《煤矿安全规程》规定的要求（实践表明，过煤空间比较合适的尺寸是大于 300 mm）。小于上述尺寸后，大块煤无法通过采煤机滚筒摇臂，必须要人工将其破碎。

安全过机空间是考虑到液压支架降柱、移架及顶板来压时顶梁有一定的下沉量，一般要求不小于 100 mm。

#### 3.1.2.2 工作面机头、机尾断面配套

**1. 工作面机头断面配套主要解决的问题**

（1）割透机头、机尾处底板三角煤。由于机头、机尾位置一般要安装刮板输送机电动机、减速器、链轮组件等部件，其高度、宽度尺寸比中部段大，采煤机下滚筒在工作面中部挖底量可以达到设计要求，但在机头处则实现不了。一是由于中部槽高度变高，摇臂向下摆动达不到极限位置；二是中部槽宽度变宽，摇臂向下摆动会与刮板输送机槽帮干涉，结果是采煤机在工作面机头、机尾处割不透底板，在工作面底板，巷道壁和滚筒之间形成一个三角形存煤区（俗称三角煤，图 3-3）。为了让采煤机割透底板，中部槽需采取变线措施。

所谓变线，就是改变采煤机的行走路线，即将刮板输送机头、尾部的采煤机行走轨道向工作面侧偏转一个角度，使采煤机的行走路线由与工作面平行变成中间平行、两端偏向工作面。由于轨道偏转而输送机并不偏转，当采煤机行走到输送机的机头（尾）部时，相当于摇臂离开输送机向工作面方向移动一段距离。正确的配套尺寸是要求采煤机滚筒能够进入巷道，同时下滚筒与输送机机头部任何位置都不存在干涉现象，且挖底量不小于 100 mm。

（2）保证工作面煤流运行畅通。工作面煤流要由工作面刮板输送机通过转载机运送到大巷带式输送机上，这样就存在刮板输送机与刮板转载机配套问题。根据煤流卸载方式的不同，一般分为端卸式和侧卸式两种方式。

（3）保证支架充分接顶。薄煤层工作面采高较小，但巷道高度尺寸较大，当巷道沿底板掘进时，巷道一般都要挑顶，这样机头位置支架高度要高于工作面中部支架高度。为了保证支架充分接顶，以更好地维护顶板，需要在机头处设计过渡支架。

**2. 采煤机与刮板输送机配套**

采煤机与刮板输送机在机头、机尾处的配套主要是解决采煤机下滚筒割不透机头、机尾处底板三角煤问题。如前所述，由于工作面机头、机尾处的刮板输送机的高度和宽度尺寸要比工作面中部段大，如果采煤机和刮板输送机仍按工作面中部段尺寸进行配套，则可能存在采煤机下滚筒割不透机尾处底板三角煤。

图 3-3、图 3-4 所示为工作面机头、机尾处的三角煤形成原理。如图所示，由于刮板输槽帮高度逐渐抬高，在一定位置将与采煤机摇臂干涉，妨碍了

# 3 极薄煤层绿色智能综采关键装备及工艺

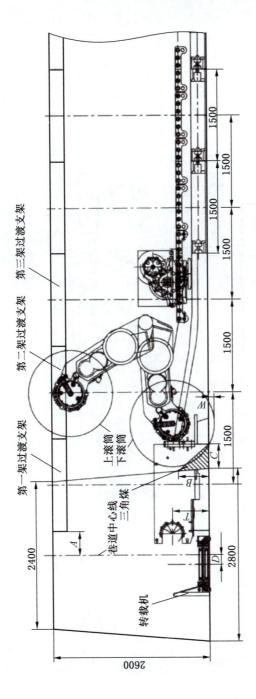

图 3-3 机头三角煤示意图

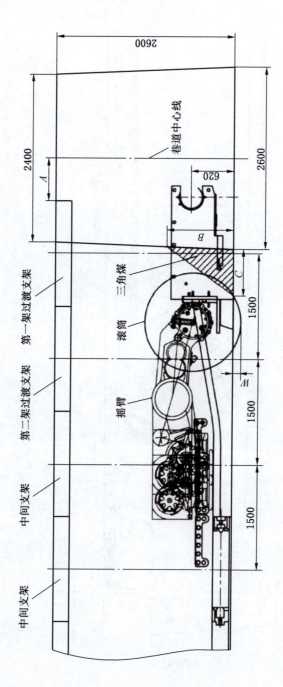

图 3-4 机尾处三角煤示意图

采煤机向巷道方向前行。当采煤机达到工作面机头、机尾处极限位置时,就会在工作面底板、巷道壁和滚筒之间形成一个采煤机无法切割、只能进行人工清除的三角形存煤区。该存煤区的存在,极大地妨碍了工作面的正常推进。为了保证工作面的正常生产,配套要求之一就是保证机头、机尾处采煤机下滚筒必须能够割透底板三角煤,且机头、机尾处的挖底量应不小于 100 mm。要实现上述目标,机头、机尾处中部槽通常采取变线措施。

输送机变线后,工作面端部将出现偏转段,在偏转段上,采煤机的行走轨迹与刮板输送机中心线形成一夹角,即偏转角$\partial$,偏转角一般取 1°。偏转角的存在必产生偏转值(采煤机在工作面机头处的行走轨迹向工作面的数值,图 3-5)。假设刮板输送机的长度为 $L$,偏转值为 $L\tan\partial$。

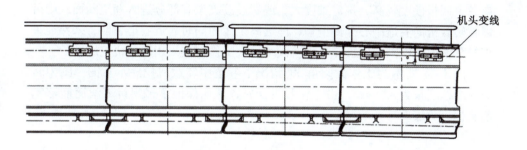

图 3-5 刮板输送机机头变线示意图

### 3. 转载机与刮板输送机配套

转载机与刮板输送机的配套要求主要解决两个问题:一是保证工作面煤流能够畅通运行;二是保证工作面下滚筒能够割透底板三角煤。

要保证采煤机下滚筒能够割透底板三角煤,仅仅采取变线措施还不够。原因在于变线只是解决了采煤机与刮板输送机在机头、机尾处宽度方向上的干涉问题,而没有解决采煤机与刮板输送机在高度方向上的干涉问题。上述问题的解决,通常有两种方法可供选择:

(1)将刮板输送机机过渡段中部槽向巷道下侧(远离工作面方向)窜动,同时将转载机也向巷道下侧移动,这样采煤机滚筒也随之进入巷道内,从而保证了下滚筒割透底板三角煤,具体如图 3-6 所示。

(2)将转载机在巷道中进行挖底。

上述两种方法应根据工作面具体煤层赋存条件进行选用。一般来说,对于

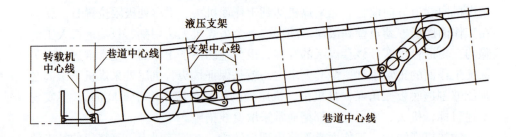

图 3-6 转载机偏移量示意图

近水平工作面而言，如果巷道底板硬度不高，可选择刮板输送机挖底方式；如果巷道底板硬度较高，掘进难度大，或者过渡支架有部分进入巷道断面，则可以将转载机向巷道中心外侧偏移，即远离工作面同时靠近巷道下侧，来保证采煤机下滚筒能够割透底板三角煤。倾角较大工作面应采用转载机挖底。

图 3-7 所示为工作面倾角 30°情况下巷道中转载机挖底示意图。图中转载机的挖底量为 829 mm，由于转载机挖底，从而保证了采煤机下滚筒能够割透底板三角煤。

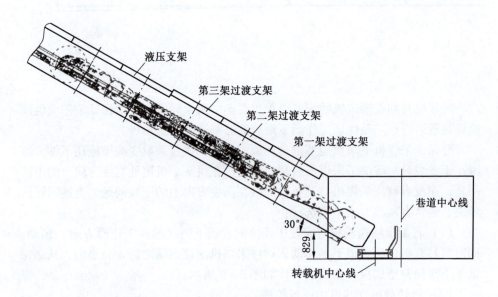

图 3-7 巷道中转载机挖底示意图

#### 4. 液压支架与刮板输送机配套

薄煤层工作面是否设置过渡支架与工作面开采工艺及综机设备安装布置方式有关。

1）开采工艺影响

由于受煤层厚度限制，薄煤层工作面中部液压支架支撑高度都较低，但为了便于进料、行人及布置采区电气、乳化液泵站等相关设备，巷道高度一般都远高于工作面煤层厚度。当巷道沿底板掘进时，为了安装刮板输送机机头架，同时为了防止支架之间相互"咬架"，机头位置支架高度要逐渐升高，以便从工作面支护高度过渡到巷道高度。

图 3-8 所示为某薄煤层工作面机头处过渡支架支护高度示意图。该工作面为近水平工作面，沿底板掘进，巷道进行挑顶，图中工作面支架的高度为 1425 mm，机头架高度为 1200 mm，巷道高度为 2000 mm。由于机头架高度为 1200 mm，因而将第一架过渡支架支护高度确定为 1700 mm，为避免支架"咬架"，机头处一共设置了 3 架过渡支架，其支护高度从 100 mm 逐渐递减到工作面支架支护高度。这样支架在正常支护及降架移架过程中支架间顶梁都能相互接触，避免了"咬架"现象的发生。

2）综机设备布置方式影响

综采工作面中，根据刮板输送机电动机在工作面中的安装位置及布置方式不同，可分为垂直布置与平行布置两种方式。垂直布置方式将刮板输送机电动机中心线布置在巷道中，电动机与工作面煤壁方向相互垂直，其布置方式如图 3-9 所示。平行布置方式将刮板输送机电动机布置在工作面里，电动机中心线与工作面煤壁方向相互平行，其布置方式如图 3-10 所示。对于平行布置方式来说，由于电动机的尺寸很大，液压支架必须向采空区后撤，以让出电动机的安装空间。

正是由于上述两个问题的存在，使得薄煤层综采工作面机头、机尾处的支架支护高度与支护长度都与工作面中部支架不同。因此，需要在工作面机头、机尾处设置过渡支架。根据支护循环方式的不同，一般将过渡支架分为及时支护和滞后支护两种方式。及时支护循环方式：割煤→移架→推移刮板输送机，特点是顶板暴露时间短，梁端距较小，支架顶梁较长。滞后支护循环方式：割煤→推移刮板输送机→移架，特点是滞后时间较长，梁端距大，支架顶梁较短。

过渡支架的支护高度、顶梁长度等参数尺寸应根据工作面配套设备进行确

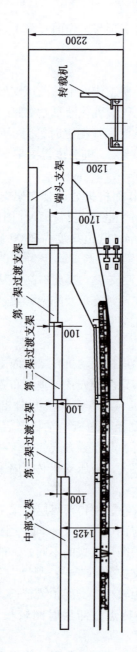

图 3-8 薄煤层工作面机头处过渡支架支护高度示意图

## 3 极薄煤层绿色智能综采关键装备及工艺

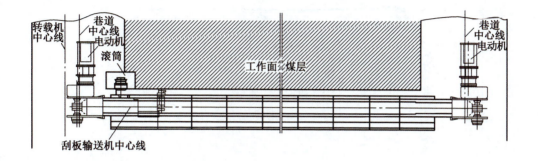

图 3-9 电动机中心线与工作面煤壁垂直布置方式示意图

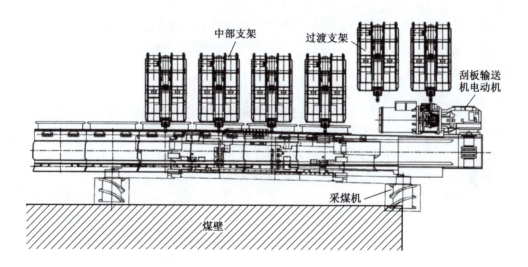

图 3-10 电动机中心线与工作面煤壁平行布置方式示意图

定,其工作阻力一般要高于工作面支架。图 3-11 所示为薄煤层综采工作面机头位置过渡支架配套图,该支架为滞后支护。

需要注意的是,如果电动机纵向尺寸过大,过渡支架向采空区方向移动过多,可能会出现过渡支架掩护梁侧护板与工作面支架掩护梁侧护板无法相互搭

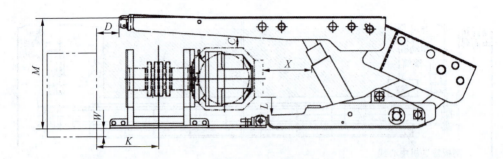

D—断面距；M—采高，mm；C—安全过机空间；L—底座前端与电动机高度方向最小距离；
W—采煤机滚筒挖底量；X—行人通道；K—链轮中心到采煤机滚筒距离，mm

图3-11 综采工作面机头位置过渡支架配套图

接，或移架后不能相互搭接，出现架间漏矸，这时过渡支架应采取分段后退方式进行配套。原则是在支架最高位置相邻支架移架后，掩护梁侧护板搭接量应不低于50 mm。

#### 5. 极薄煤层综采工作面端头支架配套

端头支架设备配套主要是解决液压支架与转载机、刮板输送机、采煤机之间相互配合关系。端头支架设备配套从图纸上可分为纵向断面配套和横向断面配套。前者解决刮板输送机、转载机和采煤机与支架配合关系，后者确定支架在巷道中的位置及刮板输送机与支架搭接关系。

端头支架纵向断面配套主要解决3个问题：一是刮板输送机在支架内推移一个步距后，采煤机滚筒与支架之间有一定间隙（不小于100 mm），各部件间不出现干涉；二是留出一定宽度尺寸不小于600 mm的行人通道；三是最大件结构尺寸要满足矿井下井尺寸要求。为此，顶梁多采用铰接顶梁结构，即采用图3-12所示铰接顶梁结构。

1）纵向断面配套

由图3-12不难发现，滚筒与立柱间的间隙为138 mm，刮板输送机电动机与中间立柱的间隙为205 mm，两立柱间的行人通道为848 mm。当刮板输送机推出一个步距800 mm后，前立柱与滚筒的间隙为138 mm。

为了验证该种顶梁结构形式是否为稳定性结构，需将图3-12中顶梁结构简化为图3-13所示的杆状结构，图中A、B、C为顶梁柱帽位置，D为前后

# 3 极薄煤层绿色智能综采关键装备及工艺

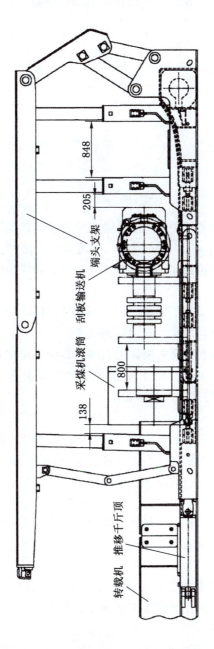

图 3-12 端头支架纵向配套断面图

两节顶梁铰接点。如果顶梁在铰接点处存在运动,根据虚功原理可知:

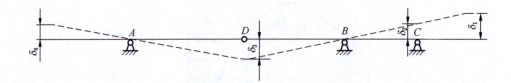

图 3-13　铰接顶梁结构原理示意图

$$\frac{\sigma_2}{\sigma_3} = \frac{BD}{BC} \tag{3-9}$$

由于 $B$、$C$ 点为顶梁柱帽位置,在顶梁充分接顶的情况下可知 $\sigma_2 = 0$,则有 $\sigma_3 = 0$,因此有 $\sigma_1 = \sigma_4 = 0$。上式说明,当两顶梁铰接时,如果有后部顶梁采用两根立柱支护,则铰接顶梁不会出现旋转变形,顶梁为稳定结构。

2) 横向断面配套

横向断面配套主要解决刮板输送机机头与支架之间的配合关系、端头支架在巷道中的位置、采煤机与端头支架之间的关系。

图 3-14 所示为端头支架横向断面配套图。其中,尺寸 $D$ 和 $J$ 反映了刮板输送机与支架之间的配合关系,尺寸 $X$ 和 $B$ 反映了支架在巷道中的位置,尺寸 $G$ 和 $W$ 反映了采煤机与支架的基本关系。

### 3.1.3　性能配套

极薄煤层绿色智能综采设备性能配套是要保证采煤机、刮板输送机、液压支架三者之间的协调运作与制约关系,发挥各个设备的最佳性能,从而提高开采效率、降低矿井开采的经济成本和安全风险,主要内容有:

(1) 刮板输送机的中部槽要与采煤机底托架、滑靴等结构配套,保证采煤机能够顺利沿工作面横向移动;另外输送机机头、机尾结构应能保证采煤机割透三角煤,使输送机的推移不受影响。这是采煤机与刮板输送机的性能配套要求。

(2) 刮板输送机的中部槽要与液压支架推移千斤顶尺寸结构相适应,以便正确连接;每节中部槽的长度应等于液压支架中心距。这是刮板输送机与液压支架的性能匹配要求。

(3) 采煤机的最大采高应小于液压支架的最大支撑高度,最小采高应大

# 3 极薄煤层绿色智能综采关键装备及工艺

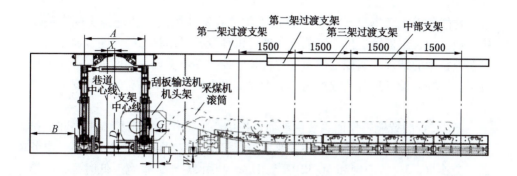

$X$—巷道中心与支架中心间的距离，mm；$B$—支架与巷道壁间的最小距离，mm；$D$—刮板输送机机头架与底座间垂直方向最小间隙；$G$—采煤机滚筒到支架的最小间隙，mm；$J$—刮板输送机机头架与底座间水平方向的最小间隙；$W$—采煤机滚筒挖底量；$A$—支架中心距，mm

图 3-14 端头支架横向配套断面图

于液压支架的最小支撑高度；采煤机的牵引速度应小于液压支架的移架速度；截深应小于液压支架的移架步距。这是采煤机与液压支架的性能配套要求。

### 3.1.4 寿命配套

极薄煤层绿色智能综采设备寿命配套是指综采工作面各单机设备的大修周期应该相互接近。如采煤机、刮板输送机、液压支架的大修周期相差过多，则需要交替进行维修，会增加停机停产检修设备的频率与时间，对高效生产有很大的影响；如有设备处于"带病"运转状态，则又会使生产过程存在安全隐患，而且会影响生产效率。所以三机的寿命配套也是至关重要的。

### 3.1.5 智能化信息配套

极薄煤层综采装备智能化信息配套主要是实现各装备间的互联互通，包括协议互通、装备互联、装备接入云端管理等。目前煤矿装备接口五花八门，不同厂商产品程序兼容和互联互通存在很大问题，工控网络协议众多，多类应用协议并存，针对此问题在进行综采装备信息配套时，协调各设备制造厂家采用统一的主流协议，并预留扩展接口，支持接入客户第三方协议等。通过数据格式、接口协议的统一和标准化实现综采工作面设备间的互联互通及协同控制。

　　智能化工作面集控平台整合数据采集、分析和控制等功能，实现对采煤机、液压架、刮板输送机、转载机和破碎机等设备工作状态的监测，通过与视频监控技术的结合，实现工作面远程视频监控，逐步实现工作面少人或无人化开采。对综采设备进行远程控制，能大幅度提高生产效率，有效提升安全生产水平。

　　基于5G的智能工作面系统由地面集控中心、工作面巷道控制中心和工作面综采设备构成。地面集控中心主要由采煤机设备控制台、控制计算机、服务器、交换机、5G核心网和5G BBU等组成。利用5G"大带宽、低时延、广连接"的特性，实时监控工作面生产画面和生产实时监控数据和历史统计数据；也可以接管工作面巷道控制中心的控制功能，在地面集控中心实现对综采面采煤机、液压支架等设备的远程操控。工作面巷道控制中心由主要由控制计算机、显示器、交换机、设备操作控制台、扩音电话等组成，利用各类传感器、摄像头及5G网络采集、传输各类信息到工作面巷道控制中心，实现在工作面巷道监控中心对设备的远程操控，达到工作面少人化乃至无人化开采的目的。工作面设备主要包括液压支架、采煤机、刮板输送机、带式输送机、供液系统。这些设备根据接口配置相应的综合接入器（内置5G传输模块），通过井下5G基站实现视频和监控及控制信号无线传输，从而实现远程控制功能。

## 3.2　极薄煤层绿色智能综采装备设计选型

### 3.2.1　液压支架选型

#### 3.2.1.1　极薄煤层综采液压支架设计原则

　　液压支架应能及时支护顶板，防止破碎岩石冒落，发挥其结构功能和支护效果。决定液压支架选型的主要因素有：工作面顶底板特性、基本顶来压强度、采煤机截深、煤层特征（厚度、强度、倾角）、瓦斯涌出量、受邻近煤层采动影响情况以及局部地质构造特征等。实践表明：直接顶类型是支架选型的决定性因素。合理的支架选型就是与顶板的岩性与强度相适应，液压支架与直接顶相互作用过程中应能保持直接顶的完整性，发挥岩石的整体承载能力，共同维护采场的稳定。支架顶梁越长，由于顶梁的反复支撑作用容易使直接顶产生离层破坏，故对稳定性差的顶板架型优先选用较短顶梁。

目前的液压支架主要有三种，分别是支撑式、支撑掩护式、掩护式。支撑式支架由于在挡矸性能和稳定性方面存在缺陷，很少用。常用架型为支撑掩护式和掩护式。

支撑掩护式支架具有两排支柱，通风断面较大，底板比压均匀，切顶能力强，方便移架，适用于中等稳定及坚硬顶板。当顶板比较破碎或者顶板的类型是中等稳定时，可以采用二柱掩护式支架。此时由于这种支架采用了单排的立柱，其支撑距离相对而言和煤壁之间更近，即控顶距更小，这种形式的支护能够产生较好的支护效果，预防端面顶板的破碎离层等，从而可以较好地保证顶板的稳定条件，保证工作面的正常生产，并且根据实践经验可知，这种支架的架型和布置方式适应范围较广，对于煤层起伏不定的情况同样适用。

根据矿井煤层顶底板条件，选用基本支架架型为四柱掩护式，电液操作方式。

根据禾草沟二矿极薄煤层开采的具体特点，要充分考虑到支架能够适应极薄煤层的开采，必须降低支架的高度，并且还能具有稳定的支护性能，保证工作面的安全生产和生产效率，因此，要对工作面综采设备配套提出特定要求。

极薄煤层对液压支架的要求如下：

（1）在支架的机构设计上，采用四柱掩护式结构形式，采用较大直径的平衡千斤顶结构形式，增大支架顶梁和掩护梁之间的调节能力和强度。运用计算机辅助设计手段，对支架四连杆机构各项参数进行优化设计、受力分析和结构强度校核，满足支架高可靠性要求。

（2）支架结构力求简单、可靠，各项技术性能指标要求先进。通过优化设计，改善力学特性，梁体截面筋板配置和焊缝设计，支架选用高强度材板，减小支架重量和顶梁厚度，在保证支架高可靠性的前提下，满足尺寸小、重量轻等要求。满足极薄煤层综采设备的配套及支架强度的要求。

（3）减小对底板的比压，两架间采用新型调底装置以适应大倾角工作面，该套综采设备确保了必要的通风断面、梁端距、行人空间。采取简化顶梁和底座调架导向装置简化支架动作。支架经过优化设计，最大限度地加宽了人行道宽度。

（4）为了保证支架具有较大的推拉力和行走速度，选用大直径的推移千斤顶和快速移架系统，保证支架的运行速度和推拉力。为了满足支架移架速度的要求，需要装备电液操作系统，通过该系统来实现自动化快速作业。该型液压支架配套使用生产能力大、适应性强、结构紧凑、操作维护方便、推移速度快等特点的电液控制系统，能满足薄煤层高产高效、安全生产要求。

（5）极薄煤层工作面空间小，作业人员行走较为困难，设备运输和设备检修受空间限制。液压支架液压系统是最容易出问题的部分，为了尽量减少设备的维护和更换备件时间，选用聚氨酯密封和不锈钢液压阀大大提高了液压系统的可靠性和使用寿命。

（6）支架设计按现行中国煤炭行业标准《液压支架技术条件》（MT 312—2000）等标准进行设计，保持支架的适应性及可靠性，要求设计的支架达到国内外同行业技术领先水平。

### 3.2.1.2 极薄煤层液压支架主要结构形式确定

#### 1. 顶梁

顶梁形式不同，支架功能和性能不同，因此，根据具体条件合理地选择顶梁形式，有助于提高综采支护效果。目前主要应用的顶梁有整体型和分体式两种。

分体式结构的支架顶梁能够和顶板很好接触，而且具有支架架型较小的优点。但这种体型较小的支架相对而言支护效果有限，容易产生支护力不足的现象，对于薄煤层而言，不能提供十足有效的支撑，因此，不采用分体式结构。根据禾草沟二号煤矿生产技术条件，本架型选用整体刚性顶梁形式，结构简单、可靠，支架前端支撑力大。

#### 2. 底座

液压支架的底座作为支架承载基础，不仅要与底板直接接触，还要间接地承受顶板的压力，因此，对其稳定性和强度提出了一定要求。具体而言，底板主要实现以下功能：

（1）保证其他设备的稳定性，在工作面紧凑空间通过合理的空间布局，保证采煤机的稳定。

（2）保证液压支架能够稳定提供支护力，只有确保底座的稳定，支架上部才能稳定地提供支护力。

（3）担负起隔断的作用，避免煤炭矸石等进入采煤作业空间。

（4）提供必要的空间，供人员和设备安装、检修时使用。

与顶梁的结构相类似，底座也可以分为整体和分体两种形式。分体式的结构并不是一个统一的整体，而是包含了不同的两部分，因这两部分的划分，使得支架具有多余的空间,因此可以用于排矸,但也因为其多余的空间存在,其底座面积相对较小,故而在稳定性上有所欠缺。与分体式相比,整体式结构性更好,适应性更强。

本支架底座为整体式,在重新设计时将底部的后部设计为开放型,因此在充分借鉴了整体式支架稳定性的前提下,该支架后部开放式的设计还有助于利用多余空间进行排矸操作等。

### 3.2.1.3 极薄煤层液压支架参数确定

#### 1. 支架工作阻力的确定

确定支架合理的工作阻力方法有很多,根据不同的方法也会有不同的结果。工程上通常采用载荷估算法支护阻力的计算。

根据载荷估算法的理论,支架承受的力不仅来自于煤层上覆岩层直接顶载荷的重量 $Q_1$,还要包括基本顶对下部形成的载荷量 $Q_2$,因此,计算公式为

$$P = P_1 + P_2 = \sum (H_i L_i \gamma_i) + Q_2 \qquad (3-10)$$

式中 $h_i$——第 $i$ 层直接顶的厚度;

$l_i$——第 $i$ 层直接顶的悬顶距;

$\gamma_i$——第 $i$ 层直接顶容重。

在实际过程中,随着工作面的推进,直接顶会不断垮落,此时有:

$$P = \sum (H_i X_i) + \frac{Q_2}{l_m} \qquad (3-11)$$

由式(3-11)可知,实际应用过程中 $Q_2$ 的精确确定存在一定困难,因此可以考虑引入动载系数 $n$ 来计算合理的工作阻力,即

$$P = n \sum (H_i X_i) \qquad (3-12)$$

实际应用表明,当直接顶的碎胀系数取值为 1.25~1.5 时,此时动载系数的取值一般不会超过 2,因此

$$P = (4 \sim 8) H \gamma \qquad (3-13)$$

式(3-13)中,$H$ 为工作面实际采高,m。

在具体应用时,当顶板压力比较剧烈时,可以采用 8 倍采高,当顶板来压不明显时,可以采用 4 倍采高。

支架工作阻力大小直接影响支架的支护能力,当支架的工作阻力较大时,在顶板岩层坚硬性较好的情况下,其对顶板的支护效果也会较好,取支架中心

距（1500 mm）及立柱缸径 230 mm，在立柱安全阀合理开启压力范围内，确定支架工作阻力为 3300 kN（安全阀开启压力 39.7 MPa）。

### 2. 确定支架高度

在确定支架高度时，要充分考虑工作面的采高，因此：

$$H_{zmax} = H_{max} + (0.1 : 0.3) \tag{3-14}$$

式中　$H_{max}$、$H_{min}$——工作面实际开采中可能遇到的最大和最小采高，m。

$$H_{zmin} = H_{min} - h_d - h_e \tag{3-15}$$

式中　$h_d$——支架在设计时所考虑顶板下沉值，m；

$h_e$——充分考虑可能存在压架的情况而设计的避免压死支架的回撤高度，m。

通常，$h_e = 0.05 : 0.1$ mm，$h_d = (0.04 : 0.05)H$，代入数据计算得，$H_{zmax} = 1.3$ m，$H_{zmin} = 0.65$ m。

### 3. 支架中心距的确定

现液压支架中心距有 3 种：1.75 m、1.5 m、1.25 m。

本型液压支架取中间值：1.5 m。

### 4. 确定推移步距

众所周知，采煤机截深增加后，单位时间内获得的采煤量就会直接增加，因此能够提高生产效率。但同时，采煤机的截深不可能无限增大，截深过大，将造成对架前顶板的支护能力减小。采煤机截深确定为 0.8 m，将支架移架步距确定为 0.8 m。

### 5. 顶梁前后比

立柱顶端与顶梁相接触，并产生力的传递。当接触点的位置不同时，接触点前端的顶梁和后面的顶梁距离就会存在差异，前段与后段的比即为顶梁前后比。该数值对顶梁的受载情况具有直接影响。当数值较大时，前段的距离较长，此时顶梁前部承载力会降低。同时，该数值也不能无限地小，因此立柱完全接触支架后部时，支护效果会受到极大影响。

### 6. 底座前端比压

与顶梁前后比相类似，支架底座对单位面积底板上所造成的压力为底座比压。因此，在支架的设计时还要充分考虑立柱在底板的布置情况。在具体的设计过程中，要综合考虑支架的结构，立柱和掩护梁的分布情况，通过在底座上加装其他设备如平衡千斤顶来实现支架的整体稳定和性能的提升。

当支架结构设计不科学时，将直接影响支架性能的发挥，此时会对工作面生产带来严重影响。充分考虑到底板前端比压的影响,经过优化计算,当摩擦系数 $f=0.2$ 时支架前端最大比压为 1.33 MPa。

### 7. 其他

地质条件对支架的选型设计也有很重要的影响,因为支架不仅要维护好顶板条件,还要适应地质条件的不断变化。因此,支架在设计时必须充分考虑地质条件情况。当工作面或附近存在水患时,要充分考虑到支护强度的大小,不能一味地设置较大的支护力而引发支架破坏含水层岩层,给工作面生产带来影响。在瓦斯情况比较特殊的矿井,要充分利用支架的结构来实现通风的顺畅,避免一味探求支架的稳定而使得工作面通风困难。

经过薄煤层液压支架总体结构参数分析和优化设计,以及对支架参数的计算,选定架型为 ZZ4000/6.5/13D 四柱支撑掩护式液压支架作为禾草沟二矿 3 煤层开采所用支架。其主要技术参数见表 3-1。

表 3-1  ZZ4000/6.5/13D 型中间液压支架主要技术参数表

| 技 术 参 数 | 数值/方式 | 技 术 参 数 | 数值/方式 |
| --- | --- | --- | --- |
| 型式 | 四柱支撑掩护式 | 对底板比压（前端值）/MPa | 1~1.33 |
| 高度（最低/最高）/mm | 650/1300 | 支护强度/MPa | 0.46~0.52 |
| 宽度（最小/最大）/mm | 1350/1550 | 泵站压力/MPa | 31.5 |
| 中心距/mm | 1500 | 控制方式 | 电液控制 |
| 初撑力（$P=31.5$ MPa）/kN | 3204 | 重量/t | 约 8 |
| 工作阻力（$P=42.3$ MPa）/kN | 4000 | | |

#### 3.2.1.4 极薄煤层液压支架结构特点

经过不同技术的综合分析,可知 ZZ4000/6.5/13D 极薄煤层四柱支撑掩护式液压支架具有以下特点:

(1) 采用先进的计算机模拟试验和优化程序对液压支架参数进行优化设计,支架架型为两柱掩护式液压支架,稳定性好,具有足够的抗扭能力。

(2) 支架采用电液控制,技术先进,安全可靠,支护、推刮板输送机、移架机构完善,人行通道较为畅通。

(3) 顶梁为整顶梁结构,对支架前部顶板的支撑效果好,不设活动侧护板，通风断面大；为尽可能少漏矸，加大顶梁宽度到1550 mm。

（4）控顶距相对较小。由于支架结构设计上顶梁的长度相对较短，这种结构设计可以有效地降低支架对直接顶所造成的直接损坏。

（5）为了满足强度的要求，连杆部分的材料使用高强度的钢板，并且前后连杆均采用双连杆结构。

（6）为避免浮煤进入底座而造成机器损坏等情况，支架的底座采用低封式结构，并且设计成刚性底座。

（7）为尽可能加大接底面积，减少对底板加压，支架底座加宽到1350 mm并适当向前加长，可防止支架陷底难移。

（8）短推杆是实现工作面快速移架的有力保障，其工作性能可靠，方便操作。

（9）平衡千斤顶采用大缸径千斤顶，通过增大千斤顶的调整范围实现更大范围的控制支架的状态调整。

（10）采用大流量电液控制系统，提高降、移、升速度。

（11）对于销轴类零件中，通过镀锌、热处理等技术手段增加其强度，以保证其实用效果。

### 3.2.2　采煤机选型

近几年来，国内外电牵引采煤机已得到了广泛的应用，牵引形式主要有变频调速、开关磁阻电机调速、支流电机牵引调速、电磁滑差调速等几种方式。电牵引采煤机以其结构简单、维护方便、费用低、故障率低、故障易判断处理等优点而得到大量应用。

#### 3.2.2.1　极薄煤层采煤机选型设计原则

（1）技术先进，性能稳定，操作简单，维修方便，运行可靠，生产能力大。

（2）各部件相互适应，能力匹配，运输畅通，不出现"卡脖子"现象。

（3）与煤层赋存条件相适应，与矿井规模和工作面生产能力相适应，能实现经济效益最大化。

（4）系统简单、环节少，总装机功率大，机面高度低，过煤空间大，有效截深大。

（5）具有实时在线监测、自动记忆截割、远程干预控制等功能。

#### 3.2.2.2　极薄煤层采煤机结构设计要求

（1）内、外喷雾要满足《煤矿安全规程》规定的灭尘要求。

(2) 采煤机要装备有监测装置,对运行工况参数进行监测、显示、报警。
(3) 采煤机要求具有自诊断功能。
(4) 采煤机要求具有中英文显示功能。
(5) 采煤机的电控应具有下列功能:
① 具有有线和无线遥控操作功能,遥控器的有效控制距离不小于 30 m。
② 遥控器的电源采用可充电电源,其连续工作时间必须达到 10 h。
③ 具有紧急停机开关,在紧急情况下能立即停止采煤机。
④ 采煤机起动前能发出预警信号。
⑤ 电机应预埋温度传感器,实现对电机的温度监测和保护。
⑥ 电控装置应具有过载、过流、过压和欠压保护及接地漏电保护。
⑦ 具有数据传输功能,能在顺槽中显示,能传输给支架,并能通过矿井监控系统传送到地面控制中心。
⑧ 采煤机上必须装有能停止刮板机运行的闭锁装置。
(6) 要求采煤机的数据传输装置要与支架的接收装置相匹配,实现采煤机和支架的联动。
(7) 采煤机具有智能截割功能,具有惯性导航技术支持的采煤机姿态和运行轨迹的检测功能。
(8) 采煤机可根据刮板机运行功率自动调速。
(9) 采煤机具有采高显示功能。
(10) 采煤机应具有齐全的机械保护。
(11) 电气设备应具有中国国家电气安全标准所规定的各种保护。
(12) 采煤机的电器外壳防护等级不低于 IP54。
(13) 设备入井前应取得中国国家煤矿安全标志证书和"MA"标识牌。

#### 3.2.2.3 极薄煤层采煤机参数确定

采煤机应与矿井规模和工作面生产能力相适应,其有效牵引速度及割煤能力按最高指标选取,有效牵引速度不小于 2.82 m/min,割煤能力不小于 124.41 t/h。

采煤机装机功率包括截割电动机、牵引电动机、破碎电动机、液压泵电动机、机载增压喷雾泵电动机等电动机功率总和。设计根据能耗系数法估算采煤机装机功率,用下式估算:

$$N = 0.96 \frac{QA_X H_W}{K_1 K_2 A} \tag{3-16}$$

式中　　$N$——采煤机割煤功率，kW；

　　　　$A_X$——被截割煤的截割阻抗，取 300 N/mm；

　　　　$A$——基准煤的截割阻抗，200 N/mm；

　　　　$H_W$——比能耗值，kW·h/t；

　　　　$K_1$——功率利用系数，0.9；

　　　　$K_2$——功率水平系数，0.9。

按 20% 的富裕量考虑，再加上调高和破碎机功率，则采煤机的总装机功率应达到

$$N_{总} = \frac{N}{0.8} + N_{调高} + N_{破碎机} \quad (3-17)$$

式中　　$N_{总}$——采煤机总装机功率，kW；

　　　　$N$——采煤机装机功率，为 143.76 kW；

　　　　$N_{调高}$——调高功率，取 30 kW；

　　　　$N_{破碎机}$——破碎机功率，取 30 kW。

计算得：采煤机总装机功率为 239.70 kW。

#### 3.2.2.4　技术性能指标

极薄煤层采煤机技术性能指标见表 3-2。

表 3-2　极薄煤层采煤机技术性能指标

| 参　数 | 数值 | 参　数 | 数值 |
| --- | --- | --- | --- |
| 生产能力/(t·h$^{-1}$) | 124.41 | 供电电源/V | 1140 |
| 采高/m | 0.7~0.78 | 截割功率/kW | ≥179.70 |
| 适应煤硬度 | $f=2$ | 总装机功率/kW | 239.70 |
| 适应的工作面倾角/(°) | 3 | 滚筒的有效截深/mm | 800 |
| 割煤时的有效牵引速度/(m·min$^{-1}$) | ≥2.82 | | |

#### 3.2.2.5　设备选型确定

禾草沟二号煤矿极薄煤层选用的采煤机型号为 MG200/468-WD 型变频电牵引采煤机，其主要技术参数见表 3-3，结构如图 3-15 所示。

## 3 极薄煤层绿色智能综采关键装备及工艺

表 3-3  MG200/468-WD 型变频电牵引采煤机主要技术参数表

| 参　数 | 数值/方式 | 参　数 | 数值/方式 |
| --- | --- | --- | --- |
| 型式 | 双滚筒变频电牵引采煤机 | 滚筒直径/mm | 800、720 |
| 采高范围/m | 0.70~1.30 | 滚筒截深/mm | 800 |
| 机面高度/mm | 500 | 下切量/mm | 98±15 |
| 适应走向倾角/(°) | ≤35 | 煤硬度 | $f$≤4 |
|  |  | 最大牵引力/kN | 502 |
| 最大牵引速度/(m·min$^{-1}$) | 6±0.5 | 牵引形式 | 机载交流变频调速、摆线轮-销轨式牵引,牵引销轨节距 125 m |
| 供电电压/V | 1140 | 喷雾方式 | 内、外喷雾 |
| 冷却方式 | 水冷 | 主电缆型号 | MCP 0.66/1.14 kV  3×70+1×25+6×2 |
| 总装机功率/kW | 468 (2×200+2×30+2×4) | 整机质量/t | ≥18 |

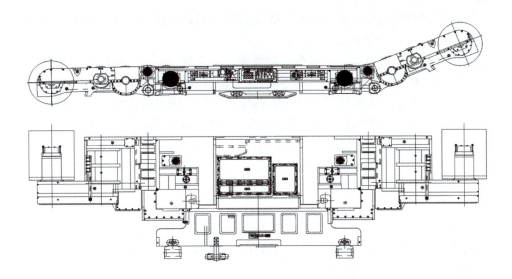

图 3-15  MG200/468-WD 型变频电牵引采煤机

### 3.2.3 运输三机选型

#### 3.2.3.1 选型原则及标准

**1. 选型原则**

（1）刮板输送机应满足与采煤机、液压支架的配套要求。

（2）刮板输送机输送能力应大于采煤机生产能力。

（3）刮板输送机铺设长度应满足工作面回采要求。

（4）转载机应具有自移功能，刮板输送机应具有自动张紧功能。

（5）应尽量选用与在用设备型号相同的设备，降低矿井生产成本，便于日常维修和配件管理。

**2. 选型标准**

（1）刮板输送机的运输能力必须满足采煤机割煤能力，考虑到刮板输送机运转条件多变，其实际运输能力应略大于采煤机的生产能力。

（2）刮板输送机的功率根据工作面长度、链速、重量、倾斜程度等确定。

（3）结合煤的硬度、块度、运量，刮板输送机选择中双链形式的刮板链条；机身应附设与其结构型式相应的齿条或销轨；在刮板输送机靠煤壁一侧附设铲煤板，以清理机道的浮煤。

（4）转载机的输送能力应大于刮板输送机的输送能力，其溜槽宽度或链速一般应大于刮板输送机。

（5）转载机的机型，即机头传动装置、电动机、溜槽类型以及刮板链类型，尽量与在用刮板输送机一致，以便于日常维修和配件管理。

（6）转载机机头搭接带式输送机的连接装置，应与带式输送机机尾结构以及搭接重叠长度相匹配，搭接处的最大高度要适应超前压力显现后的支护高度，转载机高架段中部槽的长度满足转载机前移重叠长度的要求。

（7）转载机在巷道中的宽度、高度满足要求。

（8）破碎机与转载机的能力匹配。

#### 3.2.3.2 主要参数确定

工作面刮板输送机应与采煤机生产能力相适应，外形尺寸和牵引方式与采煤机相匹配，刮板输送机每节长度与液压支架宽度一致。根据以上计算，刮板输送机能力应不小于 124.41 t/h。

**1. 刮板输送机链速**

刮板输送机链速主要与运输能力相关，计算公式如下：

## 3 极薄煤层绿色智能综采关键装备及工艺

$$V = \frac{Q}{3600 \times F \times \gamma \times \varphi} \quad (3-18)$$

式中 $V$——链速，m/s；

$Q$——刮板输送机运输能力，取 124.41 t/h；

$F$——中部槽装载断面积，取 0.06726 m²；

$\gamma$——散煤的松散密度，取 1.0 t/m³；

$\varphi$——装满系数，取 0.9。

经计算得：刮板输送机链速 $V$ 为 0.5709 m/s，考虑一定的余量，链速应不小于 0.57 m/s。

**2. 刮板输送机电机功率**

$$N = \frac{KK_1K_2[q(\omega\cos\beta \pm \sin\beta) + 2q_0\omega'\cos\beta]LVg}{1000\eta} \quad (3-19)$$

式中 $q$——载货每米重量，kg/m；

$Q$——刮板输送机运输能力，取 124.41 t/h；

$V$——链速，取 0.57 m/s；

$N$——刮板输送机装机功率；

$K$——电机备用功率系数，取 1.35；

$K_1$——链轮附加阻力系数，取 1.1；

$K_2$——水平弯曲时链与槽帮间的附加阻力系数，取 1.1；

$\omega$——货载与中部槽间运行阻力系数，取 0.6；

$\omega'$——刮板链与中部槽间运行阻力系数，取 0.3；

$\beta$——工作面倾角，取 3°；

$q_0$——刮板链每米重量，取 25 kg/m；

$L$——输送机铺设长度，取 124.5 m；

$g$——重力加速度，取 9.8 m/s²；

$\eta$——传动效率，取 0.8。

其中：载货每米重量的计算公式为

$$q = \frac{Q}{3.6V} \quad (3-20)$$

经计算得刮板输送机载货每米重量 $q$ 为 60.62 kg/m。相关参数代入式（3-19）计算得：刮板输送机功率 $N$ 为 77.355 kW。则刮板输送机装机功率需大于 77.355 kW。

### 3. 刮板输送机圆环链确定

$$W = K_1 K_2 [q(\omega\cos\beta \pm \sin\beta) + 2q_0\omega'\cos\beta]Lg \qquad (3-21)$$

式中　$W$——圆环链最大运行阻力，N；
　　　$K_1$——链轮附加阻力系数，取1.1；
　　　$K_2$——水平弯曲时链与槽帮间的附加阻力系数，取1.1；
　　　$q$——载货每米重量；取60.62 kg/m；
　　　$\omega$——货载与中部槽间运行阻力系数，取0.6；
　　　$\omega'$——刮板链与中部槽间运行阻力系数，取0.3；
　　　$\beta$——工作面倾角，取3°；
　　　$q_0$——刮板链每米重量，取25 kg/m；
　　　$L$——输送机铺设长度，取124.5 m；
　　　$g$——重力加速度，取9.8 m/s²。

代入式（3-21）计算得前刮板输送机圆环链最大运行阻力为80421.05 N。

$$S_{\max} = \frac{W}{Z\lambda} \qquad (3-22)$$

式中　$S_{\max}$——链条最大张力，N；
　　　$W$——圆环链最大运行阻力，N；
　　　$Z$——链条数，取2；
　　　$\lambda$——常数，取0.65。

计算得链条最大张力为860810.72 N。

圆环链材料强度按800 MPa考虑，则工作面需求圆环链链条直径为

$$D = \sqrt{\frac{1.5 \times 4 \times S_{\max}}{800 \times \pi}} \qquad (3-23)$$

式中　$D$——圆环链链条直径；
　　　$S_{\max}$——链条最大张力，N。

根据上述计算，链条最大张力为860810.72 N，代入式（3-23）计算得工作面需求圆环链链条直径为45.34 mm。

#### 3.2.3.3　技术性能指标（表3-4）
#### 3.2.3.4　设备选型确定

禾草沟二号煤矿极薄煤层智能工作面选用刮板输送机型号为SGZ630/264刮板输送机，转载机型号为SZZ630/110转载机，破碎机型号为PLM500型破碎机。其技术参数见表3-5。

### 3 极薄煤层绿色智能综采关键装备及工艺

表3-4 技术性能指标

| 参　　数 | 数值 | 参　　数 | 数值 |
|---|---|---|---|
| 输送能力要求/(t·h$^{-1}$) | ≥124.41 | 装机长度/m | 124.5 |
| 链速需值/(m·s$^{-1}$) | ≥0.57 | 链速取值/(m·s$^{-1}$) | 1.06 |
| 节距/mm | 1500 | 驱动功率需值/kW | ≥77.355 |
| 驱动功率装机/kW | 132 | 链条直径/mm | ≥13.856 |
| 链条直径取值/mm | 26 | 链条屈服安全系数 | 1.87 |

表3-5 极薄煤层绿色智能综采工作面运输三机主要技术参数

| 参　　数 | 数　　值 |
|---|---|
| 刮板输送机 | |
| 型式 | SGZ630/264 |
| 总装机功率/kW | 2×132 |
| 双速电机 | YBSDS-132/80-4/8 |
| 链速/(m·s$^{-1}$) | 1.1 |
| 圆环链规格/(mm×mm) | 26×92 紧凑链 |
| 刮板间距/mm | 1104 |
| 紧链方式 | 闸盘紧链 |
| 输送能力/(t·h$^{-1}$) | 450 |
| 长度/m | 124.5 |
| 电压等级/V | 1140 |
| 刮板链型式 | 中双链 |
| 链条破断负荷/kN | 850 |
| 中部槽规格/(mm×mm×mm) | 1500×590（内宽）×208 |
| 采煤机牵引方式 | 齿轮+销排 |
| 转载机 | |
| 电机功率/kW | 40 |
| 电压/V | 660/1140 |
| 刮板链速/(m·s$^{-1}$) | 0.86 |
| 运输能力/(t·h$^{-1}$) | 150 |
| 刮板链 | 圆环链 18×16-C |

表 3–5（续）

| 参　　数 | 数　　值 |
| --- | --- |
| 破断负荷/kN | 410 |
| 刮板链间距/mm | 1500×620（内宽）×180 |
| 中部槽形式 | 整体组焊箱式结构 |
| 破碎机 | |
| 破碎能力/(t·h$^{-1}$) | 500 |
| 最大输入块度/(mm×mm) | 500×700 |
| 最大输出粒度/mm | 300 |
| 破碎主轴转速/(r·min$^{-1}$) | 476 |
| 电机功率/kW | 90 |
| 破碎锤头数/个 | 4 |
| 破碎锤头冲击速度/(m·s$^{-1}$) | 22.9 |

### 3.2.4　泵站选型

#### 3.2.4.1　选型原则

（1）泵站供液系统性能稳定、可靠。

（2）泵站的输出压力应满足液压支架初撑力的需要，并考虑管路阻力所造成的压力损失。

（3）泵站的单泵额定流量和泵的数量应满足工作面液压支架及其他用液设备的操作需要。

（4）乳化液箱的容积应满足多台泵同时工作的需要。

（5）应配备备用乳化液泵站。

（6）乳化液泵站的电机功率应满足泵站最大工作能力的需要。

（7）泵站应配备"机–电–液"一体化的检测系统，以实时检测系统的输出流量和输出压力、乳化液箱的液位和温度、泵站运行状态等，并可实现预警，确保人员和设备的安全。

（8）应尽量选用与在用设备型号相同的设备，便于日常维修和配件管理，降低矿井生产成本。

（9）当由固定泵站向工作面远距离供液时，要计算确定所用管路的类型、口径、液流压力损失，并综合确定所需泵站的工作能力。

#### 3.2.4.2 影响因素

泵站的选择主要取决于工作面液压支架及其他用液设备操作所需的初撑力、用液流量等。

#### 3.2.4.3 选型标准

(1) 确定工作面液压系统所需的压力和流量,选择泵的供液压力和流量应大于所需要求。

(2) 计算管路压力损失,并通过压力损失及所需供液压力和流量,选择泵的流量应大于所需要求。

#### 3.2.4.4 主要参数确定

**1. 泵站的压力计算**

根据液压支架初撑力确定泵站压力:

$$P_{b1} = \frac{4}{Z\pi D^2}P_1 \tag{3-24}$$

式中　$P_1$——液压支架初撑力,kN;
　　　$Z$——单架液压支架立柱根数;
　　　$D$——支架立柱的缸体内径,m。

初选泵站压力计算公式为

$$P_{b2} = \frac{4}{Z\pi D_1^2}P_n \tag{3-25}$$

式中　$P_n$——千斤顶最大推力,kN;
　　　$D_1$——千斤顶缸体内径,m。

如果满足支架初撑力和千斤顶最大推力的要求,则泵站压力:

$$P = kP_{b1} \tag{3-26}$$

式中　$k$——泵站系统压力损失系数,$k = 1.1 \sim 1.2$。

**2. 泵站流量的确定**

根据支架在工作面中每架(组)在移动的循环中需要动作的立柱和千斤顶的最大流量确定,同时要满足液压支架追机快速移动的要求,每1架一组。液压泵站工作流量:

$$Q \geq \frac{n_1 s_1 (F_1 + F_2) + n_2 B F_3}{1000 \left( \frac{L}{v_q} - t_4 \right)} \times \frac{1}{\eta_1} \tag{3-27}$$

式中　$n_1$——移架时同时升降的立柱数,$n_1 = 2 \times 2 = 4$;

$n_2$——移架时同时伸缩的千斤顶数，$n_2 = 2 \times 1 = 2$；

$s_1$——移架时立柱的行程，$s_1 = 20$ cm；

$B$——移架时千斤顶的行程，$B = 80$ cm；

$F_1$——立柱环形腔的作用面积，$F_1 = 123.2$ cm$^2$；

$F_2$——活塞腔的作用面积，$F_2 = 87.5$ cm$^2$；

$F_3$——千斤顶移架腔的作用面积，$F_3 = 36.72$ cm$^2$；

$L$——支架架间距，$L = 1.5 \times 1 = 1.5$ m；

$v_q$——采煤机牵引速度，$v_q = 1.14$ m/min；

$t_4$——移架过程中的其他辅助时间，$t_4 = 0.2$ min；

$\eta_1$——泵站容积效率，$\eta_1 = 0.9 \sim 0.92$，取 0.92。

将上述数值代入式（3-27），得出 $Q \geqslant 22.14$ L/min。

### 3. 泵站功率计算

泵站电机功率：

$$N = \frac{pQ}{6.12\eta} \tag{3-28}$$

式中　$p$——泵站的额定压力，MPa；

$\eta$——泵站的效率，$\eta = 0.9$；

$Q$——泵站的流量，L/min。

### 4. 泵站乳化液箱容积的确定

（1）按泵站工作流量选择容积：

$$V_1 \geqslant 3Q + Q_0 \tag{3-29}$$

式中　$Q_0$——乳化液箱箱底至吸液口最低液位时的流量，取 $Q_0 = 150 \sim 200$ L；

$Q$——泵站的额定流量，L。

（2）满足因停泵可能造成乳化液顺液管回流的流量：

$$V_2 \geqslant \frac{\pi}{4}(d_1^2 L_1 + d_2^2 L_2) \times 10^{-3} + Q_0 \tag{3-30}$$

式中　$d_1$、$d_2$——主进管、回液管的内径，$d_1 = 3.8$ cm，$d_2 = 3.8$ cm；

$L_1$、$L_2$——主进管、回液管的长度，$L_1 = 50000$ cm，$L_2 = 50000$ cm。

（3）满足因煤层厚度变化使支架立柱伸缩的流量差：

$$V_3 \geqslant \frac{\pi}{4} D^2 h n z_1 \times 10^{-3} \tag{3-31}$$

式中　$D$——立柱缸体内径，$D = 0.24$ cm；

$h$——煤层厚度变化量，$h=6$ cm；
$n$——每架支架的立柱数，$n=4$；
$z_1$——同时动作的支架数，$z_1=2$。

乳化液箱容积：$V=V_1+V_2+V_3=1430.17$ L。

#### 3.2.4.5 设备选型确定

乳化液箱容积应能容纳因采高变化引起的支架所需液量差，且应能容纳全部主进、回液管路的回液量等因素。禾草沟二号煤矿煤层变化较小，因此不考虑采高变化引起的支架所需液量，最终确定选择 BRW315/31.5 型液压泵和乳化液箱，泵站配备2泵（1用1备）1箱方式工作，具体技术参数见表3-6。

表3-6 乳化液泵技术参数表

| 技 术 指 标 | 技 术 参 数 |
| --- | --- |
| 电机功率/kW | 200 |
| 柱塞数目 | 5 |
| 电机电压/V | 660/1140 |
| 蓄能器容积/L | 25 |
| 安全阀出厂调定压力/MPa | 34.7~36.2 |
| 工作液 | 含3%~5%乳化油的中性水混合液 |
| 公称压力/MPa | 31.5~37 |
| 外形尺寸（长×宽×高）/(mm×mm×mm) | 3210×1235×1270 |

### 3.2.5 带式输送机选型

#### 3.2.5.1 选型原则

（1）带式输送机的单机许可铺设长度要与综采工作面的推进长度相适应，尽量减少铺设台数。

（2）选型要考虑巷道底板条件，对于无淋水和底板无渗水、无底鼓的巷道，选用落地式可伸缩带式输送机，否则选绳架吊挂式。

（3）选用抗静电阻燃高强度输送带。

（4）带式输送机应选用技术先进、可靠性高的启动方式和工况监测控制系统。

#### 3.2.5.2 主要参数确定

(1) 带宽按下式进行计算（选用宽度应大于计算标准）：

$$B = \sqrt{\frac{Q_d}{K\rho v C \xi}} \quad (3-32)$$

式中 $Q_d$——最大生产能力，t/h；
　　$B$——带式输送机带宽，m；
　　$K$——断面系数，$K$ 值与物料的动堆角有关；
　　$\rho$——物料散密度，t/m³；
　　$v$——带速，m/s；
　　$C$——倾角系数；
　　$\xi$——速度系数。

(2) 带式输送机的驱动电机功率可按下式计算：

$$P_A = (L_1 + 50)\left(\frac{W \cdot V}{3400} + \frac{Q}{12230}\right) + \frac{h \cdot Q}{367} \quad (3-33)$$

式中 $L_1$——带式输送机水平距离/m；
　　$W$——单位长度机器运动部分质量，kg；
　　$V$——带速，m/s；
　　$Q$——输送量，t；
　　$h$——带式输送机垂直高度，m。

考虑一定的功率备用系数，工作面带式输送机实际总功率：

$$N = \frac{K_1 P_A}{\eta} \quad (3-34)$$

式中 $K_1$——电动机功率备用系数；
　　$\eta$——效率。

### 3.2.5.3 设备选型确定

禾草沟二号煤矿智能化工作面选用河北鑫山输送机机械有限公司生产的 DSJ65/20/2×40 型可伸缩带式输送机，具体技术参数见表 3-7。

表 3-7　DSJ65/20/2×40 型可伸缩带式输送机技术参数

| 参　数 | 数值 | 参　数 | 数值 |
| --- | --- | --- | --- |
| 输送量/(t·h⁻¹) | 300 | 胶带速度/(m·s⁻¹) | 2 |
| 带宽/mm | 650 | 电机功率/kW | 2×40 |

## 3.2.6 工作面设备配套总成

禾草沟二号煤矿 1123 工作面长度为 120 m，煤层厚度为 0.72～0.78 m，平均厚度为 0.75 m，截深为 0.8 m，年工作 330 天，最终设备配套总成见表 3-8。

表 3-8 禾草沟二号煤矿工作面最终设备配套总成

| 序号 | 设备名称 | 设备主要参数 | 参考型号 | 数量 |
| --- | --- | --- | --- | --- |
| 1 | 采煤机 | 截割功率：468（2×200＋2×30＋2×4）；采高：0.75～1.3 m；电压：1140 V | MG200/468-BWD | 1 |
| 3 | 过渡液压支架 | 工作阻力：4000 kN；中心距：1500 mm；高度：800～1600 mm | ZZ4000/08/16D | 2 |
| 4 | 中间液压支架 | 工作阻力：4000 kN；中心距：1500 mm；高度：650～1300 mm | ZZ4000/6.5/13D | 78 |
| 5 | 刮板输送机 | 功率：132/264 kW；电压：660/1140 V；运输能力：450 t/h | SGZ630/264 | 1 |
| 6 | 转载机 | 功率：40 kW；电压：660/1140 V；运输能力：150 t/h | SZZ630/110 | 1 |
| 7 | 破碎机 | 功率：90 kW；破碎能力：500 t/h；排出粒度：<300 mm | PLM500 | 1 |
| 9 | 带式输送机 | 运量：300 t/h；带宽：650 mm；功率：2×40 kW | DSJ65/20/2×40 | 1 |
| 10 | 乳化液泵站 | 工作压力：31.5 MPa；电机功率：200 kW；电压：660/1140 V；液箱：1 个；容积：25 L | BRW315/31.5 | 1 |

## 3.3 供电系统设计及设备选型

### 3.3.1 供电系统设计

（1）供电方式。采用近距离供电方式，即将移动变电站、防爆开关等成套电气设备装在距综采工作面端头 150 m 左右的设备列车上。

（2）供电电压。综采工作面采煤机、转载机、破碎机、刮板输送机、巷道带式输送机、乳化液泵站、阻化泵、张紧绞车、自动配液泵、增压泵、自动加药泵供电电压为 1140 V，照明供电设备电压为 127 V。

（3）供电设备。智能化综采工作面主要供电设备由移动变电站、组合开关、变频器等组成。

（4）供电电缆。根据供电电压、工作条件、敷设地点环境，确定电缆型号为 MYPTJ、MYPT、MYP 和 MCP 型。其中 MYPTJ 型用作盘区变电所高压开关至移动变电站高压侧的电缆，MYPT 和 MYP 型用作移动变电站至组合开关的电缆，MCP 型用作组合开关至电动机的电缆。

### 3.3.2 移动变电站选型

**1. 选型原则**

（1）电压等级、供电频率等符合所用设备要求。

（2）合理选择变压器容量，确保经济安全。

（3）尽量选用与在用设备型号相同的设备，以便于日常维修和配件管理，降低矿井生产成本。

**2. 选型依据**

移动变电站的选择计算大多采用需用系数法，需用系数法及容量计算公式为

$$K_X = 0.4 + 0.6 \times \frac{P_{max}}{\sum P_e} \quad (3-35)$$

$$S_b = \sum P_e \times \frac{K_X}{\cos\phi} \quad (3-36)$$

式中　$P_{max}$——设备中最大电动机功率，kW；

　　　$S_b$——变压器的计算容量，kV·A；

　　　$\sum P_e$——由变压器供电的所有用电设备额定功率之和；

　　　$\cos\phi$——电动机的加权平均功率因数；

　　　$K_X$——需用系数。

**3. 主要参数确定**

1123 工作面 YB-1 移动变电站为工作面采煤机、刮板输送机、转载机、带式输送机、张紧绞车、信号综保及阻化泵供电，设备中最大功率为 468 kW，总功率 616.5 kW，经计算，YB-1 移动变电站的容量应大于 753.43 kV·A，YB-2 移动变电站为乳化液泵站、增压泵、自动加药泵、自动配液泵供电，

设备中最大功率为 200 kW,总功率为 207.7 kW,经计算,YB-2 移动变电站的容量应大于 290.11 kV·A。

4. 设备选型确定

根据确定参数,选用一台 KBSGZY-800/10 矿用隔爆型移动变电站,一台 KBSGZY-630/10 矿用隔爆型移动变电站。具体技术参数见表 3-9。

表 3-9　KBSGZY-800/10 矿用隔爆型移动变电站、KBSGZY-630/10 矿用隔爆型移动变电站主要技术参数

| 编号 | 规格、型号 | 主要技术参数 | 容量分配 |
| --- | --- | --- | --- |
| YB-1 | KBSGZY-800/10 | 高压真空开关:KBG-50/10YA<br>低压保护箱:<br>BXBD-800/1140(600)YA<br>额定容量:800 kV·A<br>输入输出电压:10/1.2 kV | 采煤机 468 kW,刮板输送机 264 kW,转载机 55 kW,带式输送机 80 kW,张紧绞车 8 kW,信号综保 4 kW,阻化泵 13 kW,额定功率合计 892 kW |
| YB-2 | KBSGZY-630/10 | 高压真空开关:KBG-50/10YA<br>低压保护箱:<br>BXBD-630/1140(600)YA<br>额定容量:630 kV·A<br>输入输出电压:10/1.2 kV | 乳化液泵站 200 kW,增压泵 0.75 kW,自动加药泵 0.75 kW,自动配液泵 6.2 kW,额定功率合计 207.7 kW |

### 3.3.3　矿用隔爆兼本质安全型真空组合开关选型

1. 选型标准

(1)电压等级与所需启停设备的供电电压一致。

(2)额定电流应大于所需启停设备的额定电流,应合理、经济。

(3)控制回路数量应大于所需启停设备的数量,并有一定的富余量,作为备用。

(4)开关应能满足频繁启停的要求,具有反时限过载、短路、三相不平衡、漏电及漏电闭锁、过电压、欠电压等保护功能,并具备数据监测、显示、自诊断等功能。

2. 负荷分配

1123 工作面组合开关分配为:乳化泵、净水设备、供液系统、照明综保选用一台 6 回路 1140 V 组合开关控制,采煤机、刮板机、转载机、破碎机、阻化泵、电缆滚筒选用一台 10 回路 1140 V 组合开关控制,具体见

表 3-10。

表 3-10　1123 工作面组合开关控制情况表

| 编号 | 名　称 | 参考型号 | 数量/台 | 控制和保护设备 |
| --- | --- | --- | --- | --- |
| ZH-1 | 矿用隔爆兼本质安全型真空组合开关（6 回路） | QJZ-1600/1140(660)-6 | 1 | 乳化泵、净水设备、供液系统、照明综保 |
| ZH-2 | 矿用隔爆兼本质安全型真空组合开关（6 回路） | QJZ-2400/1140(660)-10 | 1 | 采煤机、刮板机、转载机、破碎机、阻化泵、电缆滚筒 |
| ZH-3 | 矿用隔爆型真空馈电开关 | KBZ16-630/1140.660 | 2 | 采煤机、电缆滚筒馈电刮板机、转载机、破碎机馈电 |
| ZH-4 | 矿用隔爆兼本质安全型真空馈电开关 | KJZ-400/1140 | 2 | ①皮带、皮带张紧绞车、万兆环网馈电；②乳化泵馈电 |
| ZH-5 | 矿用隔爆兼本质安全型真空电磁起动器 | QJZ-30/1140(660.380) | 2 | ①自动配液装置开关②净水设备开关 |
| ZH-6 | 矿用隔爆兼本质安全型真空电磁起动器 | QJZ16-200/1140（660） | 1 | 带式输送机开关 |
| ZH-7 | 矿用隔爆兼本质安全型真空电磁起动器 | QJZ16-80/1140(660)N | 2 | 张紧绞车开关 |
| ZH-8 | 矿用隔爆型照明信号综合保护装置 | ZBZ16-4.0/1140(660) | 2 | 照明信号综保 |
| ZH-9 | 矿用隔爆兼本质安全型真空电磁起动器 | QJZ16-60/1140(660) | 2 | 阻化泵开关 |

### 3. 设备选型确定

1123 工作面最终选择 QJZ 系列、KBZ 系列、KJZ 系列、ZBZ 系列开关，其主要技术参数见表 3-11。

表 3-11　1123 工作面最终选用设备主要技术参数

| 名　称 | 参　数 |
|---|---|
| QJZ-1600/1140(660)-6 矿用隔爆兼本质安全型真空组合开关（6 回路） | |
| 额定电流/A | 4×400 |
| 额定电压/V | 1140/660 |
| 额定频率/Hz | 50 |
| 电流整定范围/A | 10~400 有级可调，步长 1 |
| 电机控制电动机功率范围 | 60~590 kW(1140 V)；36~340 kW(660 V) |
| 主回路真空接触器性能指标 | 接通能力：4000 A，50 次；分断能力：3200 A，50 次；极限分断能力：4500 A，3 次；电寿命：AC3、30 万次；AC4/3 万次 |
| 隔离换向开关分断能力/A | 2400 |
| 组合开关双速切换时间/ms | 低速切换到高速转换时间 75~100 |
| QJZ-2400/1140(660)-10 矿用隔爆兼本质安全型真空组合开关（6 回路） | |
| 额定电流/A | 6×400 |
| 额定电压/V | 1140/660 |
| 额定频率/Hz | 50 |
| 电流整定范围/A | 10~400 有级可调，步长 1 |
| 电机控制电动机功率范围 | 60~590 kW(1140 V)；36~340 kW(660 V) |
| 主回路真空接触器性能指标 | 接通能力：4000 A，50 次；分断能力：3200 A，50 次；极限分断能力：4500 A，3 次；电寿命：AC3、30 万次；AC4/3 万次 |
| 隔离换向开关分断能力/A | 2400 |
| 组合开关双速切换时间/ms | 低速切换到高速转换时间 75~100 |
| QJZ-30/1140(660、380) 矿用隔爆兼本质安全型真空电磁起动器 | |
| 额定电流/A | 30 |
| 额定电压/V | 1140、660、380 |
| 额定频率/Hz | 50 |
| 机械寿命/万次 | 100 |
| 电寿命/万次 | 3 |
| 工作制 | 八小时工作制及断续周期工作制 |
| 所能控制电动机的最大功率 | 1140 V：40 kW；660 V：25 kW；380 V：15 kW |

表 3-11（续）

| 名称 | 参数 |
|---|---|
| 本安参数 | U：AC 12.6 V；I：AC 63 mA |
| QJZ16-200/1140(660) 矿用隔爆兼本质安全型真空电磁启动器 | |
| 额定电流/A | 200 |
| 额定电压/V | 1140、660 |
| 额定频率/Hz | 50 |
| 机械寿命/万次 | 100 |
| 电寿命/万次 | 3 |
| 工作制 | 八小时工作制及断续周期工作制 |
| 所能控制电动机的最大功率 | 1140 V：300 kW；660 V：170 kW |
| 本安参数 | U：AC 12.6 V；I：AC 63 mA |
| QJZ16-80/1140(660)N 矿用隔爆兼本质安全型真空电磁起动器 | |
| 额定电流/A | 80 |
| 额定电压/V | 1140、660 |
| 额定频率/Hz | 50 |
| 机械寿命/万次 | 100 |
| 电寿命/万次 | 3 |
| 工作制 | 八小时工作制及断续周期工作制 |
| 所能控制电动机的最大功率 | 1140 V：90 kW；660 V：60 kW |
| 本安参数 | U：AC 12.6 V；I：AC 63 mA |
| QJZ16-60/1140(660) 矿用隔爆兼本质安全型真空电磁起动器 | |
| 额定电流/A | 60 |
| 额定电压/V | 1140、660 |
| 额定频率/Hz | 50 |
| 机械寿命/万次 | 100 |
| 电寿命/万次 | 3 |
| 工作制 | 八小时工作制及断续周期工作制 |
| 所能控制电动机的最大功率 | 1140 V：70 kW；660 V：50 kW |
| 本安参数 | U：AC 12.6 V；I：AC 63 mA |

表 3-11（续）

| 名称 | 参数 |
|---|---|
| KJZ-400/1140 矿用隔爆兼本质安全型真空馈电开关 | |
| 额定电流/A | 400 |
| 额定电压/V | 1140 |
| 额定频率/Hz | 50 |
| 控制方式 | 单机：近方或远方控制；程控联机：近方或远方控制 |
| 断路器型号 | ZN7-400/1140 |
| 额定断路通断能力/kA | 7.5/0.5 |
| ZBZ16-4.0/1140（660）矿用隔爆型照明信号综合保护装置 | |
| 额定容量/kW·A | 4 |
| 额定电流/A | 2.02、3.49 |
| 额定电压/V | 1140、660 |
| 额定频率/Hz | 50 |
| 照明短路保护时间/ms | <250 |
| 信号短路时间/ms | <400 |
| 漏地保护动作时间/ms | <250 |
| 漏地电阻整定值/kΩ | 1.5（1.5~3 可调） |
| 漏地闭锁电阻动作值/kΩ | 3±1 |
| 电缆绝缘危险指示值/kΩ | 10±2 |
| 工作电压允许波动范围 | $U_e \pm 15\%$ |
| KBZ16-630/1140.660 矿用隔爆型真空馈电开关 | |
| 额定电压/V | 1140、660 |
| 额定电流/A | 630 |
| 额定频率/Hz | 50 |
| 额定工作制 | 长期工作制 |
| 最大分断能力 | 1140 V、12.5 kA |
| 操作方式 | 电动合闸，电动分闸 |
| 馈电开关失压保护 | 失压时馈电开关自动跳闸，瞬时动作 |
| 馈电开关过载保护/A | 整定值为 50~630 |

## 3.4 极薄煤层绿色智能综采工艺

### 3.4.1 综采工艺简介

#### 1. 采煤工艺有关概念

在采场内,为采出煤炭所进行的一系列工作,称为回采工作或采煤工作。

回采工作分为基本工序和辅助工序。把煤从整体煤层中破落下来,称为煤的破落,简称破煤。把破落下来的煤炭装入采场中的运输工具内,称为装煤。煤炭运出采场的工序,称为运煤。煤的破、装、运是回采工作中的基本工序。为了使基本工序顺利进行,必须保持采场内有足够的工作空间,这就要用支架来维护采场,这项工序称为工作面支护。煤炭采出后,被废弃的空间,称为采空区。为了减轻矿山压力对采场的作用,以保证回采工作顺利进行,在大多数情况下,必须处理采空区的顶板,这项工作称为采空区处理。此外,通常还需要进行移置运输、采煤设备等工序。除了基本工序以外的工序,统称为辅助工序。

由于煤层的自然条件和采用的机械不同,因此完成回采工作各工序的方法也不同。回采时,必须在顺序、时间和空间进行有规律的安排和配合。这种在采煤工作面内按照一定顺序完成各工序的方法及其配合,称为采煤工艺。在一定时间内,按照一定的顺序完成回采工作各项工序的过程,称为采煤工艺过程。

回采巷道的掘进是超前于回采工作进行的。它们在时间上的配合以及在空间上的相互位置关系,称为回采巷道布置系统,也即采煤系统。

采煤方法就是采煤系统与采煤工艺的综合及其在时间和空间上的相互配合,但两者又是互相影响和制约的。采煤工艺是最活跃的因素,采煤工具的改革,要求采煤系统随之改变,而采煤系统的改变也会要求采煤工艺做相应的改革。

综采工作面双滚筒采煤机工作时滚筒的转向和位置:面向煤壁,通常采煤机的右滚筒应为右螺旋,割煤时顺时针旋转;左滚筒应为左螺旋,割煤时逆时针旋转。采煤机正常工作时,一般其前端的滚筒沿顶板割煤,后端滚筒沿底板割煤。这种布置方式如图 3-16 所示。

综采工作面割煤、移刮板输送机和移架这三项作业按一定顺序进行就形成了综采工作面的采煤工艺过程。常见的采煤工艺过程有以下两种安排方式:

(1)按照割煤→移架→移刮板输送机的顺序安排。

# 3 极薄煤层绿色智能综采关键装备及工艺

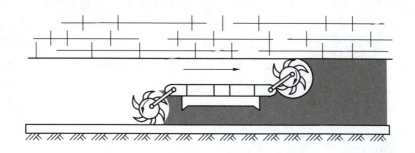

图 3-16 综采工作面采煤机滚筒的转向和位置

（2）按照割煤→移刮板输送机→移架的顺序安排。

## 2. 综采割煤方式

综采工作面采煤机的割煤方式是综合考虑顶板控制、移架与进刀方式、端头支护等因素确定的。割煤方式主要有如下两种：

（1）双向割煤。采煤机上（下）行双向割煤，滞后采煤机 2~3 个液压支架进行移架，滞后采煤机 10~15 m 进行移刮板输送机，直至端头；采煤机在端头进刀后，下（上）行割煤、移架、移刮板输送机。往返一次进两刀，工作面推进两个截深。这种割煤方式也叫作"穿梭割煤"，多用于煤层赋存稳定、倾角较缓的综采工作面。

（2）单向割煤。采煤机往返一次割一刀，在工作面中间或端部进刀。滞后采煤机 2~3 个液压支架进行移架，直至端头；采煤机下（上）行清理浮煤，滞后采煤机 10~15 m 进行移刮板输送机，采煤机往返一次进一刀，工作面推进一个截深。单向割煤方式适用于顶板稳定性差的综采工作面，如煤层倾角大、不能自上而下移架，或刮板输送机易下滑，只能自下而上推移的综采工作面；采高大而滚筒直径小、采煤机不能一次采全高的综采工作面；采煤机装煤效果差、需单独牵引装煤的综采工作面；割煤时产生煤尘多、降尘效果差、移架工不能在采煤机回风侧工作的综采工作面。

## 3. 采煤机进刀方式

采煤机割完一刀煤后，滚筒重新进入煤体的过程称为进刀，把完成这个过程的方式叫进刀方式。常用的采煤机进刀方式有直接推入进刀、斜切进刀、钻入进刀等。

（1）直接推入法进刀。其过程与单滚筒采煤机直接推入法进刀相同。因该方式需提前开出工作面端部切口，而且大功率采煤机和刮板输送机机头（尾）叠加在一起，推移困难，因而很少采用。

（2）工作面端部斜切进刀（图3-17）。综采工作面斜切进刀，要求运输及回风平巷有足够宽度，刮板输送机机头（尾）尽量伸向平巷内，以保证采煤机滚筒能割至平巷的内侧帮，并尽量采用侧卸式机头。若平巷过窄，则需辅以人工开切口方能进刀。

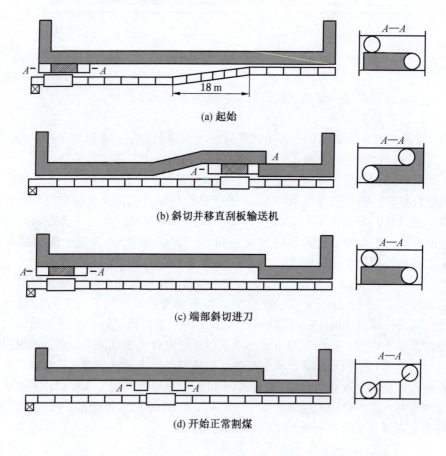

图3-17 工作面端部斜切进刀

（3）综采工作面中部斜切进刀（图3-18）。综采工作面中部斜切进刀，其特点是刮板输送机弯曲段在工作面中部。操作过程为：采煤机割煤至工作面左端；空牵引至工作面中部，并沿刮板输送机弯曲段斜切进刀，继续割煤至工作面右端；移直刮板输送机，采煤机空牵引至工作面中部；采煤机自工作面中部开始割煤至工作面左端，工作面右半段输送机移近煤壁，恢复初始状态。采用该方式可减少进刀作业时间，但只能用于单向割煤，且工程质量不易保证。

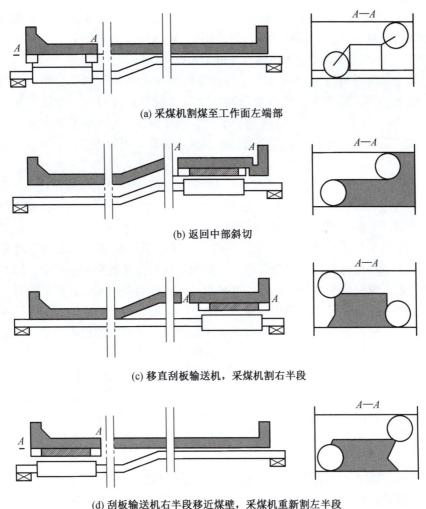

(a) 采煤机割煤至工作面左端部

(b) 返回中部斜切

(c) 移直刮板输送机，采煤机割右半段

(d) 刮板输送机右半段移近煤壁，采煤机重新割左半段

图 3-18 综采工作面中部斜切进刀

综采工作面中部斜切进刀，其特点是刮板输送机弯曲段在工作面中部。操作过程为：采煤机割煤至工作面左端；空牵引至工作面中部，并沿刮板输送机弯曲段斜切进刀，继续割煤至工作面右端；移直刮板输送机，采煤机空牵引至工作面中部；采煤机自工作面中部开始割煤至工作面左端，工作面右半段输送机移近煤壁，恢复初始状态。采用该方式可减少进刀作业时间，但只能用于单向割煤，且工程质量不易保证。

（4）滚筒钻入法进刀。滚筒钻入法进刀的过程如下：①采煤机割煤至工作面端部距终点位置 3~5 m 处时停止牵引，但滚筒继续旋转；②开动千斤顶推移支承采煤机的刮板输送机槽；③滚筒边钻进煤壁边上下或左右摇动，直至达到额定截深并移直刮板输送机；④采煤机割煤至工作面端头，可以正常割煤。钻入法进刀要求采煤机滚筒端面必须布置截齿和排煤口，滚筒不用挡煤板，若用门式挡煤板，钻入前需将其打开。由于该法对刮板输送机机槽、推移千斤顶、采煤机强度和稳定性都有特殊要求，因此采用很少。

### 3.4.2 割煤工艺

#### 3.4.2.1 智能化综采割煤方式及过程控制

通常把采煤机沿工作面将煤层全厚割完一次称为进一刀。将一刀割煤的深度称为截深。把采煤机在工作面往返行走时的状态与进刀数相结合称为割煤方式。双滚筒采煤机在正常工作时，一般前滚筒沿顶板割煤，后滚筒沿底板割煤，行走一趟就可完成一刀割煤任务。如果采煤机在往返中都在割煤，那么一个往返就可以完成两刀割煤任务，这种割煤方式称为双向割煤往返进两刀。如果采煤机在往返中只有一趟在割煤，一趟空行，那么一个往返就只能完成一刀割煤任务，这种割煤方式称为单向割煤往返进一刀。不同的综采设备、工作面煤层赋存条件应选用不同的割煤方式，以便获得高产。

禾草沟二号煤矿 1123 智能无人综采工作面采用机头、机尾双向自动化记忆割煤工艺，在工作面往返一次进两刀，每刀截深为 0.8 m。进刀方式为端部斜切方式，采煤机自开缺口，斜切进刀段长 31 m，其中直线段长 16 m，弯曲段为 15 m。

工作面主要工艺流程为：采煤机割煤→装煤、运煤→移架支护→推移刮板输送机。

采用多模型智能决策记忆割煤技术实现采煤机的自动化割煤过程。通过在采煤机机身设置多种传感器来实现对采煤机的采高、速度等数据的采集，并在控制程序数据库中进行记忆，实现对"示范刀"的学习，最终实现记忆截割。

采煤机本地学习记忆割煤过程如下：

(1) 采煤机送电后,同时按下"牵停""左牵""右牵"三个按钮 6 s,进入采煤机参数设置模式。

(2) 进入设置界面后,操作"左牵"或"右牵",切换光标至需要设置的项目;通过操作"上升""下降"按钮,将该项目调整到需要的内容。

(3) 在线学习状态下的控制及模式设定:自动化记忆割煤前,要进行采煤机在线学习。在线学习时,将控制设定为"本地控制",模式设定为"学习模式"。在此设定下,人工操作采煤机,完成一个循环,记录运行参数,形成示范刀数据。学习结束后,同时按下"牵停""左牵""右牵"三个按钮 6 s,保存记忆参数并退出画面。

(4) 自动化记忆割煤状态下的控制及模式设定:使用自动化记忆截割功能,暂时不使用远程控制和远程干预,控制设定为"记忆截割",模式设定为"记忆模式"。

(5) 在线学习时,用当前数据覆盖原记录数据,在操作界面中选择"允许";在记忆截割运行过程中,需要人工干预修正记忆截割示范刀数据时,在操作界面中选"允许"。

(6) 采煤机极限参数设定:左右端头速度 3 m/min,中间段 7 m/min,斜切进刀距离 31 m,其他参数按说明书进行设定。

参照一般综采工作面采煤机割煤方式,在采煤机初始的自动化控制程序中设置前滚筒割顶煤、后滚筒割底煤,并采用 10 道工序自动化割煤工艺。10 道工序采煤机自动割煤工艺如图 3 - 19、图 3 - 20 所示。

| 象限 | 工艺 | 姿态 | 液压支架范围 | 象限 | 工艺 | 姿态 | 液压支架范围 |
|---|---|---|---|---|---|---|---|
| \multicolumn{4}{c|}{上行记忆割煤工艺} | \multicolumn{4}{c}{下行记忆割煤工艺} |
| 1 | 割通刀 | 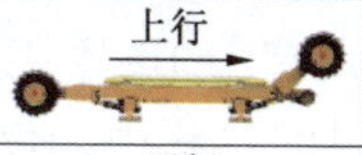 上行 | 1 号→80 号 | 6 | 割通刀 | 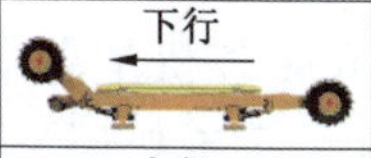 下行 | 80 号→1 号 |
| 2 | 扫煤 | 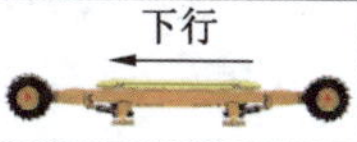 下行 | 57 号→80 号 | 7 | 扫煤 | 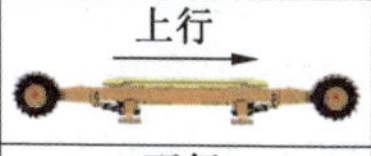 上行 | 1 号→23 号 |
| 3 | 斜切进刀 | 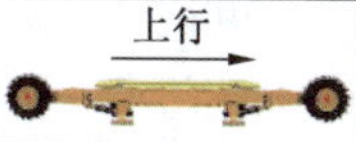 上行 | 80 号→57 号 | 8 | 斜切进刀 | 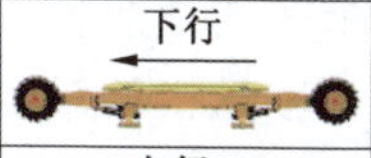 下行 | 1 号→23 号 |
| 4 | 割三角煤 | 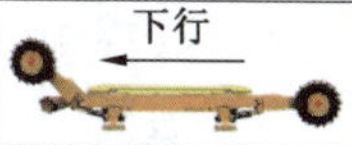 下行 | 57 号→80 号 | 9 | 割三角煤 | 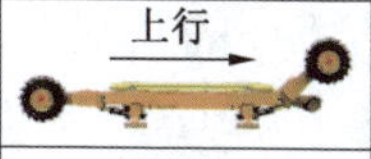 上行 | 23 号→1 号 |
| 5 | 扫煤 | 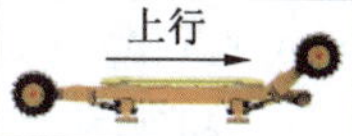 上行 | 57 号→80 号 | 10 | 扫煤 | 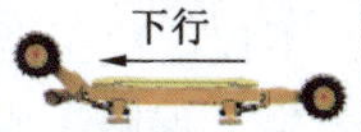 下行 | 23 号→1 号 |

图 3 - 19  10 道工序采煤机自动截割工艺

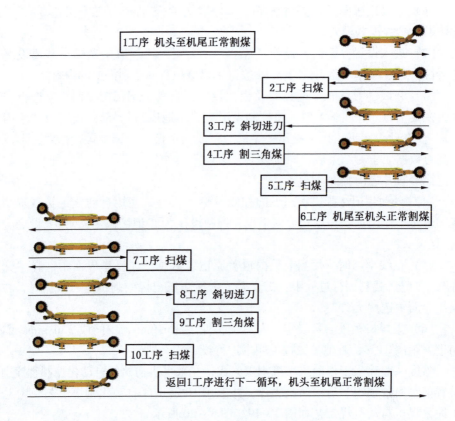

图 3-20 初始 10 道工序采煤机自动化割煤工艺

该智能化采煤机配备的 SAS 自动化控制系统原有的 10 道工序在单循环（机头至机尾一刀或机尾至机头一刀）端头割三角煤的过程中，仅设置了 1 道扫煤工序，再加上采煤机采用内旋的方式，装煤效果较差，通过 1 道工序采煤机无法完成端头清浮煤任务，影响三角煤的截割效果，同时也进一步加大了液压支架推刮板输送机的难度。为此，对采煤机的生产工艺进行了改进。

在 10 道工序的基础上，在单循环两端头割三角煤的过程中分别增加了 1 道扫煤的生产工序，合计增加 2 道工序，形成了 14 道工序的割煤模式（图 3-21），不仅解决了两端头采煤机回刀清煤不彻底的问题，大大提高了三角煤截割的效果，保障了端头支架的正常跟机，也为"机架协同控制"割三角煤工艺的研究创造了基础条件。采煤工艺由原来的 10 道工序改为 14 道工序后，采煤机割煤工艺过程更易于自动化控制，采煤机与液压支架自动化推移配合更为协调。

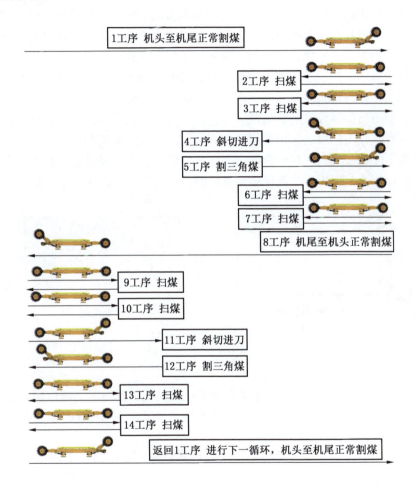

图 3-21　14 道工序采煤机自动化割煤工艺（前顶后底）

综采工作面使用的滚筒采煤机，其截割部大多是由左右两个滚筒组成。传统采煤工艺，按采煤机运行的方向，位于运行方向前部的滚筒割顶煤，位于运行方向后部的滚筒割底煤。这种采煤作业方式的优点是，煤层中大部分煤炭由前部上滚筒截割，然后落到刮板输送机上，少部分煤炭由后滚筒截割并装煤，这种工艺采煤机装煤效果好，并可减少大块煤滑落。

滚筒采煤机的两个滚筒,正常生产时,一个割顶部,另一个割底部。开采薄煤层的滚筒采煤机主要有两种结构;机身骑在工作面输送机上的骑槽式和机身落在工作面运输机靠煤壁侧底板上的爬底板式。骑槽工作的薄煤层采煤机与中厚煤层和厚煤层采煤机相同,正常生产时,一个割顶板,另一个割底板。爬底式工作的薄煤层采煤机,由于机身从输送机上下放到煤层底板,机面高度较大幅度地降低,使过煤高度和过机高度都有所增大,可以在 0.6~0.8 m 厚的煤层中工作。骑槽式滚筒采煤机由于机身骑跨于运输巷上,其在采煤机运行过程中,前滚筒割顶板、后滚筒割底板,对机身前行无影响,而爬底板式采煤机由于机身落在工作面运输机靠煤壁侧底板上,如果前滚筒割顶板,后滚筒割底板,则下部煤壁阻碍采煤机前进,因此采用爬底板式采煤机时,必须前滚筒割底板,后滚筒割顶板,从而保证采煤机的正常前行,如图 3 – 22 所示。

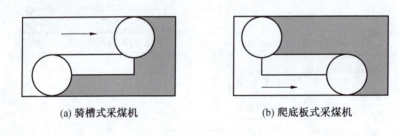

(a) 骑槽式采煤机　　　　　　(b) 爬底板式采煤机

图 3 – 22　骑槽式采煤机与爬底板式采煤机割煤工艺示意图

禾草沟二号煤矿采煤机类型为爬底板式采煤机,割煤时前滚筒割底煤,后滚筒割顶板,由此形成禾草沟二号煤矿智能化无人综采 14 道工序的采煤工艺(前底后顶),如图 3 – 23 所示。

(1) 第 1 道工序。采煤机由机头向机尾割煤,左滚筒在上割顶煤,右滚筒在下割底煤,直至割透煤壁。

(2) 第 2 道工序。采煤机先向机尾方向运行,左右滚筒均位于中间位置,清理浮煤,运行至前滚筒中心出煤壁 0.3~0.5 m;随后采煤机向机头方向运行,左右滚筒均位于中间位置,清理浮煤,运行距离以略大于一个机身长度为宜。

(3) 第 3 道工序。重复第 2 道工序,再次清理浮煤。

(4) 第 4 道工序。采煤机向机头方向运行,左滚筒在下,右滚筒位于中间,斜切进刀。①采煤机向机头方向运行,挖底清底煤,同时左滚筒升起,斜

# 3 极薄煤层绿色智能综采关键装备及工艺

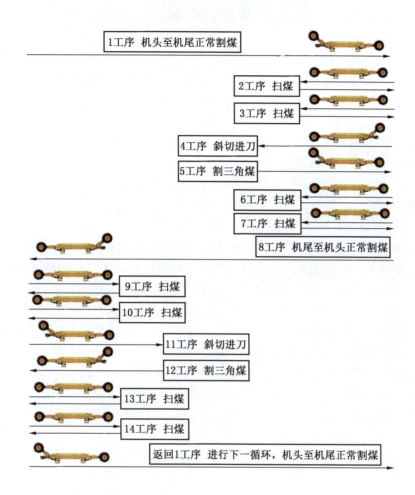

图3-23 14道工序采煤机自动化割煤工艺（前底后顶）

切进刀（斜切进刀运行距离可以设定，以大于3个半机身距离为宜，约为31 m）；②采煤机完全进入直线段，完成斜切进刀；③完成移架、推刮板输送机。

（5）第5道工序。采煤机向机尾运行割三角煤。此时左滚筒在上，右滚筒在下，直至割透煤壁。

（6）第6道工序。采煤机先向机头方向运行，左右滚筒均位于中间位置，清理浮煤，运行至前滚筒中心出煤壁0.3~0.5 m；随后采煤机向机尾方向运行，左右滚筒均位于中间位置，清理浮煤，运行距离以略大于一个机身长度为宜。

（7）第7道工序。采煤机先向机头方向运行，左右滚筒均位于中间位置，清理浮煤，运行至前滚筒中心出煤壁 0.3~0.5 m；随后采煤机向机尾方向运行，左右滚筒均位于中间位置，清理浮煤，运行距离以略大于一个机身长度为宜。

（8）第8道工序。采煤机由机尾向机头割煤，左滚筒在下割底煤，右滚筒在上割顶煤，直至割透煤壁。

（9）第9、10、11、12、13、14道工序同第2、3、4、5、6、7道工序，方向相反。

#### 3.4.2.2 智能化开采"割三角煤"工艺

原有三角煤截割工艺主要依靠采煤机自动记忆截割来执行作业任务，液压支架则根据采煤机的实时位置进行三角煤区域的跟机动作。实际运行过程中，极易出现支架还未到位，采煤机就开始下一道工序，或者采煤机还未截割到位，液压支架就开始下一道跟机工序的问题，严重影响三角煤截割效果。

结合现场实际，开发了"机架协同控制"割三角煤工艺。其核心技术是通过加大两者数据交互应用范围，使采煤机和液压支架在执行当前动作和开始下一动作时，都能从对方得到"其动作执行是否到位"的信号；当对方上一个动作还未完成时，自身则要逐渐减速甚至停机等待对方完成动作后，才开始执行下一道工序，这大大提升了三角煤自动化截割水平。

1. 采煤机机尾正常割煤工序（图3-24）

采煤机动作：采煤机左滚筒升起割顶煤，右滚筒割底煤，机头向机尾方向正刀割煤。

液压支架动作：采煤机向机尾运转时，液压支架从第25架开始向机尾推移刮板输送机，推移至第15号支架使刮板输送机形成蛇形段，距离为11架长度（16.5 m），角度不大于5°。为确保采煤机正常割煤，在第15架后到机尾方向支架停止拉架、推移刮板输送机。第25架向机头方向刮板输送机全部推出。

2. 采煤机机尾清浮煤工序（图3-25）

（1）采煤机动作。当采煤机在机尾割通煤壁后，左滚筒降下割底煤，右滚筒升平，机尾向机头方向行走割完机身下的底煤。液压支架动作：从第16架向机尾方向停止动作，采煤机将机尾煤割透后，端头支架只需伸出前

# 3 极薄煤层绿色智能综采关键装备及工艺

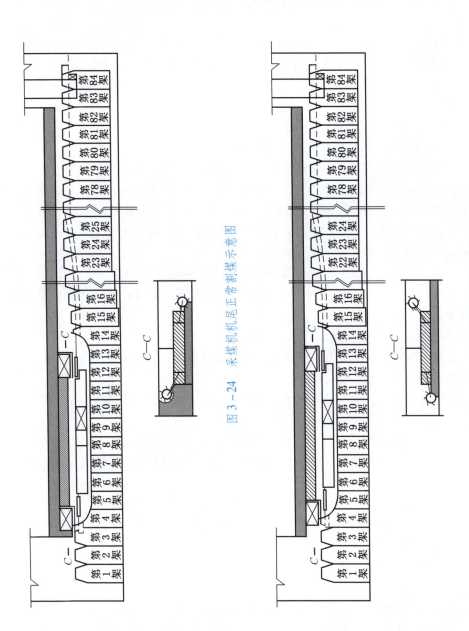

图3-24 采煤机机尾正常割煤示意图　　图3-25 采煤机机尾扫煤示意图

探梁支护顶板。为确保过渡槽平稳推移，采煤机在机尾进行清煤，液压支架不动作。

（2）采煤机动作。当采煤机右滚筒行至第 15 架时，左滚筒继续挖底割底煤，右滚筒继续升平，采煤机调头至机尾方向牵引，继续清理浮煤。液压支架动作：为清理浮煤，采煤机在机尾 1～5 架左右行走进行扫煤，液压支架不动作。

（3）再往返一次重复（1）和（2），完成清浮煤工序。

### 3. 采煤机机尾斜切进刀割煤工序（图 3 - 26）

采煤机动作。当机尾浮煤清理完后，采煤机向机头行走，右滚筒升平从煤壁中间起割顶煤，防止滚筒割到支架前梁，左滚筒割底煤，机尾向机头方向从第 15 架向机头斜切进刀，进刀距离为 18 m。当右滚筒行走到第 25 架时，右滚筒完全升起割顶煤。当左滚筒行走到第 25 架时，采煤机停止行走，准备调头向机尾方向牵引，进入机尾割三角煤工序。

液压支架动作。液压支架从第 15 架开始依次按照顺序拉架，从第 25 架开始依次按照顺序推移刮板输送机（每次推移 10 架），将刮板输送机推平推直到机尾。

### 4. 采煤机机尾割三角煤工序（图 3 - 27）

采煤机动作。左滚筒升起割顶煤，右滚筒降下割底煤，机头向机尾方向割三角煤，当割透机尾煤壁后停止。

液压支架动作。采煤机向机尾方向割三角煤，液压支架不动作。

### 5. 采煤机机尾清浮煤工序（图 3 - 28）

（1）采煤机动作。采煤机左滚筒降下割底煤，右滚筒升至水平，机尾向机头方向牵引，割机身下底煤。液压支架动作：采煤机机尾进行清煤，此时液压支架不动作。

（2）采煤机动作。左滚筒继续挖底割底煤，右滚筒继续升平，采煤机调头向机尾方向牵引，继续清理浮煤。液压支架动作：采煤机机尾进行清煤，此时液压支架不动作。

（3）在第 1 至第 5 架之间，再往返一次重复（1）和（2），完成清浮煤工序。

接下来进入机尾至机头的中部正常割煤阶段，中部液压支架开始追机拉架、推刮板输送机。机头三角煤截割、斜切进刀、反向中部割煤等工序与机尾部分对称。

# 3 极薄煤层绿色智能综采关键装备及工艺

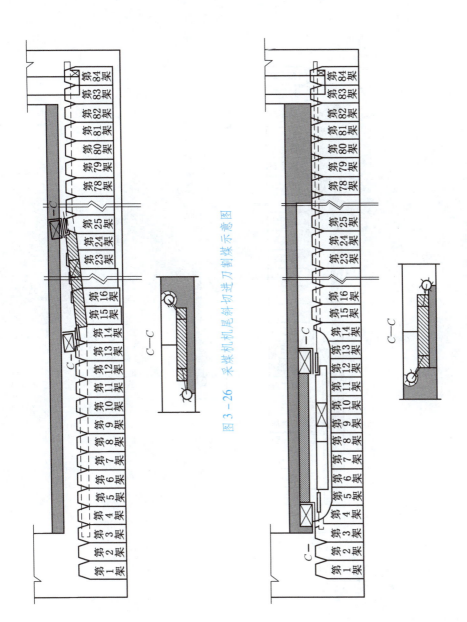

图 3-26 采煤机机尾斜切进刀割煤示意图

图 3-27 采煤机机尾割三角煤示意图

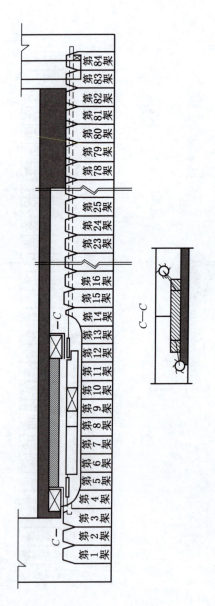

图 3-28 采煤机机尾扫煤示意图

## 3.4.3 支护工艺

综采工作面普遍选用液压支架作为工作面主要支护方式,液压支架的移架方式既取决于支架结构、控制方式、设备配套特点和煤层顶板的稳定性,也取决于采煤机对支架移架速度的要求。

### 3.4.3.1 移架

**1. 移架方式**

我国煤矿主要采用以下3种移架方式,如图3-29所示。

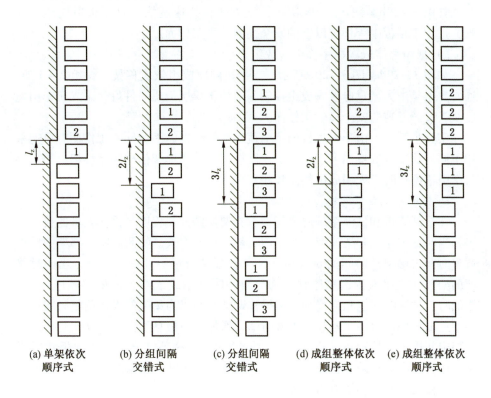

(a) 单架依次顺序式　　(b) 分组间隔交错式　　(c) 分组间隔交错式　　(d) 成组整体依次顺序式　　(e) 成组整体依次顺序式

图 3-29　液压支架移架方式

1) 单架依次顺序式(单架连续式)

如图 3-29a 所示,支架随采煤机牵引割煤而依次前移,其移动步距等于采煤机截深,并在新位置重新排成直线。该方式操作简单,移架质量容易保证,对不稳定顶板适应性强,但移架速度慢。

根据顶板稳定性不同，该移架方式又可分为跟机立即移架和滞后一定距离移架。前者适用于不稳定顶板；后者适用于中等稳定顶板，其滞后最大距离取决于顶板允许的空顶时间，并保证采煤机在端头作业时间内能完成移架工序而不影响割煤。

当移架速度远低于采煤机牵引速度时，可采用分段依次顺序移架，以便整体移架速度与割煤速度相互匹配。

2）分组间隔交错式（分组交错式）

如图 3-29b、图 3-29c 所示，该方式移架速度快，对顶板适应能力较强，适用于顶板中等稳定以上的安全高效综采工作面。

3）成组整体依次顺序移架（成组连续式）

如图 3-29d、图 3-29e 所示，支架按顺序成组依次移架，每组 2~3 架，通常支架是由大流量电液阀成组控制，适用于煤层地质条件好，采煤机牵引速度快，日产万吨的安全高效工作面。

实际生产中，由于采煤机的牵引速度时快时慢，因此同一工作面有可能采用不同的移架方法：当采煤机牵引速度慢时，采用单架依次顺序移架；当采煤机牵引速度快时，采用成组整体顺序移架等。

**2. 移架方式对移架速度的影响**

在泵站流量和供液系统通过能力、支架操作方便程度与操作人员的技术水平相当时，工作面移架速度的关键因素就是移架方式。实测表明，移架中操作调整时间占移架总时间的 60% ~ 70%。在泵站流量不变的情况下，当同时移架的架数（改单架依次顺序移架为分组间隔交错或成组整体依次顺序移架）增加时，供液时间也相应增加，但操作调整时间仍为单架的操作调整时间，故移架速度加快。但由于延长了供液时间，增加了顶板悬顶面积，支架往往达不到额定初撑力，特别是工作面远离泵站的一端，这种情况又导致顶板状况恶化，最终会影响综采设备效能的发挥。因此，在泵站流量未改变时，不稳定顶板多架移架或同时移架应当慎重。

如果同时移动 3 台支架，其泵站流量也增加到 3 倍，则多台支架同时前移时的供液时间就不会增加，这不仅进一步提高了移架速度，也有利于顶板控制。增加泵站流量既可以选用大流量的乳化泵，又可以采用多台乳化液泵同时运转、多管路供液的方法。

**3. 移架方式对顶板控制的影响**

如前所述，单架顺序依次移架速度慢，但因卸载面积小，顶板下沉量相对小，适用于稳定性差的顶板。分组间隔交错和成组整体顺序移架，同时前移的支架数多，卸载面积大，即使顶板稳定性好，一般同时前移的支架数也不宜大于3架，否则顶板状况就可能恶化。

根据实测，各种移架方式对顶板的影响不尽相同。依次顺序移架过程中，在采煤机滚筒割煤处，由于割煤使顶板悬露面积增加，因而单位面积顶板平均支护阻力降低。在支架移架处，由于降柱卸载，支护阻力下降到零。在采煤机工作范围内移架，虽有利于防止伪顶冒落，但因割煤和移架在同一地点进行，悬顶面积剧增，顶板下沉速度增大，有可能导致顶板状况恶化。因此，采用该方式移架时，割煤与移架应保持合理的距离。

实测结果表明，在有些特定的顶板条件下，依次顺序移架时支架要经过较长时间才能达到额定工作阻力，而分组间隔交错移架时支架能较快地达到额定工作阻力，矿压显现也比前者缓和。

双向割煤时双向移架，工作面端头两次移架的时间间隔为斜切进刀时的平均悬顶时间，短时间内支架两次移架，支架长时间处于初撑力状态，不利于顶板控制。单向割煤时单向移架，工作面各处的移架时间间隔基本相同，因而支架阻力沿工作面分布大致相同，有利于顶板控制。

全卸载移架与带压移架对顶板控制影响较大。全卸载移架时，支架阻力下降大，且移架后有较长的增阻阶段，不利于顶板控制；带压移架时，只在移架处小范围内支架阻力少许下降，有利于控制顶板。因此应尽量采用带压移架。

当单架顺序移架不能满足采煤机牵引速度要求而采用分段依次顺序移架时，由于段与段之间的接合部位在时间和空间上的交叉，造成顶板下沉量增加，容易引起冒顶、煤壁片帮和倒架。如不增大泵站流量，多头移架会造成高压乳化液管路压力降低，从而使支架初撑力和单架的移设速度降低，这对顶板控制极为不利。

4. 提高移架速度的措施

目前我国综采工作面每台支架的平均移置时间约为 30 s，依此移架速度计算工作面生产能力为 300～500 t/h，这显然满足不了安全高效的要求。提高支架的移设速度，使其与电牵引采煤机的割煤速度相适应，从根本上说是要提高工作面的装备水平。采用跟随采煤机自动跟机拉架的方式，不仅使移架速度大大提高，而且使支架工的工作量大为减少。这种移动系统通过记录和计算采煤机牵引驱动轮的转速、转向，确定其在工作面的行走方向和准确位置并将这些信号耦合到供电电缆,再输送到平巷支架控制台,计算机按预编程序转送到相应支架的控制器,自动操作相关电磁阀,实现支架快速推移和升降动作,每架支架移架时间约 3.5 s。但就我国目前的装备水平而言,要解决因移架速度制约综采工作面生产能力的问题尚需采取以下措施:

(1) 合理选择支架的移架方式。对于中等稳定顶板,因顶板允许有一定的暴露时间,移架可以滞后采煤机一定距离,当移架速度赶不上采煤机牵引速度时,可采用分段依次顺序移架或分组间隔交错移架,对于稳定顶板可采用分段移架或成组整体顺序移架。

(2) 加强支架维护保养,保证大修质量。支架的状况是影响移架速度的重要因素。有些矿井支架使用近 10 年,大修达 4 次之多,但由于大修质量有保障,支架完好率高,支架状况仍然良好。但也有些矿井因对液压支架保养差,液压系统内部窜液、外部漏液,支架的移架速度仅为正常移架速度的 1/3 左右,严重影响了工作面的生产和安全。

(3) 提高泵站流量和适当减小缸径。泵站流量大,移架速度自然提高。我国不少高产高效矿井采用多台泵、多管路、大流量供液方法。另外,在支撑力和移推力允许的前提下,适当减小千斤顶的缸径,也可达到快速移架的目的。

以往综采工作面液压支架的电液控制系统大多局限于工作面中部的跟机自动化程序移架,但对于工作面两端头部分,由于地质条件和采煤工艺复杂而没有办法实现。

禾草沟二号煤矿 1123 绿色智能综采工作面采用电液控制,对工作面顶板进行自动跟机移架支护。移架遵循降柱→提架→拉架→升柱的步骤。移架在煤机后滚筒过 2 架后由主机发送自动跟机指令。收到自动跟机命令后在本地执行自动跟机操作。此时显示屏的第四列将会显示当前正在执行的自动化跟机动作。顶板破碎时移架在煤机后滚筒过后 1 架进行,顺序移架,追机作业方式,移架步距为 800 mm。当顶板超过规定距离移架或者发生冒顶、片帮时,停止采煤。

#### 3.4.3.2 工作面支护

智能化综采工作面采用 78 台 ZZ4000/6.5/13D 型四柱支撑掩护式中部液压支架,2 台 ZZ4000/08/16D 型四柱支撑掩护式过渡液压支架,2 台 ZZ4000/08/16D 型四柱支撑掩护式过渡液压支架,4 台 ZY3200/11/25 型端头液压支架支护顶板。ZZ4000/6.5/13D 型四柱支撑掩护式液压支架(工作阻力 4000 kN,

初撑力 3204 kN，支架强度 0.46~0.52 MPa）的工作阻力、初撑力及强度可以较好地满足工作面顶板支撑要求，同时新型液压支架为智能电液控制，避免了人工操作造成的初撑力不足等现象，确保了支架初撑力符合设计要求，有效防止了工作面台阶下沉。该支架在远程控制端采用"液压支架数据监控和视频监控"的方式，实现了对工作面所有支架的拉架、推刮板输送机监视，确保了工作面的生产质量。

基于远程遥控开采要确保控制的实时性和可靠性。禾草沟二号煤矿采用适应工作面狭长的地理空间布局的液压支架电液控制系统双总线冗余网络及无延时的信号中断器，系统响应时间小于 300 ms，解决了信号传输延时的技术难题，确保了液压支架远程实时控制。液压支架远程可视化监控如图 3-30 所示。

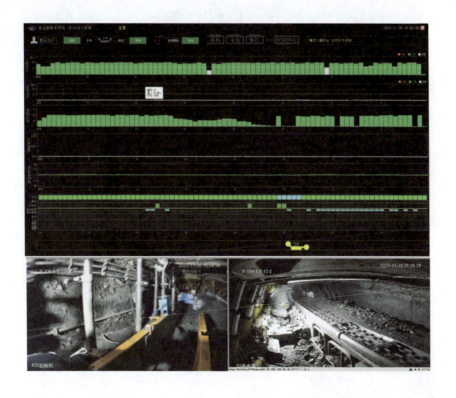

图 3-30 液压支架远程可视化监控

### 3.4.4 运煤方式

1123工作面装煤通过采煤机滚筒螺旋叶片上的螺旋面进行装载，将煤壁上切割下的煤运出，再利用滚筒上的螺旋叶片及推刮板输送机工艺将煤抛至刮板输送机中部槽内运走。具体运输路线为：工作面刮板输送机→工作面破碎机→转载机→运输巷带式输送机→运输大巷带式输送机→煤仓→给煤机→主斜井带式输送机→地面原煤仓。

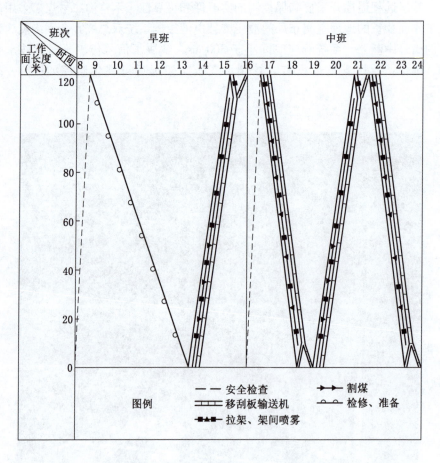

图3-31 1123工作面正规循环作业图表

### 3.4.5 采空区处理

工作面采空区处理目前主要有全部垮落、煤柱支撑以及充填等方法。1123

工作面伪顶为厚度 0.1~0.5 m 的炭质泥岩，硬度 $f=2$，松软破碎，极不稳定，随采随落，直接顶为厚度为 5~9 m 的泥质粉砂岩，硬度 $f=4$，水平层理发育，易风化破碎垮落，顶板属中等易破碎冒落顶板；同时工作面煤层厚度为 0.72~0.78 m，属极薄煤层，顶板垮落后直接顶可完全填满采空区，上覆岩层下沉量较小，且工作面上覆地表为沟壑，无建筑物、水体等需特殊保护的设施，因此选用全部垮落法处理采空区顶板。

### 3.4.6 工作面作业循环

1123 智能综采工作面实行"二八"制作业方式，每班作业 8 h，一个圆班由一个半班生产班及半个检修班组成，即"早班检修 4 小时（8—12 时）、生产 4 小时（12—16 时点生产），中班正常生产"。早班推进 1 个循环，中班推进 3 个循环，循环进度 0.8 m，日进度推进 3.2 m。

1123 工作面正规循环作业图表如图 3-31 所示。

针对禾草沟二号煤矿煤层地质条件，通过科学分析，不断优化改进，最终确立了智能综采总体思路，完善了工作面生产布局，设计了智能化综采生产工艺，为智能化开采技术的成功实践奠定了基础。

#  极薄煤层绿色智能综采监测与控制技术

薄煤层由于作业空间小、煤质相对较硬等特点，发展机械化的采煤工艺，向自动化、智能化和无人化发展是薄煤层安全高效开采的唯一途径。综采工作面自动化控制系统是实现智能化开采的核心，综采工作面自动化控制技术水平的高低也是判定煤矿现代化水平和煤机装备是否先进的重要指标。近年来，综采工作面单机设备自动化技术取得了很大进展，液压支架能够跟随采煤机的位置和方向自动完成升降、推移刮板输送机、喷雾等动作，采煤机能够在工作面实现记忆割煤，运输设备能够实现逆煤流起、顺煤流停、连锁控制。这些功能的实现为薄煤层开展智能化综采工作面建设奠定了坚实的基础。

## 4.1 智能综采单机控制与集控系统需求

### 4.1.1 综采设备单机智能化需求

#### 1. 液压支架

液压支架作为综采的主要设备，其控制系统的功能、可靠性和操作方便等性能直接影响工作面的产量和效率。采用电液控制系统是液压支架提高移架速度最有效的技术途径，既是实现安全高效的基础，又是实现生产自动化的技术基础。

电液控制系统和液压支架相对独立，同套液压支架可以配各种型号的电液控制系统产品。电液控制系统是一套较为独立的控制系统，采用专用控制器，通过工业现场总线将整个工作面设备进行集成。电液控制系统在满足自身功能的基础上，还能实现部分高级功能，如跟机自动化和数据上传；但其仍具有一定的局限性，满足不了数据大量传输的需求。这就限制了液压支架与工作面其他设备的联系。因此，为了满足液压支架与采煤机、三机等设备之间的协调、高效运行，就急需研究成套综采工作面自动化控制技术。

## 2. 采煤机

采煤机是综采工作面生产不可或缺的关键设备，是集机械、电气和液压为一体的大型复杂作业系统。常规生产过程中，采煤机的控制，以人工遥控控制为主。由于采煤机是动态的，且线缆传输环境恶劣，这就限制了采煤机与工作面其他综采设备关联，影响了采煤机智能控制、速度自动控制、采高自动控制、视频跟机、远程控制等应用效果。因此，也迫切需要建立一套控制系统，为采煤机与其他综采设备建立关联。

## 3. 刮板输送机、转载机和破碎机

三机控制系统分为单机监控、启动系统和三机连锁启停控制系统。其中，单机监控、启动系统主要负责自身设备的自动张紧、传感器监测、软启动等；三机连锁启停控制系统主要负责三机的自动顺序启停和连锁控制，即同一套三机设备可以自由配套各种集控系统完成启停和数据监测。因此，为了适应采煤机割煤速度进行煤流负荷的自主调整，急需建立一套综采工作面自动化控制系统，将三机的集中自动化控制、刮板输送机自动张紧控制系统、速度控制、煤流负荷控制等有效结合起来，实现统一、协调管理。

## 4. 带式输送机

在综采工作面，带式输送机主要用于煤矿井下巷道运输系统，具有运量大、运距长、设备故障少和运输成本低等优点，是综采工作面不可缺少的主要配套设备之一。在控制方面，工作面带式输送机通常被考虑成整个煤流系统的一部分，与巷道带式输送机形成一套独立的运输系统，具有专门的控制体系，并预留通信接口。因此，也急需建立一套综采工作面自动化控制系统，将带式输送机启停、连锁控制关联、带式输送机负荷控制关联和带式输送机速度控制关联进行有效集成，达到数据的交互应用。

## 5. 乳化液泵站

乳化液泵站是向综采工作面液压支架输送高压乳化液的设备，是工作面用液系统的保障，也是机械化采煤工作面的主要设备之一。在控制方面，泵站控制系统与泵站较为独立，同一套泵站可以配套不同型号的泵站控制系统，并且泵站厂商一般只供应泵站，不设计控制系统。因此，急需构建一套高可靠性、高智能的综采工作面自动化控制系统，实现智能控制、恒压供液。

综上所述，综采工作面集成自动化监控系统对于各设备的相互协调运行、数据交互使用等方面具有重要意义，同时也是提高工作面的推进速度、降低工人劳动强度、提升工作面安全管理水平的重要手段。

## 4.1.2 智能综采集控系统功能

智能化无人综采控制系统是指利用先进的网络、自动化控制、通信、计算机、视频等技术，通过智能化监控系统实现采煤作业的自动化控制及远程遥控（图 4-1）。

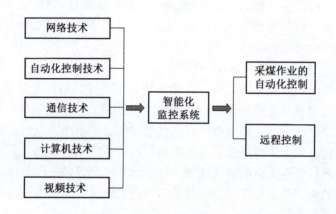

图 4-1 智能化无人综采控制系统图

（1）远程控制逻辑（图 4-2）。地面通过计算机、采煤机操作台和液压支架操作台完成操控，控制命令经矿井环网直接传送至井下巷道监控中心计算机，计算机对数据进行处理，并将控制命令发送至工作面采煤机、液压支架、组合开关等，完成设备的远程控制。

（2）数据传输逻辑（图 4-3）。工作面各设备通过传感器完成数据监测，然后通过控制器、信号转换器及工作面环网等将各数据及时上传至巷道监控中心计算机，计算机将采集到的数据进行处理后在监控软件上模拟并展现出来，最后通过矿井环网将数据上传至地面监控计算机，完成数据的采集。

## 4.1.3 智能综采集控系统方案

### 4.1.3.1 智能化无人综采控制设备

综采工作面设备主要由采煤机、液压支架、刮板输送机、转载机、破碎机、泵站、带式输送机及电气开关等组成，因此实现智能化控制的核心就是实现对以上设备的统一控制、管理，最终达到自主控制、相互配合、协调运行的目的，如图 4-4 所示。

# 4 极薄煤层绿色智能综采监测与控制技术 127

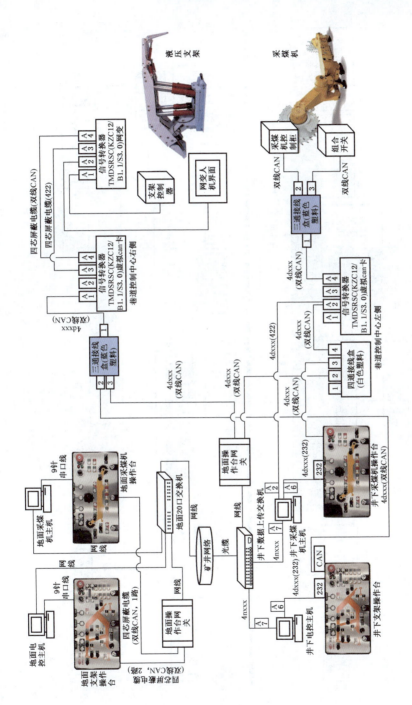

图 4-2 智能化无人综采远程控制逻辑图

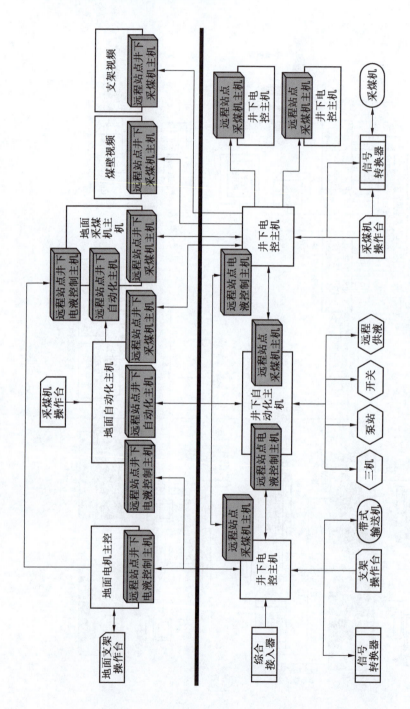

图 4-3 智能化无人综采数据传输逻辑图

## 4 极薄煤层绿色智能综采监测与控制技术

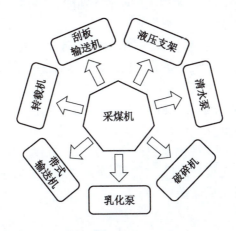

图 4-4 智能化无人综采控制设备分布图

### 4.1.3.2 智能化无人综采控制基础平台建设

**1. 设计监控平台**

(1) 实施智能化开采技术的重点是对工作面所有设备实现远程监控功能。因此在控制系统布置上进行"三层"设计：综采单机设备层（第一层）、巷道监控中心（第二层）、地面指挥控制中心（第三层）。即：在单机控制的基础上，建立巷道监控中心，实现对工作面所有单机控制系统的集成，达到对工作面设备监控的目的；同时在地面设置监控中心实现井上下监控中心的数据交互使用，最终达到地面远程控制和实时监测的目的。

(2) 将采煤机控制系统、支架电液控制系统、运输控制系统、泵站控制系统及供电系统有机结合，实现对综合机械化采煤工作面设备的协调管理与集中控制。采煤机以记忆割煤为主，人工远程干预为辅；液压支架以跟随采煤机自动序列动作为主，人工远程干预为辅；综采运输设备实现集中自动化控制。

(3) 系统主要由三部分组成，包括综采单机设备层（第一层）、巷道监控中心（第二层）、地面指挥控制中心（第三层）。

第一层（综采单机设备层）包括采煤机控制系统、支架电液控制系统、三机控制系统、泵站控制系统、供电系统。

第二层（巷道监控中心）具有工作面监测、工作面控制、工作面视频显示等功能。

第三层（集控中心）可实现工作面监控功能。

**2. 搭建高速传输网络**

（1）为了保证监控数据准确、快速传输，就必须在工作面搭建高速、可靠的通信网络，来实现单机设备的信息采集，然后统一汇总到巷道监控中心的计算机上，供其分析决策与控制。

（2）工作面网络构建主要利用综合接入器、光电转换器、交换机、稳压电源和铠装电缆等，建立一个统一、开放的工作面1000M工业以太网。

（3）工作面以太网主要由本质安全型综采综合接入器、矿用本质安全型光电转换器、本质安全型交换机、矿用隔爆兼本质安全型稳压电源、四芯铠装连接器和矿用光缆等组成（图4-5）。

综采综合接入器

矿用本安型交换机

矿用隔爆兼本安型稳压电源

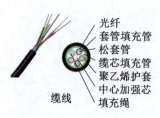
缆线

图4-5　网络布置硬件图

（4）每6个支架配备1台本质安全型综采综合接入器，接入器与接入器之间通过四芯铠装连接器连接，每台接入器通过1台双路矿用隔爆兼本质安全型稳压电源供电。

（5）配备4台矿用本质安全型光电转换器，其中监控中心配备2台，工作面机头配备1台，机尾配备1台。每台矿用本质安全型光电转换器通过1台单路矿用隔爆兼本质安全型稳压电源供电。

（6）监控中心至工作面机头、监控中心至工作面机尾之间通过矿用光缆连接，形成工业以太网。

（7）每台接入器可接入以太网信息，包括视频信息与数据信息，还可进行模拟量与数字量的采集。

**3. 建立监控中心**

依托工作面千兆环网以及井上下万兆工业以太网，建立了巷道监控中心和地面指挥控制中心。巷道监控中心是智能化工作面控制的核心机构，实现对工作面采煤机、液压支架、刮板输送机、转载机、破碎机、泵站、带式输送机及电气开关的远程监测、监视、控制和实时显示等功能，为远程操控员及时提供现场信息，确保安全生产。

（1）主要组成。巷道监控中心主要由主控计算机、本安显示器、操作台、交换机等设备组成。

主控计算机与本安显示器分体安装，两者之间采用光纤进行通信，每台主控计算机最多可以接两台本安显示器。显示器可以显示支架视频、采煤机视频、支架电液控、工作面设备、泵站、工作面三维场景等信息。主控计算机要求有RS422、RS485、CAN总线及以太网等接口。

交换机可以提供以太网电口、以太网光口，并可以通过RS485接口接入串口设备，通过MODBUS协议进行通信；还可以向第三方提供标准协议，便于矿井进行自动化集成。

（2）智能化无人综采工作面建设过程中，自动控制和远程监控系统构建极为重要。因此，禾草沟二号煤矿智能化无人综采工作面井下巷道监控中心进行了高性能设计。

#### 4.1.3.3 监控中心主要实现的功能

巷道集控中心为井下所有设备控制大脑，为各设备的数据检测和远程控制场所，能够将电液控制系统、工作面人员定位系统、采煤机、三机、带式输送机以及各类开关等的数据融入本系统，并参与自动化工作面的控制与保护。能够通过井上下数据传输系统上传本系统采集的所有数据，并在井下和井上计算机上进行显示和控制。综采工作面各系统集成到同一控制平台，使用同一数据库。当综采工作面自动化控制系统出现故障时，各子系统能单独开机运行，确保生产不受影响。巷道集控中心具有以下功能：

#### 1. 监测功能

（1）采煤机工况监测，具备预留采煤机控制系统接入，显示采煤机运行状态和实现采煤机操作台的远程控制和系统内部程序化自动控制功能。

工况数据：采煤机的位置、速度、左右滚筒高度、左右摇臂轴承温度、机身仰俯角度、牵引方向、各电机工作电流、液压系统背压压力及泵箱内液压油的高度、冷却水流量、压力、油箱温度等。

故障信息：各电机的故障报警。

（2）三机工况监测，具备预留三机控制系统接入，实现对各设备的状态检测和设备的启停控制功能。

工况数据：启停状态、工作电流、电机转速、冷却水压力、流量等。
保护信息：电机工作电流保护等。

（3）液压支架工况监测，具备电液控制系统接入，显示电液控制系统所有信息和实现对液压支架的远程控制功能。

工况信息：各支架压力值、各支架推移行程、各电磁阀动作状态、主机与工作面控制系统通信状态、采煤机位置方向、工作面推进度、支架推移行程值、立柱压力、电液控制系统与工作面自动化控制系统通信状态、各电磁阀动作状态等。

故障信息：传感器故障信息、压力超限信息等。

（4）泵站系统工况监测，具备预留泵站控制系统的接入，显示各泵的运行状态和实现泵的启停控制，显示高压过滤站进出口压力，自动配液站乳化液浓度及液箱液位。

工况信息：泵站润滑油油温、油位、进出液压力、液箱液位、乳化油油箱油位、乳化液浓度。

故障信息：传感器故障信息等。

参数信息：设定出口压力。

（5）对综采工作面关键设备工况运行信息的集中监测、故障报警。包括支架、采煤机、带式输送机、开关、泵站、运输机等设备的运行状态、故障信息；具备对工作面语音系统状态显示，包括电话闭锁状态显示、急停状态显示和断路位置显示（断路的具体架号）。具备数据上传功能，能够将集控中心所有设备数据上传到地面调度室和分控中心。

## 2. 控制功能

（1）液压支架远程控制：①以电液控计算机主画面和工作面视频画面为辅助手段，通过支架远程操作台实现对液压支架的远程控制；②远程控制功能包括液压支架单架或成组推刮板输送机、降架、拉架和升架等动作；③液压支架跟机自动化启停控制。

（2）采煤机远程控制：①依据采煤机主机系统及工作面视频，通过操作采煤机远程操作台实现对采煤机的远程控制；②远程控制功能包括采煤机滚筒升、降，采煤机组的左牵、右牵、急停等动作；③采煤机记忆割煤功能启动/关闭。

（3）工作面刮板运输机、转载机、破碎机集中自动化控制：①单设备启停功能，包括刮板输送机、转载机、破碎机；②顺序开机功能，启动顺序为破碎机→转载机→刮板输送机→采煤机；③顺序停机功能，停机顺序为采煤机→刮板输送机→转载机→破碎机；④具有急停闭锁功能。

（4）工作面泵站集中自动化控制：以电液控计算机主画面和工作面视频画面为辅助手段，通过远程操作台实现对乳化液泵站、喷雾泵的单机控制、多机联动控制和自动化控制；远程控制功能主要为乳化液泵、喷雾泵的启动、停止，多机联合启动、停止和自动化顺序启动、停止功能；实现远程急停闭锁功能。

3. 设备故障诊断功能

（1）采煤机的通信故障、开机率、位置错误等。

（2）液压支架故障诊断：智能设备故障诊断（包括程序丢失、参数错误、输入错误、输出错误、通信错误、人机交互错误和安全操作装置故障等），采集数据故障诊断，超量程报警，数值固定不变报警等。

（3）运输机故障报警：对设备的每台减速器及电动机进行温度、压力、流量、位移、转速等参数的检测，并对这些参数进行分析处理，实现设备运行数据的实时显示、报警、传输，同时对刮板输送机、转载机、破碎机和相关泵站的实现集中顺序启停控制和工作面沿线的语音预警和对讲功能。

### 4.1.3.4 工作面系统数据集成及数据上传

1. 工作面系统数据集成

（1）巷道监控中心主控制器对各个子系统进行信息检测、控制、显示、报警、上传。

（2）采煤机控制系统和液压支架控制系统两个子系统的全部数据经工作面网络上传至系统监控中心，实现采煤机和液压支架联动控制的远程操作。

（3）液压支架控制系统与主控制器之间通过协议连接，液压支架控制系统将采煤机位置及支架控制系统的主要技术数据传给主控制器，通过中央控制器上传系统监控中心。

（4）供电系统和巷道监控中心之间的通信。

（5）泵站和巷道监控中心主控制器之间的通信，泵站子系统控制器带有集中的监控接口与主控制器进行直接通信。

2. 工作面系统数据上传

（1）支架电液控制系统本身信息及需要上传的其他综采设备（采煤机、刮板输送机转载机、破碎机、泵站、负荷中心等设备）信息能够通过井上下数据传输系统上传到地面，并在井下和井上计算机上显示，接入矿井自动化系统，向其提供数据（采用标准协议）。

（2）提供以太网通信接口或 RS485 通信接口，提供监测数据报文（包括数据点的名称、寄存器地址、范围、单位等）。

（3）可与三机控制系统通信，获取三机控制系统数据，并可反向控制三机设备启停。

（4）可与供电负荷中心通信，获取负荷中心数据，包括各个回路运行状态、电流电压以及漏电、断相、过载等故障状态。

（5）可与泵站控制系统通信，对泵站相关信息进行集中显示。

（6）可在地面指挥控制中心对工作面设备信息进行显示。

（7）能够将工作面设备工作状态、运行参数等上传到地面指挥控制中心。

## 4.2 综采设备单机智能化技术

禾草沟二号煤矿智能化控制系统主要由 SAM 综合自动控制系统组成，它将 SAS 采煤机控制系统、SAC 支架电液控制系统、SAV 视频监控系统、SAP 集成供液控制系统、SAT 运输控制系统进行有效集成、数据采集、存储、交互使用，实现对综合机械化采煤工作面设备的协调管理与集中控制，最终达到：采煤机以记忆割煤为主、人工远程干预为辅；液压支架以跟随采煤机自动序列动作为主、人工远程干预为辅；综采运输设备实现集中自动化控制的运行模式（图 4-6）。该技术构建了集视频、语音、远程集中控制为一体的综采工作面自动化控制系统，实现了工作面采煤机、刮板输送机和液压支架等设备的智能联动控制和关联闭锁等功能。

### 4.2.1 采煤机智能化技术

#### 1. 采煤机控制系统的组成

采煤机子系统由采煤机自带控制系统和综采工作面上位机组成，依据采煤机主机系统及工作面视频，通过操作采煤机远程操作台实现对采煤机采高、位置等数据实时监测和远程控制，最终达到记忆截割的目的，其结构框图如图 4-7 所示。

记忆截割技术是指在满足地质条件的自动化工艺基础上，以采煤机学习示范刀运行参数为依据，以具有在线学习、修改参数功能的采煤机自动化控制系统为核心，完成综采工作面全工序自动化割煤的采煤机控制技术。

#### 2. 实现的主要功能

1）记忆截割

# 4 极薄煤层绿色智能综采监测与控制技术

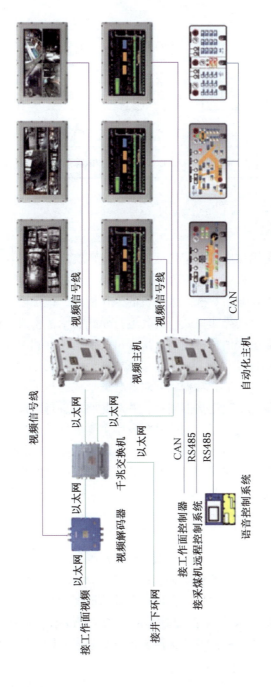

图 4-6 智能化无人综采控制系统

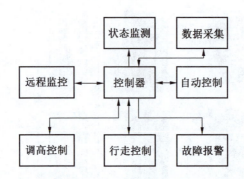

图 4-7 采煤机自动控制结构框图

具备适合工作面采煤工艺的记忆截割程序,可实现采煤机在工作面的无人自动记忆截割运行,且采煤工艺文件可根据需要进行配置修改。

采煤机开始采煤作业后,选择采煤机的工作模式,记忆截割系统具有三种工作模式可供选择:手动操作模式、自动运行模式、示范模式。选择手动操作模式时,采煤机作业全程由司机控制,采煤机的牵引速度和滚筒高度均由司机操作经验决定。选择自动运行模式后,需要进行示范模式判断,在示范模式下,采集采煤机的位置和姿态数据,并对此数据形成路径记忆。如果选择自动运行模式,则直接载入上次记忆的路径,并对此路径进行跟踪。在跟踪路径过程中传感器仍然实时采集数据,如果判断发生了煤层厚度变化,还能根据自适应算法进行自动调节,重新形成记忆路径。形成新的路径后判断采煤机状态是否正常,如果正常则机载控制器向左右摇臂以及牵引电机等执行机构发出控制指令,如果采煤机状态异常,则需要司机进行人工干预,形成新的路径,图 4-8 所示为采煤机记忆截割控制流程。

2)整机检测

实现对整机的检测,包括工况检测、姿态检测和故障诊断,保证整机在最佳状态下运行,通过过布置各种传感器进行监测,如图 4-9 所示,将温度传感器布设于采煤机摇臂轴承部位,实现摇臂轴承温度的监测;将流量传感器置于冷却水路中,以获取水路信息;安装电流、压力传感器监测各电机工作电流、液压系统背压压力;将油位传感器设置在泵箱内,以监测油位等。

3)数据传输

## 4 极薄煤层绿色智能综采监测与控制技术

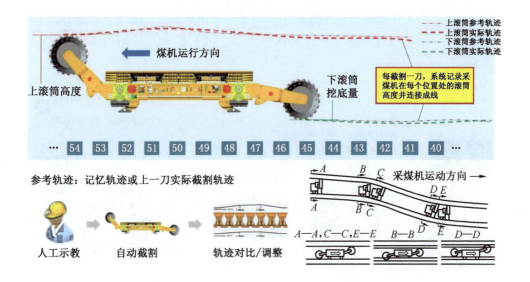

图 4-8 采煤机记忆截割控制流程

实现采煤机数据的采集和传输,且可灵活地扩展数据采集数量,实现数据远距离传输,在地面(巷道)监控中心随时了解采煤机的整机实时运行状态。

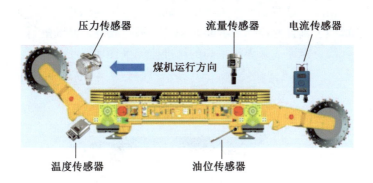

图 4-9 采煤机传感器布设

4)远程控制

可以通过地面(巷道)监控计算机对采煤机进行监控,实现"一键启动、智能掘进、视频监视、人工干预"的功能;通过远程控制计算机进入记忆截割，采煤机在工作面按设定工艺程序自动运行，包括调高、加速、减速等，可以根据工作面情况随时人工干预采煤机运行，远程控制系统结构如图 4-10 所示。

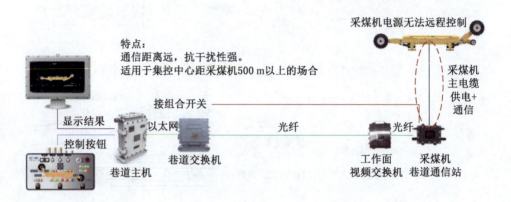

图 4-10　采煤机远程控制系统结构

5）采高定位

采高传感器实时感知摇臂的高度摆动位置，倾角传感器实时监测工作面的倾角及俯仰采角度，这些都作为采煤机自动调高系统的信息反馈给主控器，通过一定数学模型准确计算出摇臂的实时采高，通过安装调高油缸行程传感器和轴编码器双保险，来完成采煤机采高的精准监测（图 4-11）。

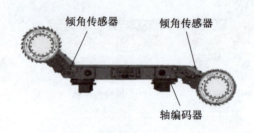

图 4-11　采煤机定位感知

6）位置定位

在采煤机牵引部安装位置传感器，通过控制器的数据处理模块，计算采煤机的位移信息，输入到建立的数学模型，对采煤机实现位置精确定位。

### 4.2.2 液压支架智能控制技术

#### 1. 液压支架电液控制子系统组成

液压支架电液控制子系统由支架电液控制器、液压主阀、行程传感器、压力传感器、倾角传感器、无线遥控器、井下主机、高速数据交换机、人机操作界面、耦合器、主阀和控制电缆等设备组成。

在每台支架上安装有控制器、人机操作界面、压力传感器、行程传感器和控制电缆等组成单台支架单元的控制系统。控制器及其人机操作界面是电液控制系统的核心部件。每台支架上的人机操作界面可以发出各种控制命令，控制电缆将命令发送到本架控制器上，然后控制器根据发送命令的属性决定是继续转发还是执行命令，可联合采煤系统成组自动动作。

而且液压支架具备单键单动作、成组动作、远程控制、无线遥控、自动补压、急停闭锁、自动跟机、故障自诊断、支架姿态自动调整、三角煤区域斜切进刀自动化功能并配备自动喷雾系统。

单个支架电液控制系统配置一套支架控制单元，支架控制单元包括支架控制器1个、电磁驱动器1个、电液控换向阀1个、推移千斤顶行程传感器1个、监测液压支架顶板压力的立柱压力传感器1个、检测采煤机运行位置及方向的红外线接收器1个（配合采煤机身上的红外线发射器使用）、顶梁姿态检测角度传感器1个及将上述设备连接在一起的连接器、固定安装所需的附件等。

能够监测液压支架立柱、推移千斤顶、采煤机等设备的工作状态及运行参数，并能够将监测到的数据信息存储和显示在电液控制子系统主机上，同时可以将上述信息数据传输到地面分控中心。

#### 2. 实现的主要功能

1）系统基本控制功能

（1）邻架单动作控制。系统具有邻架单动作控制功能，可以通过左右邻架对支架进行动作的单独控制，可以实现3键连锁的4种动作组合的单动作控制；主要用于工作面条件不好的情况下。

（2）隔架控制。系统具有隔架操作功能，最多可以控制相隔5架的支架动作。

（3）自动移驾控制。系统具有单架自动移驾控制功能，可以按照既定的控制程序，实现支架降、移、升动作的自动控制。

(4) 组成支架动作控制。系统具有成组控制功能,可以实现支架成组自动移驾控制和成组推刮板输送机控制;具有成组喷雾控制功能。

(5) 工作面顶板围岩耦合。系统可根据液压支架预先设定的初撑力值,设置工作面液压支架的自动补液功能,在一定范围内自动调节液压支架补液压力阀值,实现液压支架与工作面顶板的围岩动态耦合。

2) 液压支架跟随采煤机自动动作

(1) 在采煤机上安装红外线发送器,发射数字信号,每台支架上安装一个红外线接收器,接收红外线发射器发射的数字信号,来检测采煤机的位置和方向信息,依据线上不同环境条件下对应的采煤工艺,开发液压支架跟机自动化软件。

(2) 系统通过对采煤机位置及运行方向的识别,可以实现工作面液压支架跟随采煤机作业的自动化控制功能,跟机自动进行护帮板的收回和伸出动作,跟机自动移驾和自动推刮板输送机控制功能。

3) 远程控制

通过远程控制台控制液压支架的升柱、降柱、抬底、推刮板输送机等动作,利用视频及数据监控信息随时远程控制工作面液压支架跟机,远程控制系统如图4-12所示。

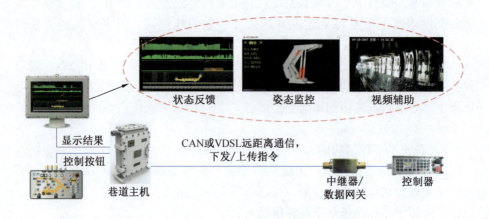

图4-12 支架远程控制系统

(1) 在工作面电液控制系统的基础上,实现在地面(巷道)监控中心对液压支架的远程控制。在监控中心设置一台液压支架远程操作台,以电液控制计算机主画面和工作面视频画面为辅助手段,通过操作支架远程操作台实现对液压支架的远程控制。

(2) 显示液压支架的立柱压力、推移行程、控制模式。

(3) 显示液压支架控制器的急停状态、通信状态、驱动器与支架控制器通信状态。

(4) 显示工作面的推进度,包括当班和累计进度。

(5) 对液压支架进行远程控制,主要包括推刮板输送机、降架、拉架、升架以及其他功能动作。

(6) 可以在巷道监控中心集中修改工作面采煤工艺和参数。

(7) 可以在巷道监控中心显示工作面液压支架姿态。

### 4.2.3 运输系统智能控制技术

#### 1. 运输控制系统的组成

运输控制系统通过网络完成与带式输送机、刮板输送机、转载机、破碎机自身控制系统的对接,实现对带式输送机、刮板输送机、转载机、破碎机进行开停及闭锁控制,完成设备工况监视及控制、启停预告、故障报警、沿线通话等功能,最终达到顺序启停、联锁控制的目的,运输控制系统如图4-13所示。

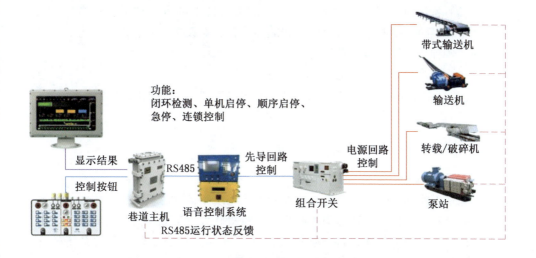

图4-13 运输控制系统

刮板输送机、转载机和破碎机可自动和点动控制，实现一键启停及转载机自移，以电液控计算机主画面和工作面视频画面为辅助手段，通过远程操作实现对运输三机的单机控制、多机联动控制和自动化控制，通过配置变频一体机控制器和煤量扫描仪，可控制启动速度、加速度、转矩，使刮板输送机根据输送煤量自动调整链速。实时监测运输三机运行状态、电机和减速器的运行参数（油温、油位、轴承温度、冷却水温度、流量）及工作面输送机闭锁、语音通信的功能。

### 2. 实现的主要功能

（1）实现工作面各设备的启停控制：通过按键，可对破碎机、转载机、刮板输送机、采煤机及泵站等工作面设备进行逆煤流顺序启动和顺煤流顺序停止控制，启动时有语音报警。

（2）系统具有集中控制方式、就地控制方式、检修控制方式、点动控制方式。

（3）实时监测带式输送机、破碎机、转载机、刮板输送机的电机绕组温度、电流等参数，并能够进行数据上传。

（4）通过彩色液晶显示屏以汉字或动态图形的方式显示设备运行状态、沿线电缆状态、沿线电话状态、控制器自检信息及其他联锁设备运行状态等。

（5）故障性质及地点显示。以汉字和动态图形的方式显示，检测输入线的断路和短路，检测系统自身电缆的故障位置，对设备启停、设备状态、沿线闭锁、各种故障等都有语音报警。

（6）具有供电故障自诊断功能。

（7）实现回风巷带式输送机与主运输系统带式输送机的联锁控制。

（8）自动统计设备开机时间和开机率。

## 4.3 综采设备集中监控系统技术

### 4.3.1 技术平台

综采工作面综合控制系统是将电液控制系统主控计算机软件、集成供液系统主控计算机软件、巷道集中控制主控计算机软件、工业以太网网管软件、视频管理软件、数据集成软件、数据通信软件等集成到统一平台下的系统软件（简称系统软件）。它运行在多台隔爆计算机硬件平台上，可实现分布式集成控制系统，完成综采工作面的综采设备，包括液压支架、采煤机、刮板输送

# 4 极薄煤层绿色智能综采监测与控制技术

机、转载机、破碎机、带式输送机、泵站、超前支架等设备的集中监测和控制。

1. 控制系统架构设计（图4-14）

控制系统架构主要包括驱动层、实时数据层、数据可视化层。可以通过灵活部署实现多台服务器/主机协同工作，实现分布式集中控制。其中：

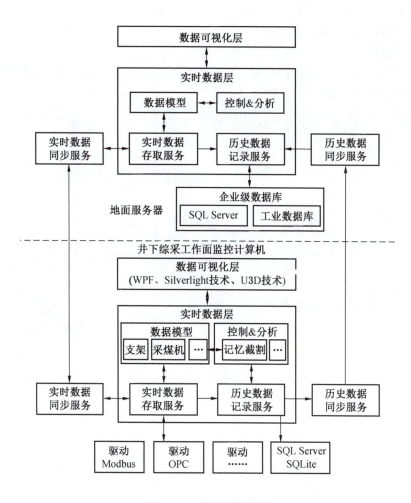

图4-14 控制系统架构

（1）井下部分主要由驱动层、实时数据层、数据可视化层三大部分组成，每个层次独立,可以进行灵活部署,构建分布式控制或者集中式控制。

(2) 实时数据层是系统的内核,它包括的主要功能有:通过驱动层完成与现场各类综采设备的实时通信;构建综采设备模型数据,为数据可视化提供驱动;加载控制分析组件完成各类控制逻辑及分析功能;采样处理实时数据并记录历史数据。

(3) 数据可视化模块可以部署在综采工作面任意一台计算机上,采用 CS 模式向操作人员提供人机交互操作方式。

**2. 数据库设计**

采用面向对象的建模技术对工作面的综采设备进行建模,并利用关系数据库存储对象的历史数据,具体包括:

(1) 建立了统一的面向对象的数据库模型(图 4 – 15),可以对设备或功能进行建模。

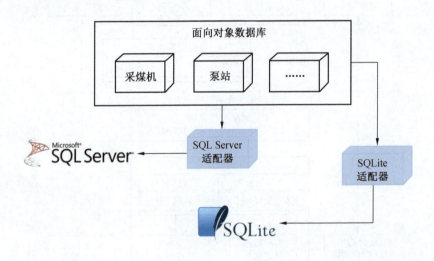

图 4 – 15 面向对象的数据库模型

(2) 研发了基于 SQL Server 的数据存储系统,将对象的数据库模型转换为关系数据库进行存储。

(3) 针对低性能的计算机研发了基于 SQLite 轻量级的数据库存储系统。

该技术具有如下特点:①面向对象的建模技术可以极大地提高模型的复用程度和兼容性,降低研发难度,提高系统可靠性、可扩展性;②支持多种数据库类型，在不同性能计算机上，可以灵活选择数据库类型。嵌入式数据库具有体积小、速度快、功能完善、能提供丰富的API支持的特点，这种数据管理方式满足了应用软件的"实时"需要，适用于巷道监控中心；商用关系数据（SQL Server 或 Oracle）具有存储容量大、可靠性高、海量数据存储处理能力，适用于地面服务器存储长期的综采工作面数据；③具有高有效性和可靠性的特点，这就确保了即使在数据所依附的硬件发生故障的条件下，仍然可以确保数据安全；④具有与其他系统共享数据的特点。

3. 通信设计

建立了统一的数据采集/控制接口（图4-16）。它提供了常见的串口、TCP、UDP等通信链路通道组件，可以实现第三方设备的灵活接入，可以从各种通信链路上获得通信数据。同时，也提供了常见的各类协议规约，如ModbusRtu/TCP、S7-300及各类自定义协议等，从而实现了对各类综采设备的远程监控。

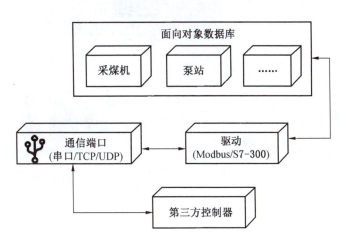

图4-16 统一的数据采集/控制接口

4. 系统软件部署设计

采用 WCF（Windows Communication Foundation）技术实现了系统软件的分布式协同工作，支持灵活的部署，具体包括：

（1）服务器-客户端模式（C/S）（图4-17）。在服务器-客户端模式下，数据中心负责与所有的控制器进行通信，采集实时数据，并进行逻辑运算,进行安全控制输出。同时,数据中心作为服务端,接收来自其他客户端的链接,并将服务器的实时数据同步到各个客户端,由客户端提供人机界面,与操作员进行交互,监测和控制系统运行。数据中心也承担历史数据的存储和查询任务,向客户端提供历史数据。

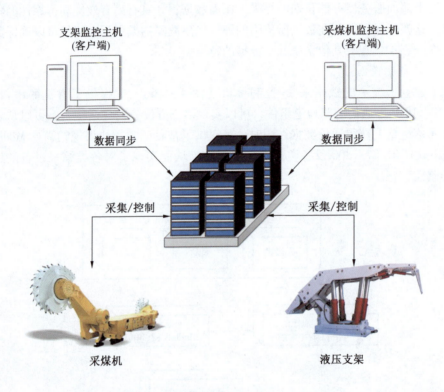

图 4-17 服务器-客户端模式 (C/S)

(2) 服务器-工作站模式(图 4-18)。在服务器-工作站模式下,由多个工作站独立工作,每个工作站负责特定的子系统的监控,数据中心位于工作站上层,进行子系统之间的协调工作。如支架监控主机负责控制电液控子系统,采煤机监控主机负责控制采煤机子系统,而数据中心服务器负责与支架监控主机、采煤机监控主机进行数据同步,并进行逻辑运算,控制子系统支架的信息共享,协同工作。

(3) 服务器-浏览器模式(B/S)(图 4-19)。在服务器-浏览器模式

## 4 极薄煤层绿色智能综采监测与控制技术

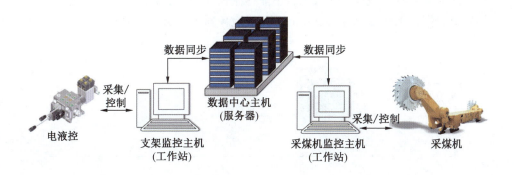

图 4-18 服务器-工作站模式

下,井下服务器负责现场的实时监控,地面服务器负责与井下服务器进行实时/历史数据同步并提供 Web 服务,用户可以通过 IE 浏览器查看系统的监控画面。在 IE 浏览器端,实时与地面服务器进行数据同步,可以实时在线查看系统的运行数据,具有权限的用户甚至可以进行远程操作、参数设置等高级功能。

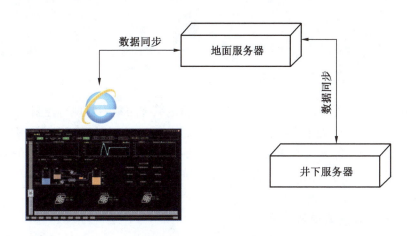

图 4-19 服务器-浏览器模式

(4) 数据库的多级备份/冗余(图 4-20)。系统软件支持多级备份模式,工作面的服务器受磁盘空间限制，不能存储长期的历史数据。为了实现长期存储历史数据，工作面服务器支持向上一级服务器进行历史数据同步。

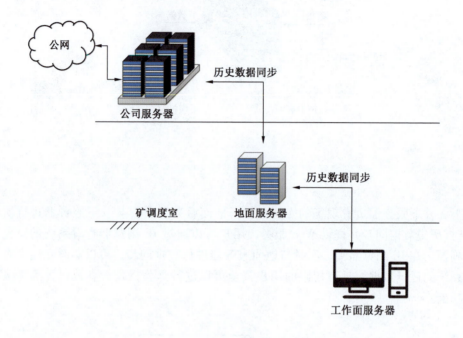

图 4-20　数据库的多级备份/冗余

5. 主要功能设计

系统软件的主要功能为综采工作面自动化系统的集中管理与控制，在整个工作面生产系统中处于中心位置，功能包括：采煤机工况、刮板输送机工况、液压支架工况、泵站系统工况、工作面设备与监控中心各主控计算机的通信状态、工作面组合开关信息、工作面语音系统状态、工作面视频等信息显示和历史故障查询功能。

### 4.3.2　综采工作面视频系统

1. 视频监控子系统的组成

视频系统是管理人员清楚检测采煤现场及运行设备管理的重要保证，通过在液压支架上部安装视频监控仪，将连接器与综合接入器相连，视频系统是管理人员清楚检测采煤现场及运行设备管理的重要保证，通过在液压支架上部安

## 4 极薄煤层绿色智能综采监测与控制技术

装视频监控仪,将连接器与综合接入器与巷道监控中心端相连,完成数据的集中控制,监控系统示意图如图 4-21 所示。

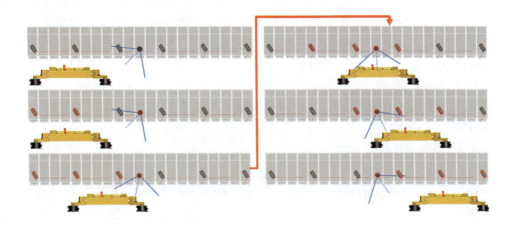

图 4-21 监控系统示意图

通过视频监控系统传送工作面图像,操作人员根据煤层变化情况、滚筒截割情况、支架状态等信息,必要时对采煤机进行远程干预。通过远程干预可以避免在地质条件发生变化或煤层变化时,采煤机切割顶底板等情况的发生。

工作面视频监控系统分为前端摄像部分、传输部分和终端设备。

**2. 主要功能**

(1) 自动跟踪采煤机轨迹显示滚筒运行情况。

(2) 自动切换当前距离采煤机最近的视频画面至监视器。

(3) 支持多通道输出。

(4) 视频监控分为自动跟机模式和手动显示输出模式两种,可通过上位机操作面板、键盘、鼠标等在上位机软件进行切换输出。

(5) 井下视频监控系统能将采集到的数据通过井下网络交换机发送至地面视频处理系统。

(6) 井下与地面通信须采用光纤传输整个工作面所有的视频信息。

(7) 通信设备具有当光缆折断、切断、摄像仪有故障等现象时,实现故障信号的显示画面报警和声光报警输出。当摄像仪或光端机有故障时,可自动屏蔽故障设备，不阻断其他信号传输。

### 4.3.3 人员精确定位系统

系统采用定位器近距离检测，通过人员携带标识卡对经过路径布放的定位器进行信号评估并上传到信号转换器。信号转换器接收到标识卡上传的信息后根据无线电衰减模型计算出当前定位卡的预测位置，并根据预定逻辑测算出准确的当前位置并上传到后台处理。

人员位置识别系统主要由信号接收器（识别卡）和发射基站组成，识别卡由工作面巡视人员携带，发射基站集成在电液控制器内或单独安装在支架上。

### 4.3.4 巷道集控中心平台

#### 1. 监控中心控制功能

监控中心支持全自动控制模式、分机自动控制模式和分机集中控制模式。具体有：

1) 全自动控制模式

将集成控制系统设置为"全自动化"工作模式，通过"一键启停"按键启动工作面设备。

（1）"一键启动"。泵站启动→带式输送机启动→破碎机启动→转载机启动→刮板输送机启动→采煤机启动(上电)→采煤机记忆割煤程序启动→液压支架跟随采煤机自动化控制程序启动，全自动化启动。

（2）运行过程。实时监控工作面综采设备运行工况，当设备运行异常，可以通过人工干预手段对设备进行远程干预，如液压支架远程干预等。

（3）"一键停机"。液压支架动作停止→采煤机停机→刮板输送机停机→转载机停机→破碎机停机→带式输送机停机，全自动化停止。

（4）急停过程。按下工作面"急停"按钮，工作面所有设备顺序停机。

2) 分机自动控制模式

可以单独对综采设备进行自动化控制。

（1）液压支架远程控制。以电液控计算机主画面和工作面视频画面为辅助手段，通过支架远程操作台实现对液压支架的远程控制。

（2）采煤机远程控制。依据采煤机主机系统及工作面视频，通过采煤机远程操作台实现对采煤机的远程控制。

（3）刮板输送机、转载机、破碎机集中自动化控制。具有单设备启停功能，包括刮板输送机、转载机、破碎机（联锁解除）；具有顺序开机功能，启动顺序为破碎机→转载机→刮板输送机→采煤机（存在联锁关系）；具有顺序停机功能，停机顺序为采煤机→刮板输送机→转载机→破碎机；具有急停闭锁功能。

（4）工作面泵站集中自动化控制与泵站控制系统的双向通信可以进行泵站的单设备启停控制、多台泵站的联动控制、对泵站系统的运行状态进行集中显示，并具有急停闭锁功能。

3）自动化割煤

通过人工操作采煤机完成完整一刀（包含端头斜切进刀及割三角煤），采煤机控制系统行程记忆轨迹（高度和位置），并记录各工艺段，当采煤机自动运行时依据记忆轨迹和工艺段信息进行自动割煤（图4-22）。

(a) 中部上行跟机

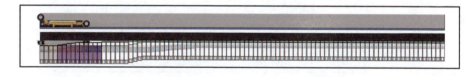

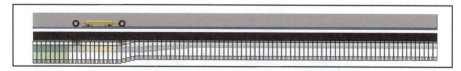

(b) 端部割透

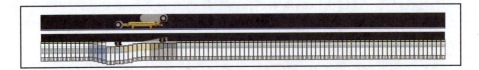

(c) 斜切进刀

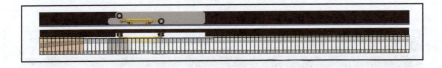

(d) 进刀割透

(e) 中部下行跟机

## 4 极薄煤层绿色智能综采监测与控制技术

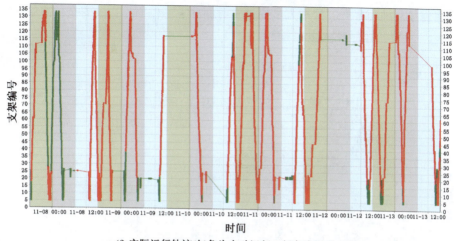

(f) 实际运行轨迹(红色为自动运行、绿色为手动干预)

图 4-22 自动化割煤

### 2. 监控中心安全功能

(1) 系统安全。系统软件支持密码权限控制，只有经过授权的用户才可以进行集成自动化控制；自动化集成控制系统支持心跳键，具备自动保护功能。

(2) 单机安全。

① 实时通信检测。通信方式上采用了应答、重发、序列等机制，防止在通信系统中产生错误的信号，导致误操作。

② 操作模式互锁。采煤机保护锁定，不允许启动及操作；具备就地操作、远程单机操作、远程自动操作模式，几种模式互锁；采煤机自动记忆截割模式下，各项操作均可以人工干预，人工干预具备高优先级。

③ 采煤机和液压支架防碰撞功能。当采煤机运行方向上支架伸缩梁、护帮板没有有效收回时，将相关信息报送到工作面集控操作台进行自动报警，并进行人工干预，防止采煤机和液压支架发生碰撞事故。

### 3. 工作面系统集成及数据上传系统

将综采工作面采煤机、液压支架、刮板输送机、转载机、破碎机、乳化液泵站、喷雾泵站及供电系统等有机结合起来，实现在巷道监控中心和地面指挥控制中心对综采工作面设备的远程监测以及各种数据的实时显示等，为井下工作面现场和地面生产、管理人员提供实时的井下工作面生产及安全信息。

**4. 系统软件部署**（图 4-23）

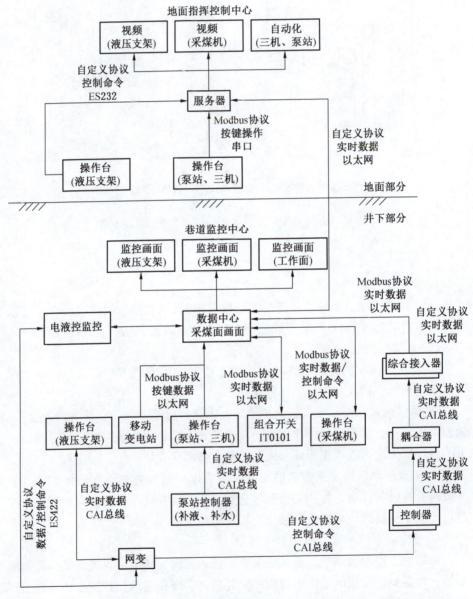

图 4-23　系统软件部署

(1) 工作面监控主机,其监控画面如图 4-24 所示。

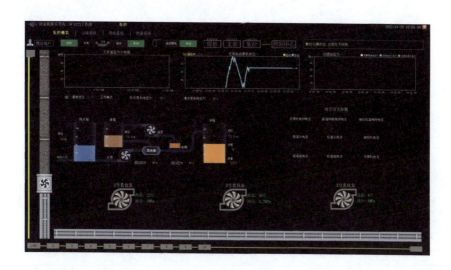

图 4-24　工作面监控主机监控画面

(2) 采煤机监控主机,其监控画面如图 4-25 所示。

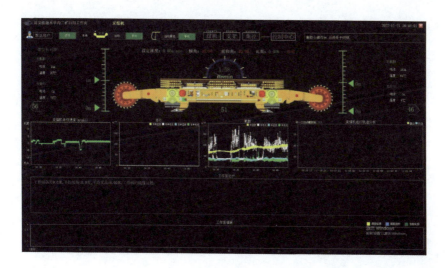

图 4-25　采煤机监控主机监控画面

(3) 支架监控主机,其监控画面如图4-26所示。

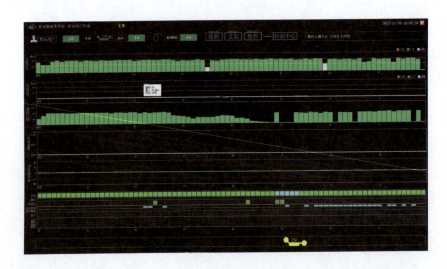

图4-26 支架监控主机监控画面

(4) 采煤机视频主机,其监控画面如图4-27所示。

图4-27 采煤机视频主机监控画面

### 4.3.5 地面调度中心平台

在地面指挥控制中心通过井上下万兆以太网实现对整个工作面的集中监控及"一键启停"控制。

**1. 地面数据中心**

地面数据中心将综采工作面的"电液控主控计算机""泵站三机主控计算机""采煤机主控计算机"等有机结合起来,实现在地面指挥控制中心对综采工作面设备的远程监测以及各种数据的实时显示等,包括综采设备数据的集成(图4-28)。

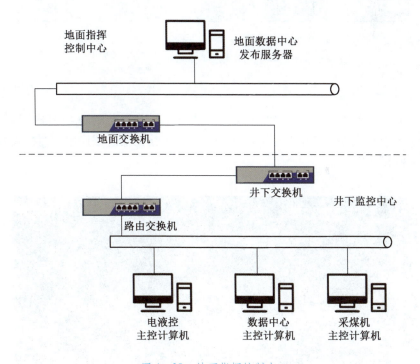

图4-28 地面指挥控制中心

**2. 流媒体服务**

采用先进的流媒体服务器技术,将多个客户端对同一个摄像头的流媒体访问进行代理,极大地减轻了前端网络摄像头的负荷和矿井环网的网络带宽负荷,也实现了矿井环网和管理网络之间跨网段的视频发布。管理人员通过办公网络,就可以实现远程访问工作面的摄像头,进行视频实时监控。流媒体服务示意图如图 4-29 所示。

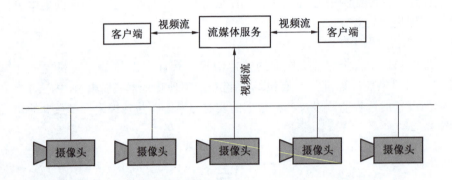

图 4-29　流媒体服务示意图

### 3. 客户端远程控制

客户端远程控制采用 C/S 架构,在终端设备上安装相应的客户端软件,实时显示监控数据和综采工作面的视频。综采工作面实时监控主机监控画面如图 4-30 所示。

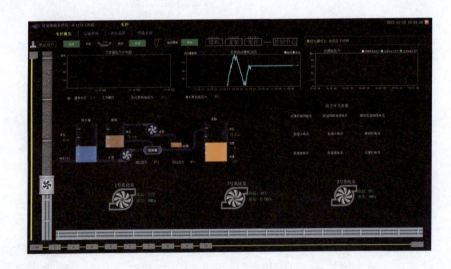

图 4-30　工作面实时监控主机监控画面

# 5 极薄煤层绿色智能综采保障体系

## 5.1 信息化矿山建设

### 5.1.1 网络支撑平台

随着工业以太网技术的不断完善与发展,工业以太网在工业自动化领域得到了越来越广泛的应用与认可。许多控制器、PLC、智能仪表、DCS系统已经带有以太网接口,这些都标志着工业以太网已经成为真正开放互连的工业网络的发展方向。采用基于工业以太网的集成式全分布控制系统,具有高度的分散性、实时性、可靠性、开放性和互操作性的特点。综合自动化监控网络平台把各个自动化子系统有机地整合在一起,所有的监测监控管理操作都在一个平台中运行,从而提高矿井综合自动化水平,实现减员增效和矿井机电设备的安全运行,提高煤矿的生产效率。

1. 网络支撑平台建设内容

根据矿井综合自动化系统建设的需求,矿井综合自动化平台的主干网络结构采用1000 M环形工业以太网,传输介质为单模光纤,采用工业以太网交换机进行数据交换。通过工业以太网连接井上、井下各个子系统,把所有系统设备控制和监控信息传输到集中控制室,通过服务器的数据采集,使工程师完成各个子系统的组态,达到监测和控制的目的。

矿井综合自动化监控网络系统的建设内容包括:

(1) 工业以太环网建设,连接各个子系统的PLC或上位机。

(2) 调度控制指挥中心的网络建设,部署工业以太网的核心交换机并连接设备控制层的工业以太环网和数据采集服务器,部署操作员站和工程师站。

(3) 网络安全建设,划分VLAN,使矿井的综合自动化控制网络系统稳定、可靠、安全运行。

（4）网络管理建设，建设综合自动化控制网络系统的网络管理平台，对所有工控网络设备进行集中管理，提高管理水平，降低管理成本。

2. 设计原则

自动化监控网络平台是煤矿现代化生产控制和管理信息系统的基础设施，其可靠性和可扩展性对煤矿企业的安全生产至关重要，必须遵循以下设计原则（图 5-1）：

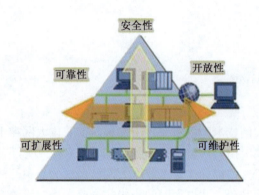

图 5-1　矿井综合自动化网络平台设计原则

（1）可靠性。煤矿行业的特点决定了整个系统必须具有很高的可靠性，保障生产活动的正常进行和井下工作人员的生命安全。因此在选型时必须考虑所选技术在冗余、出错处理和容错方面的能力，所选产品能够适应井下恶劣的工作环境和防爆要求。

（2）先进性与实用性相结合。既要保证系统设计的先进性，又要保证系统设计的实用性。所选设备必须是成熟可靠、性价比高的产品，同时使用符合发展趋势的、具有良好发展前景的、先进的技术和设备，延长系统的使用寿命，提高系统的实用性。

（3）可扩展性。随着新技术的出现以及企业的不断发展，会对现有的系统提出更高的通信带宽需求。网络通信系统作为整个生产管理系统的基础，应在系统容量、处理能力等方面具有可扩充性，可以方便地进行产品的升级换代。

（4）开放性。网络通信系统应具有开放性，符合相应的国际标准和协议。同时提供开放的互联接口，保证现有的系统和新系统能够协同运行，方便数据交换、信息共享。

（5）可维护性。井下环境恶劣，为设备的维护保养带来较大困难，本系统将提供有效的网络管理和系统监控、调试、诊断技术，保证系统维护管理简明、方便、有效。在设备发生故障时能够方便及时地发现故障、排除故障。

（6）安全性。系统的安全性包含了煤矿设备、网络及软件等多方面的内容。井下设备必须经过相关部门检测，取得合格证、防爆证、安标证；网络和软件必须配备完善的安全保密措施，以保证系统安全、稳定地运行，必要时可以牺牲一定的带宽或速度来保证安全性。

对于一个工业系统来说，高安全性、高可靠性是设计的第一要素，任意时刻的系统故障都有可能给生产带来不可估量的损失，而且如何在开放的同时严格保证系统的安全性也是要充分考虑的，这些在追求统一、集成的今天显得尤为重要。

（7）可管理性。通过管理软件可以对 IP 与 MAC 地址进行捆绑、实现 VLAN 的划分，可以改变随意篡改 IP 地址的现象，同时可以侦测基于端口网络的异常流量。

### 5.1.2 数据中心

#### 1. 数据库建设的目的

（1）制度流程方面。健全完善数据存、储、用流程和标准，为采矿生产、设计、数字化矿山建设和各项管理行为提供数据支撑。

（2）时间效率方面。明确各类数据项目及收集、整理、存档方法，确保各类数据收集的及时、合理、有效性，解决目前存在的数据不全、重复、存放杂乱、查询不便、连续及通用性差等问题。

（3）经济管理方面。通过地质、测量、采矿数据收集汇总、录入，不断更新矿山三维模型，为采矿设计优化提供最新数据支持，合理布置采矿工程，降低废石混入率、万吨采切比，提高采出率，合理平衡三级矿量，降低生产成本。

#### 2. 数据库管理的原则

（1）总分原则。数据库由总项至分项依次进行分解细化，每个细分具体数据要包含数据的来源、收集存档方法与周期、应用方向等。

（2）上级指导下级的原则。即上级下达主要数据项目，下级在主要数据项目基础上根据工作需要及管理需求，完善和补充项目内容。

(3) 时效性原则。根据数据性质及用途的不同，对其在时间上进行分类管理，做到按时收集、整理、存档、报送、反馈，确保及时有效性。

**3. 数据库组织构架**

数据库组织构架如图 5-2 所示。

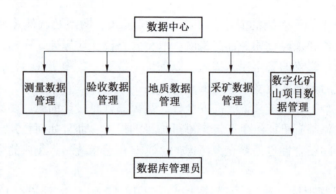

图 5-2 数据库组织架构图

### 5.1.3 信息集成

**1. 信息集成系统概述**

综合自动化信息集成系统是应用现代电子技术和自动化技术对矿井生产过程实现全面监控的系统，把采掘生产设备监控系统、带式输送机运输监控系统、辅助生产设备监控系统等子系统数据进行集中监控，实现生产及辅助生产各运行参数的统计并上传至矿区办公局域网，这样使得煤矿生产和管理更加科学高效。同时将一些主要生产数据和安全情况向上一级管理部门汇报，上一级管理部门可以通过这些数据对煤矿进行远程实时监视。出现紧急情况发出告警信号。

(1) 实现生产过程管控一体化。集成当今先进的计算机信息化、自动化和监测监控等技术，针对煤矿高危险、恶劣环境的特点，通过系统优化和创新，开发煤矿综合自动化技术，在现场控制为主的局部控制系统基础上，实现以地面集中操作、分布控制为主的全过程控制。即通过生产现场的设备层、控制层与信息层的集成，实现控制与管理的数据通信与共享；通过开发基于中间件技术的控制软件，将对生产过程的控制、监测能力随网络的扩展而自然延伸，直至实现通过互联网络进行的异地远程监测与维护。

综合自动化系统覆盖了全矿的生产过程，使用 Web 浏览功能或安装客户端软件可以使上级主管部门及时了解安全生产情况，进行远程实时监察，及时处理生产过程中的不安全因素。

（2）网络拓扑结构。针对煤矿对高可靠性要求的特点和煤矿自动化发展趋势，使用双链路捆绑的星形总线、双路环形总线或混合型总线，100/1000 M 工业以太网通过 TCP/IP 协议直接访问现场监控设备，通信速度更加快捷，网络安全得到最大保障，数据交换更加及时有效，系统可靠性大大提高；在 PLC 子站上插接 MODBUS 远程通信卡，通过 MODBUS 协议与远程电量 RTU 进行访问和交换数据，通用性强，连接方便，不需要第三方协议。

（3）数据交换及共享平台。在系统应用中，有大量的工业监控的数据以及各种信息子系统的数据，形成了大量的信息孤岛，无法实现良好的数据整合和统一的数据表现。通过数据交换平台，可以有效地将各种数据统一整合到办公自动化平台中，在系统使用中，只需要通过办公自动化平台就可以浏览各子系统的数据，可以实现统一的报表呈现格式。同时，系统提供对外的数据转换，可以将办公系统中的数据转换为上级单位或兄弟单位需要的数据格式，实现与其他系统的集成。系统提供数据转换标准管理模块，能够实现自定义各种数据标准，然后将其转换为系统需要的报表。

（4）安全措施有保障。各个子站使用 PLC 的以太网卡通过 TCP/IP 协议向中心数据服务器交换数据，子站数据和画面显示通过 PLC 自带的 MPI 接口连接，这就保证了子站和中心调度室的有效非工作信号隔离，提高了系统的安全性；在光纤敷设时考虑到井下的不安全性，从中心调度室到井下交换机采用网络双链路捆绑技术，使数据传送更加安全可靠。身份验证技术使每一个访问服务器的人员都有不同的操作权限，无相应操作权限的人员无法操作相应设备。网络向外连接时，加装防火墙和路由器设备，防止非法入侵和破坏，并在网络中安装高等级网络版防病毒软件，随时防护和定时查杀网络病毒。

2. 系统主要构成

（1）中心调度室监测监控软件。使用工业级组态软件将现场各个子系统的数据在调度中心实时显示，生产调度人员和矿领导根据各子系统的实际运行情况及时、准确、安全地向子系统发布命令，甚至可以直接远程操作。A、适用于 Micro soft windows95、98、NT、2000 或 XP 操作系统；B、先进的 32 位操作系统；C、多任务——具有同时执行多个应用的能力；D、多处理平台——可以在平台上支持 2 到 32 个处理器，为应用提供更大的处理能力；E、开放的体系——支持公共接口：ODBC、OPC、DDE、ActiveX、OCX 和 SQL；F、强大的 API——可以通过脚本语言直接采用 Windows 中提供的强大的 Win32 API 的全部优势；G、使工业应用更加安全——允许用户关掉某些应用而不影响其他应用。

（2）子系统远程操作分站。使用经过严格考验、运行无差错的可编程控制器进行现场组站，对现场进行数据采集和控制，并在现场有选择地对设备进行控制。

（3）网络传输交换机。提供模块化的设计，1000 Mbit/s 通信速率，应用虚拟局域网技术（VLAN），可以构成 1000 Mbit/s 或 100 Mbit/s 的光纤冗余环网，实现远程实时在线故障诊断。

### 3. 综合自动化系统功能

综合自动化信息集成系统分为井上和井下两个主要部分。其中井上部分包括井上电力监控系统、压风机房监控系统、矿井通风系统；井下部分包括局部通风机、瓦斯监测系统、矿井带式输送机监控系统、综采工作面系统、井下泵房系统、井下电力监控系统。

1）井上部分

（1）井上电力监控系统。对于煤矿井上主变电站远程管理和监测，井上电力监测、监控系统让相关管理部门能够远程、实时地对电站设备进行遥测、遥控、遥信和遥调。实现电站管理的无人化和自动化。保证了煤矿电力供应的安全、可靠运行。

（2）压风机房监控系统。设备开停、油压、电量参数、轴温、储气罐压力、励磁电压、功率因数等压风机的运行参数进行监控。提升机监控系统：对提升装置的电压、电流、油压、油温、提升速度、位置以及罐笼总开停次数等重要运行参数进行监测，发生故障及时记录。为调度人员及时维护和设备运行分析提供关键平台。

（3）矿井通风系统。对所有主要通风机的电量参数、风机参数、环境参数、风速、风量、负压值、液压油站等运行信息进行监测。

2）井下部分

（1）局部通风机、瓦斯监测系统。对局部通风机的开停控制、动力风机备用状态、各个监测点瓦斯、风速、负压等数值。检测信号传送到瓦斯抽放系统进行联锁控制。

（2）矿井带式输送机监控系统。实际反映矿井的所有带式输送机的运行工况，包括有每条输送带运行状态、故障状态、运行时间、烟雾、堆煤和跑偏报警、各个煤仓的煤位、电机运行电压和电流、电机温度和带式输送机速度等参数。能够及时根据现场情况开停带式输送机设备。使调度员能够及时准确地根据井下实际情况做出迅捷而又正确的安排，使得井下生产得以安全、快速、高效地稳步进行。

（3）综采工作面系统。实时反映工作面顶板支护的每一个支架的工作参数，包括有乳化液泵站工况、支架伸出长度、支架承受压力、采煤机运动方向、采煤机运行速度、采煤机所在支架号、采煤机所在位置以及设备开停状态，工作面供电、供风、供水等关键参数。

（4）井下泵房系统。真实反映井下的水泵房所有水泵和水仓的运行工况，包括有每台水泵运行状态、故障状态、运行时间、各个水仓的水位、电机运行电压和电流、电机温度和水泵流量和压力等参数，并能够自动根据每台水泵的运行时间进行自动切换，保证设备的有效维护和运行。

（5）井下电力监控系统。电源对于煤矿井下安全是非常重要的，井下电力监测、监控系统让相关管理部门能够远程、实时地对电站设备进行遥测、遥控、遥信和遥调，配合视频系统实现电站管理的无人化，保证了井下电力供应的安全、可靠运行。

## 5.2　绿色安全保障体系建设

### 5.2.1　矿井顶板灾害防治技术

随着智能化综采技术的研究与应用，综采工作面装备与技术水平不断进步，通过对工作面液压支架的自动化控制，顶板控制已达到较为先进的水平。对于极薄煤层，为保证巷道行人、通风、运输要求，采用半煤岩巷布置，巷道掘进仍应用传统综掘装备与工艺，难以适应智能综采发展需要，尤其是禾草沟二号煤矿地质条件下，巷道顶板破碎，传统支护工艺下受采动影响后巷道围岩变形严重，存在极大的安全隐患。因此，半煤岩巷掘进成为制约矿井安全发展的主要因素。禾草沟二号煤矿面对极薄煤层地质条件复杂、矿井采掘接续紧张、生产成本极高等问题下引进实施了"切顶卸压留巷技术"，该技术实施应用后，不仅能实现自动成巷和无煤柱开采，而且能降低掘进成本，减少巷道掘进量，降低巷道受采动影响，维护巷道围岩稳定。

1. 切顶卸压留巷技术

"薄煤层浅埋深破碎顶板切顶留巷无煤柱开采技术"是以"切顶短臂梁"

理论为指导，采用恒阻锚索对巷道顶板加强支护，运用采前切顶卸压技术，做到回采一个工作面，只需掘进一条巷道，另一条巷道自动形成，取消了区段煤柱，实现了无煤柱开采，具有"拉得住、切得开、下得来、护得住"的特点，即恒阻锚索能拉得住上覆岩层基本顶，聚能爆破装置预裂顶板时能切得开顶板形成裂缝，采场周期来压时顶板能沿着预裂顶板时切开的裂缝下来，自动成巷后巷道能护得住。该技术的实施应用，不仅能实现自动成巷和无煤柱开采，而且能降低掘进成本，减少巷道掘进量，提高煤炭资源回收率，是提高矿井安全系数和改善矿井技术经济效益的一项先进的地下开采技术。

1) 切顶留巷无煤柱开采技术工艺环节

（1）工作面未回采时，通过高强度大变形锚索搭配钢筋梯梁对预留巷道整条巷道进行永久补强支护。

（2）巷道补强支护后，自工作面开切眼处沿工作面推进方向在巷道近工作面侧采用爆破预裂技术对整条巷道进行爆破预裂切缝，形成切顶预裂切缝线。

（3）工作面回采后，当采空区基本顶未垮落时，及时在端头后方安装可回收主动支护结构，并联合使用钢筋网、工字钢等挡矸支护构件进行永久挡矸支护，保证切顶留巷巷道断面，防止顶板切落期间矸石进入巷道。

（4）顶板垮落稳定后，对顶板垮落不充分及帮部不平整处通过填充方式修护帮部断面形状，并采用喷浆整理巷道断面形状，阻隔采空区与巷道空气流通通道。

（5）待采空区覆岩运移稳定后，将可回收主动支护结构撤除并移动至前方工作面端头后，以循环使用可回收主动支护结构。沿空留巷技术工艺流程如图 5-3 所示。

2) 双向聚能张拉爆破技术及关键参数

（1）双向聚能张拉爆破技术。精准实施定向预裂切缝是切顶留巷技术的关键，准确切断巷道与采空区基本顶的应力联系路径，确保工作面回采后覆岩及时准确垮落至设计位置，自动形成巷帮。禾二煤矿沿空留巷爆破预裂采用双向聚能张拉爆破技术，该技术将聚能装置与矿用炸药相结合，通过聚能装置在钻孔中设置两组平行的爆破方向，使爆轰产物在两组方向上形成集中的能量流，利用岩体抗拉强度低的特性，使爆轰压力最大限度地转化为对围岩的张拉作用，使预裂裂纹孔沿穿透方向并形成预裂面，从而使沿巷道轴向方向形成有效的切缝面（图 5-4）。

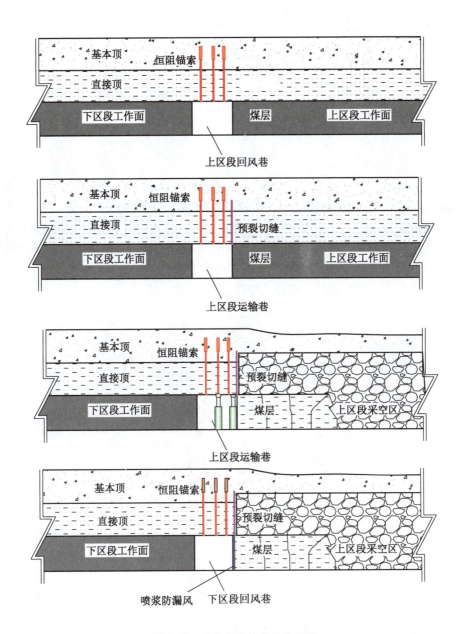

图5-3 沿空留巷技术工艺流程

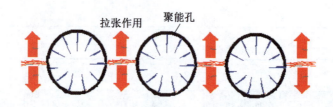

图 5-4 定向预裂扩展示意图

(2) 爆破预裂参数设计。合理的切顶高度可以在工作面回采后及时切断巷道与采空区上覆岩层,确保工作面回采后基本顶及时垮落,形成巷帮,缩短悬臂梁长度,减弱矿压显现,达到切顶卸压沿空留巷的目的。预裂爆破钻孔方向向工作面侧倾斜,布置于距巷道工作面侧煤壁 200 mm 处,钻孔倾角 20°。依据 1123 工作面实际地质条件,预裂钻孔深度设计为 3.5 m。结合煤层顶板岩性分布特征,确定相邻钻孔间距为 500 mm(图 5-5)。

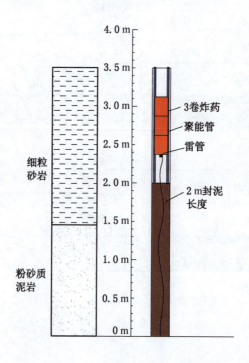

图 5-5 爆破预裂钻孔装药结构图

切顶预裂聚能爆破采用双向聚能管与矿用二级乳化炸药,双向聚能管外径42 mm,内径 36.5 mm,管长 1500 mm,药卷直径 32 mm,长度 200 mm,由此确定钻孔直径为 48 mm。

爆炸钻孔装药及封孔结构、装药量、封孔长度如图 5-5 所示,聚能管捅到孔底,孔口用水炮泥封孔,每个切缝孔内放置聚能管 1 根,炸药 3 节,装药量 600 g,采用炮泥封孔,封孔长度 2 m,详见表 5-1。

表5-1 爆破设计参数表

| 名称 | 单孔聚能管/m | 单孔装药量/卷 | 单孔炸药重量/g | 单孔雷管量/发 | 封泥长度/m |
| --- | --- | --- | --- | --- | --- |
| 数值 | 1.5 | 3 | 600 | 1 | 2 |

### 2. 沿空留巷支护技术

切顶留巷通过爆破预裂切缝,利用工作面回采产生的矿山压力切落顶板,在留巷过程中,覆岩大结构运动对留巷围岩具有较大影响,需对留巷围岩采取控制措施以保证留巷期间安全。

首先,在爆破预裂人工切缝前,需对巷道顶板进行加固,以防止爆破震动对巷道顶板损伤过大从而致使顶板发生大变形甚至冒顶等安全事故;其次,爆破预裂人工切缝实施后,利用工作面回采产生的矿山压力切落顶板时,一方面需要避免垮落顶板矸石向巷道空间滚落,需在工作面回采前进行巷道挡矸支护,另一方面采空区顶板切落后,巷道顶板形成短悬臂梁结构,由原固支梁结构转变为短悬臂梁,采空区覆岩稳定需一定时间,因此需采取临时补强措施,加强工作面回采后采空区覆岩结构运移造成的顶板压力影响下的巷道围岩稳定。对此在预裂爆破切缝前,采用顶部补强支护措施,加强顶板结构安全,提高切顶后短悬臂梁的强度及其承载能力;工作面回采前,在一定范围内通过滞后临时支护措施,采用单体液压支柱配合工字钢构筑被动支护,加强工作面回采期间留巷顶板围岩稳定;通过巷帮挡矸支护措施,采用钢筋网+单体液压支柱及抬棚等避免切落矸石滚落至巷道空间,保证巷道断面成型。

1) 支护参数设计

(1) 顶板加强支护。以恒阻大变形锚索搭配钢筋梯梁进行加强支护,恒阻锚索采用直径 21.8 mm,长 6.3 m 规格,恒阻器规格为直径 65 mm,长度

500 mm, 恒阻值 33 t, 沿巷道轴向布置, 距巷道煤壁 500 mm, 每排 1 根, 排距为 1000 mm 相邻三根恒阻锚索用钢带连接, 如图 5-6 所示。

（2）滞后临时主动支护。工作面后方 100 m 范围内进行滞后临时主动支护, 该阶段通过单体液压支柱与工字钢配合使用, 沿巷道中线中对中布置, 其中工字钢长度为 2 m, 排距为 1 m。

（3）切顶留巷挡矸支护。工作面回采后顶板未垮落前进行切顶留巷挡矸支护, 挡矸支护联合使用 11 号工字钢、单体液压支柱、棚架及钢筋网进行挡矸; 其中金属网为高强焊接钢筋网, 网孔为 50 mm×50 mm, 单片金属网尺寸为 2300 mm×1100 mm, 金属网挂设时接顶接底, 与顶板网搭接时, 搭接长度不小于 200 mm, 帮部两网之间搭接长度不小于 100 mm。网外通过工字钢与单体支柱进行固定, 工字钢及单体支柱沿挡矸侧交错布置并处于同一直线, 间距为 500 mm, 其中工字钢顶部接顶, 底部采用木楔固定。随工作面回采, 依次撤出工作面后方 100 m 以外单体支柱并移至工作面端头后, 与钢筋网、工字钢重新组成挡矸结构, 以循环使用单体液压支柱。

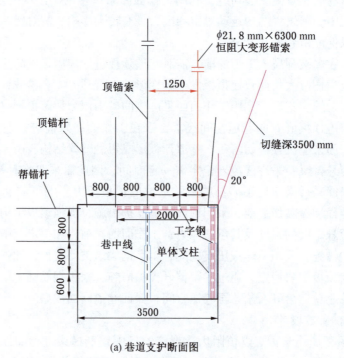

(a) 巷道支护断面图

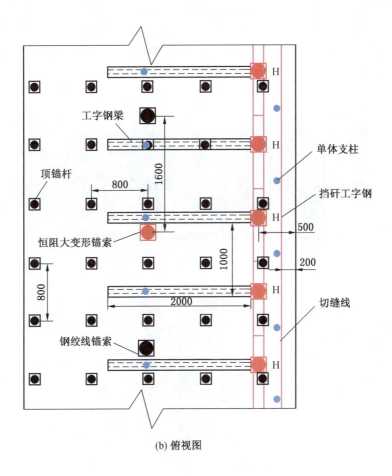

(b) 俯视图

图 5-6 留巷加固及挡矸支护方案

2) 切顶留巷可回收挡矸支护工艺

工作面开始回采后，紧跟工作面在端头支架后方采用工字钢、单体液压支柱及钢筋网组成挡矸桁架，其中钢筋网与顶板金属网搭接，搭接长度不小于 200 mm，钢筋网与钢筋网之间重叠 100 mm，并用铁丝捆扎。工字钢与单体液压支架交错布置，并处于同一纵向线上，工字钢支护顶部与顶板相接，底部用木楔子固定。单体液压支柱升柱至与顶板相接。当挡矸桁架支护达到 100 m 后，撤除超后单体液压支柱，并将撤除的构件移动至超后支护段的最前方，重新安装组成挡矸结构。同时，在架后 100 m 范围外工字钢支护结构保持不变。根据采空区顶板垮落形成的巷帮结构，对垮落不充分的地方进行填充、整形、喷浆等处理，满足使用要求，待下一工作面使用。切顶留巷挡矸支护结构如图 5-7、图 5-8 所示。

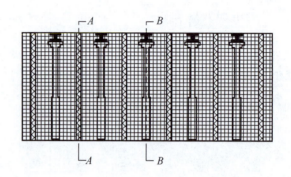

图 5-7　开切顶留巷挡矸支护结构侧视图

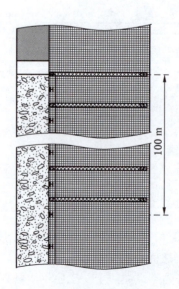

图 5-8　开切顶留巷挡矸支护结构平面图

## 5 极薄煤层绿色智能综采保障体系

### 3. 掘进巷道永久支护技术

禾草沟二号煤矿掘进巷道为半煤岩巷,巷道围岩主要经受掘进影响及工作面回采超前采动影响,巷道采用锚网索联合支护。巷道顶板锚杆型号为 $\phi 20\ mm \times 2200\ mm$ 左旋无纵肋螺纹钢锚杆,矩形布置,间排距 800 mm × 800 mm,每排 5 根;顶板锚索型号为 $\phi 17.8\ mm \times 7300\ mm$ 锚索,排距 3000 mm,每排一根,布置于巷道中线;网片型号为 $\phi 6\ mm \times 2000\ mm \times 1000\ mm$ 钢筋网片。巷道帮部锚杆型号为 $\phi 18\ mm \times 1600\ mm$ 矿用玻璃钢锚杆,矩形布置,间排距 900 mm × 800 mm,每排 3 根,第一排距顶板 200 mm;网片型号为 HBPP15-15MS 护帮专用型矿用塑料拉伸网,相邻网搭接 100 mm,绑扎间距 300 mm。掘进巷道断面及支护如图 5-9 所示。

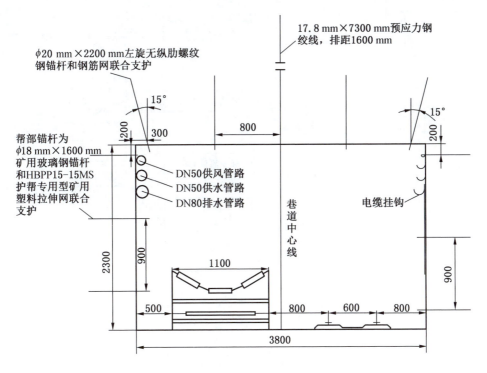

图 5-9 掘进巷道断面及支护

### 5.2.2 矿井火灾防治技术

禾草沟二号煤矿 3 号煤层吸氧量为 0.45 $cm^3/g$,为 Ⅱ 类自燃煤层,煤层最短自然发火期为32天。矿井自开采以来，井下开采过程中煤层及已采出地面堆积煤炭均未发生过自燃现象，不存在井下火区。但为确定智能化无人综采工作面安全，通过减少遗煤、阻尼剂防灭火等技术措施，制定了以"测温和气体分析监测煤层自燃、提高采出率控制遗煤量、灌浆吸热降温"等为日常防控技术，形成矿井防灭火技术体系，如图5-10所示。

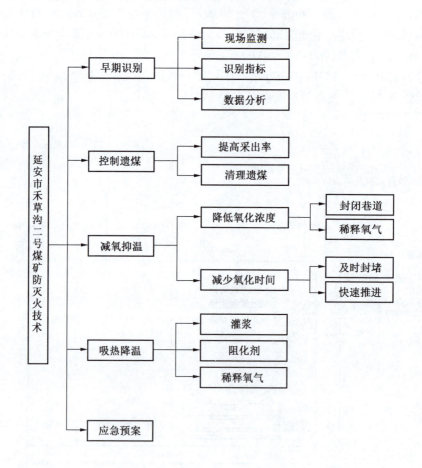

图5-10 3号煤层自燃防灭火技术体系

#### 5.2.2.1 矿井火灾监测系统

**1. 束管火灾监测系统**

禾草沟二号煤矿为做好煤层自然发火的预测预报工作，结合矿井为低瓦斯矿井，煤层属Ⅱ类自然发火煤层的基础条件，采用 JSG-7 型井下多组分气相色谱仪火灾预报束管监测系统，用来监测工作面及采空区的气样信息。JSG-7 型束管监测主要设备信息见表 5-2。

表 5-2  JSG-7 型束管监测主要设备信息

| 序号 | 设备名称 | 性能描述 | 单位 | 数量 |
| --- | --- | --- | --- | --- |
| 1 | 井下多组分气体分析仪（井下微色谱） | 采样控制模块，电磁阀及驱动电路，微型色谱仪等部分组成 | 台 | 1 |
| 2 | 正压泵站 |  | 台 | 4 |
| 3 | 矿用防爆网络控制开关 |  | 台 | 4 |
| 4 | 工控机 | 研华原装工控机，I7 7700/8G/1T/21 寸液晶 | 台 | 1 |
| 5 | 打印机 | 黑白激光打印机（惠普，可双面打印） | 台 | 1 |
| 6 | 阻燃抗静电束管 | $\phi 8 \times 1$ | m | 30000 |
| 7 | 阻燃抗静电束管 | $\phi 12 \times 1$ | m | 12000 |
| 8 | 粉尘过滤器 |  | 个 | 20 |
| 9 | 束管接头 | $\phi 8$ | 个 | 300 |
| 10 | 束管接头 | $\phi 12$ | 个 | 100 |
| 11 | 备品备件 |  | 套 | 1 |
| 12 | 专用工具 |  | 套 | 1 |

1）束管监测系统布置

束管监测系统主机根据矿井实际布置在地面调度室或专用束管监测机房内。束管沿副斜井敷设入井，经回风大巷、工作面回风巷到达采空区束管监测采样点。在工作面回风隅角向采空区内 10~20 m 处，采空区切顶线处，回风巷距巷道口 30 m 处布置 3 个采样点采样。埋入采空区的束管要用直径 25~50 mm 的护管加以保护，防止损坏束管；当埋入采空区内采样点外 $O_2$ 浓度小于 5% 时，CO 浓度稳定后，该采样点可提前停止采样。

2）束管监测人员工作要求

（1）每周安排束管监测人员对井下系统进行巡视。巡视内容为：

①避免管路挤压、折弯、砸撞等，检测点应采取防尘、防水措施；

②束管安装要牢固、整齐、平直，并保证无打折、划伤、断裂。

（2）管路及分路箱每周至少检查一次，需放水时与色谱分析室工作人员联系，错开分析时间。

（3）管路发生水堵时，与色谱分析室工作人员及时联系，首先使用空气压缩机加压、吹气、疏通管路，然后管路放水。

（4）巷道中采用挂钩吊挂时，挂钩距离不大于5 m；在水平或倾斜巷中应有适当的弧度，但落差不超过300 mm。

（5）在有束管巷道中施工其他工程作业时，施工前将施工地点前后20 m的束管落地用遮挡物掩护好，防止束管损坏。

（6）每周应对采煤工作面采空区及其他束管监控地点进行一次采样分析，同时将分析报表申报矿总工程师或者安全矿长或者通风副总工程师签字，并要求备案。

3）人工采样分析

每周由束管监测工对井下采煤工作面回风流、回风隅角、停采工作面密闭及有自然发火隐患地点采用人工取样，地面分析，对于特殊地点的监测根据实际情况确定。

#### 2. 矿井安全监控系统

延安市禾草沟二号煤矿采用一套KJ73X安全监控系统，对采掘工作面甲烷、CO浓度、$O_2$浓度、温度、烟雾等数据进行监测，在工作面上隅角、回风巷口各安装甲烷传感器1台，在工作面回风巷布置温度传感器、烟雾传感器，实现重点区域实时监测。

KJ73X安全监控系统选用工业控制计算机，双机热备份，并配置监控软件。主机通过传输接口总线方式与各分站通信，同时对主机装备可靠的防火墙和杀毒软件。井下各地点严格按照《煤矿安全规程》及《煤矿安全监控系统及检测仪器使用管理规范》(AQ 1029—2019)中的要求安设了各类传感器，并保证了传感器的灵敏可靠，所有监测数据均能正常上传至地面监控中心站。

#### 3. 人工采样检测

人工采样监测是煤层自然发火的重要检测手段，主要采用一氧化碳、氧气、二氧化碳、甲烷等便携式检测仪器和温度计,由人工直接在检测地点进行气体和温度检测。此方法实用性强,简单易行,但人工取样工作量大,间隔时间长。

1)人的感觉可以察觉的自燃征兆

(1)巷道中出现雾气或巷壁挂汗。

(2)风流中出现火灾气味,如煤油味、松香味等。

(3)从煤炭自燃流出的水和空气较正常的温度高。

(4)当空气中有毒有害气体浓度增加时,人会有不舒服的感觉,如头晕、头疼、精神疲乏等现象。

2)仪器仪表检测出的自燃征兆

(1)煤炭自燃出现明火。

(2)煤炭自燃使空气环境、煤层围岩及其他介质温度升高。

(3)采区风流中出现一氧化碳,其浓度已经超过矿井实际统计的临界指标,并有上升趋势。

#### 5.2.2.2 综采工作面防灭火技术

1. 灌浆防灭火系统

禾草沟二号煤矿3号煤层为自燃煤层,当采煤工作面发生自燃隐患或工作面推采至距离停采区30~50 m处附近时,进行灌浆作业。另外,当工作面因(遇到地质构造、开切眼、初采期、末采期、停采期)推进较慢,或其他因素(如工作面巷道、开切眼、终采线等部位)导致采空区局部聚集大量遗煤,在采煤工作面采空区漏风强度不变的条件下,当采煤工作面满足下列条件之一,实施采空区灌浆防灭火措施。

(1)工作面上隅角或采空区出现 CO,且呈连续上升趋势,隅角 CO 浓度达到 $50 \times 10^{-6}$ 以上。

(2)工作面上隅角或采空区出现 $C_2H_4$ 气体。

(3)经采空区自燃区域判定和预测,采空区存在自燃危险,需要灌浆时。

依据禾草沟二号煤矿工作面开采实际情况,灌浆防灭火系统采用井下移动灌浆系统,该系统选用 ZHJ-80/1.2-G 型移动式防灭火注浆装置,该装置具有以下技术特点:①体积小、重量轻,具有快速移动性;②装备的配套性能好;③整套装备具有耐腐蚀性;④作业连续、运转平稳、生产效率高;⑤运输、操作便捷。其主要技术特征见表5-3。

表5-3 注浆装置主要技术特征

| 技术参数 | 数值 | 技术参数 | 数值 |
| --- | --- | --- | --- |
| 注浆流量/(L·min$^{-1}$) | 80 | 主电动机功率/kW | 3.0 |
| 注浆口压力/MPa | 1.2 | 搅拌机功率/kW | 2.2×2 |
| 工作电压/V | 660 | | |

灌浆材料主要采用黄土，本矿井灌浆材料就地取材，土源利用矿井井田周围地面黄土，设计在工业场地附近取土，从场外采土场运至采煤工作面运输巷喷洒泵站处，采用人工取土方式。工作面注浆管路布置及注浆路线如图5-11所示。

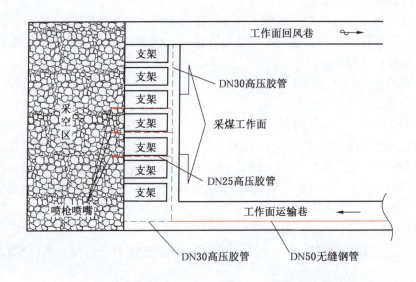

图5-11 工作面采空区灌浆及液压支架架尾洒浆管路布置示意图

具体做法是：沿工作面刮板输送机电缆槽下方铺设1路DN30的高压胶管贯穿整个工作面，利用三通阀门将高压胶管串接，保证工作面每20 m有一个三通阀门。高压胶管一头与运输巷内的灌浆主管路连通，最末端用DN30的高压胶管保持封闭。每个三通阀门通过卡子固定在刮板输送机上，通过三通阀门再接一根DN25的短高压胶管伸入对应位置的架尾处，在三通阀门与短高压胶管接头处安设一个截止阀，每个截止阀控制一根胶管来进行洒浆作业。

工作面不同条件下灌浆方法如下：

（1）采煤工作面始采线灌浆方法。工作面开切眼形成后，在工作面回采前，利用高压胶管对开切眼进行洒浆作业，浆液覆盖巷帮、煤壁及底板。当工作面初采推进 30 m 时，视监测情况，如有发火征兆，对采空区开始洒浆覆盖，防止采空区自然发火。

工作面始采线洒浆量取决于开切眼垮落处空间大小及遗煤量，1123 智能综采工作面始采线灌浆量为 6.48 m³，按照制灌浆能力 4.8 m³/h 计算，则正常情况下始采线洒浆 1.35 h。当遗煤厚度增大或浆浓度降低时，需要增加灌浆量，实际按照注入黄泥量控制。

（2）采空区"两道"灌浆量。当工作面推进速度小于 150 m/月时，工作面每推进 25 天注一次浆，形成浆体隔离带。当需要注浆时，将管道敷设在运输巷。为了防止浆液流出到工作面，可在注浆管进入采空区 30 m 以上时开始注浆，并且灌浆时工作面隅角位置用砂土（或粉煤灰）袋垒墙封堵。工作面两道灌浆如图 5-12 所示。

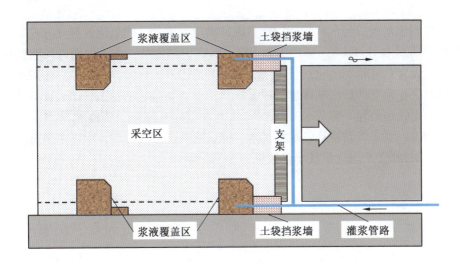

图 5-12　工作面两道灌浆示意图

禾草沟二号煤矿煤层厚度较小，一般遗煤厚度按 0.02 m 计，每个隔离带的注浆量为 3.6 m³，而因矿井采用切顶沿空留巷，故仅对工作面回风巷道进行注浆，按照灌浆能力为 4.8 m³/h 计算，正常情况下回风侧每个隔离带灌浆 1 h

即可。当遗煤厚度增大或浆液浓度降低时，需要增加灌浆量。

（3）终采线密闭处灌浆。当工作面回采结束永久封闭后进行采后灌浆，采用密闭墙上插管灌浆法，在工作面两端的密闭墙上分别预设措施孔，实行"连续足量、充分灌注"，大量向密闭墙后灌浆液，防止最易自燃的终采线煤炭自燃和密闭漏风。

正常情况下终采线处采空区遗煤小于 2 cm，每个密闭注浆约 21.6 m³。按照灌浆能力 4.8 m³/h 计算，则正常情况下每个密闭灌浆 4.5 h。当遗煤厚度增大或浆浓度降低时，需要增加灌浆量，实际按照注入黄泥量控制。

采后灌浆密闭墙的强度应满足灌浆的要求，灌浆时派专人监护，一旦发现有溃浆征兆时，立即停止灌浆。同时，当发现密闭墙围岩存在漏风通道时，针对密闭墙围岩漏风通道打孔注浆，封堵围岩裂隙。

### 2. 阻化剂防灭火系统

工作面进回风巷道处采空区遗煤较多，漏风相对较大，是自燃危险性较大的区域。向该区域喷洒气雾阻化剂，阻化剂随风飘散到采空区深部，预防煤层自燃。

根据禾草沟二号煤矿实际生产情况，确定采用移动式阻化剂雾化方式，设计确定药剂采用 $MgCl_2$，选用 1 台 BH-40/2.5 阻化泵，在工作面进风巷设备列车上设置贮液箱和阻化剂喷射泵，通过管道进入工作面。利用工作面两端的喷枪和工作面支架后的喷嘴进行喷雾。在工作面辅运巷靠近工作面放置两个容器作为阻化剂药箱，交换使用，按需浓度（15%～18%）将阻化剂倒入液箱内，用临时供水管路按比例加足清水，配成溶液搅拌均匀后，用煤矿用液压泵喷洒。BH40/2.5 阻化泵技术参数见表 5-4。

表 5-4　BH40/2.5 阻化泵技术参数

| 参　数 | 数　值 | 参　数 | 数　值 |
| --- | --- | --- | --- |
| 型号 | BH40/2.5 阻化泵 | 配套电机 | 3 kW(1140/660 V) 防爆电机 |
| 最高压力/MPa | 3 | 最大流量/(L·min$^{-1}$) | 36～40 |
| 最大射程/m | >20 | 外形尺寸(长×宽×高)/(mm×mm×mm) | 1500×490×600 |

阻化剂喷洒位置一般为丢煤区域，由于两个端头巷道顶部丢煤量大，尤其是在沿空留巷煤柱侧，对于上下两个巷道采空区丢煤采用架后喷雾的方式喷洒阻化剂；使用高压管经机头敷设至机尾，工作面每 10 个支架安设一个阀门，阀门与喷雾连接，机头、机尾第一架安设喷枪各 1 个，其他地点安设喷头若干，以保证喷洒范围达到阻化效果。具体喷洒位置如图 5-13 所示。

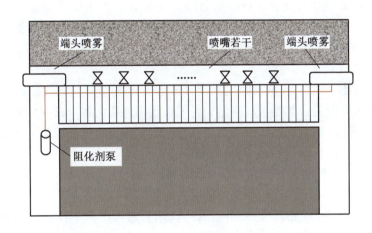

图 5-13　工作面阻化剂系统示意图

### 5.2.2.3　切顶留巷防灭火技术

在有自燃倾向性的煤层中采用切顶留巷工艺回采过程中，因切顶卸压成巷时墙体接顶不实、墙体局部压裂等问题不好解决，会因漏风造成采空区及终采线等地段遗煤自然发火。

为防止回采过程采空区遗煤自燃，采用综合预防采空区遗煤自燃方案。随着成巷的推进，分别前后或同时采取了以下技术措施：

（1）采空区洒浆等防灭火措施。泥浆中的水分吸收采空区中大量的热量，起到降温灭火的作用；黄泥浆液填充煤岩裂隙及其孔隙的表面，填堵或者减少漏风通道，隔绝煤体与氧气的接触；加速采空区冒落煤岩体的胶结，降低采空区的气密性；浆液破坏煤岩体表面的各种活性基团结构，阻化煤体的氧化。

（2）通过安装传感器，实时监测留巷段工作面及回风流、回采面上隅角及工作面通过安装的传感器实时监测有毒有害气体情况。每天将各类传感器监测到的数据收集整理并填报在监测班报表上，由调度中心签字确认并报送总工程师审阅，以便需要时及时采取相应的措施，确保采煤工作面的安全回采及留巷段的正常成巷。

（3）采空区预埋束管进行自然发火标志性气体的监测及检测。留巷初期每班检测一次CO气体，每周进行采空区内气体情况的监测及分析。

（4）成巷段墙体及接顶处喷浆封闭。及时对上部切缝处和未完全充实区域采取喷浆措施，喷浆作业要紧紧跟上，要求和巷道顶底板紧密接触，喷浆厚度50 mm，喷浆范围为整个墙体表面及墙体与顶板接茬处。

（5）强化人工检测。

① 在工作面、上隅角及回风流设置自然发火观测站；在切顶卸压成巷段迎头及回风流设置自然发火观测站；与工作面相连通的各个密闭、采空区设置自然发火观测点；观测站每周观测，并将测定的各类气体情况填写在现场的管理牌板上，做好记录，由总工程师签审意见。

② 通风科每10天对工作面及切顶卸压成巷段进行测风作业，若发现留巷段向采空区漏风要及时进行喷浆或采取其他防漏风措施。

③ 工作面生产期间，每天由通风科气体测定人员对工作面、上隅角、回风流、留巷段迎头及采空区定点采样送地面进行色谱分析并将结果上报总工程师签审。

### 5.2.3　矿井综合防尘技术

禾草沟二号煤矿3号煤煤尘火焰长度40 mm，抑制煤尘爆炸最低岩粉用量为70%，具有煤尘爆炸危险，矿井煤层资源开发过程中，应引起足够重视。

禾草沟二矿为保证井下作业人员身体健康，杜绝煤尘事故，确保矿井安全生产，按照以下原则进行防尘：①尽量减少浮游煤尘的产生；②将煤尘消灭在尘源地点，防止飞扬和进入风流中；③使已经浮游的煤尘沉降、捕集下来；④剩余的煤尘用足够的风量加以稀释，但又要防止风速过大，使已沉积的煤尘重新飞扬。

#### 5.2.3.1　粉尘监测

为保证矿井粉尘达标，矿井制定了粉尘监测方案，对于生产性粉尘进行定期监测，总粉尘浓度测定频率为2次/月，粉尘分散浓度测定频率为每6个月测定1次，呼吸性粉尘浓度测定频率为1次/月，粉尘中游离$SiO_2$含量测定频率为每6个月测定1次，除此之外，当变更工作面时，需对工作面粉尘测定1次。具体见表5–5。

表 5-5 矿井粉尘测定频率

| 测 定 类 型 | 测 定 频 率 |
|---|---|
| 总粉尘浓度 | 2 次/月 |
| 粉尘分散浓度 | 6 月/次 |
| 呼吸性粉尘浓度 | 1 次/月 |
| 粉尘中游离 $SiO_2$ 含量 | 6 月/次 |

注：当变更工作面时，需对工作面粉尘测定 1 次。

粉尘浓度监测采样点依据《煤矿安全规程》第六百四十三条规定，对于采煤工作面，在采煤机司机操作采煤机位置、钻机位置、人工攉煤处以及工人作业地点进行采样，当多工序同时作业时，在回风巷距工作面 10~15 m 位置进行采样。对于掘进工作面，在掘进机、钻孔、装岩（煤）、锚喷支护位置工人作业点进行采样，当多工序同时作业时，在距掘进头 10~15 m 回风侧进行采样；矿井其他地点，如翻罐笼作业、巷道维修、转载点等工人作业地点亦布置采样点；对于地面作业场所，如地面煤仓、储煤场、输送机运输等进行生产作业场所的作业人员，在其活动范围内布置粉尘测定采样点。

#### 5.2.3.2 采煤工作面粉尘防治技术

（1）采煤机安装内、外喷雾装置。割煤时喷雾降尘，喷雾参数设置标准为：内喷雾工作压力不小于 2 MPa，外喷雾工作压力不小于 4 MPa，喷雾流量与机型相匹配。当工作面无水或者喷雾装置不能正常使用时停机；液压支架安装喷雾装置，当液压支架降柱、移架时同步喷雾降尘。

（2）工作面转载点采用湿式除尘，在工作面刮板输送机机头及 40T 刮板输送机头各设一组喷雾头，每组喷雾头上喷雾嘴不少于 2 个。

（3）工作面巷道采用防尘水幕除尘，在运输巷中距工作面煤壁 80 m 处，安设第一道水幕，距煤壁 200 m 处安设第二道水幕。工作面回风巷距煤壁 50 m 处设第一道水幕，距工作面回风巷出口 100 m 处安设第二道水幕。每道水幕喷嘴不少于 4 个，且雾化良好，覆盖全断面。两巷水幕均随工作面的推进而向前移动。

（4）工作面两巷定期冲刷除尘，工作面进、回风巷每天清扫一次，每周进行洒水降尘一次，以消除巷道表面积聚的煤尘。

（5）在井下综采工作面产尘浓度高的地方，尽管采取了上述防尘措施，但还有一些未被捕获的细小煤尘弥留在作业空间内，为了阻止这部分煤尘吸入人体，必须进行个体防护。目前个体防护的主要措施为防尘口罩。矿井要求所有接触粉尘作业人员必须佩戴防尘口罩，对防尘口罩的基本要求是：阻尘率高，呼吸阻力和有害空间小，佩戴舒适，不妨碍视野，普通纱布口罩阻尘率低，呼吸阻力大，潮湿后有不舒适的感觉，应避免使用。

### 5.2.3.3 掘进工作面粉尘防治技术

（1）综掘机采用内外喷雾除尘，内外喷雾装置水压分别不小于 3 MPa 和 1.5 MPa，此外，综掘机喷雾装置必须使用引射器，并配套部分喷雾装置，要有固定在摇臂上的防砸、防堵装置，必须配置加压泵和过滤器，掘进过程中必须打开掘进机洒水装置。

（2）掘进支护钻眼作业时，采用湿式钻眼，减少煤岩粉产出扩散，当无水或供水不足时停止钻眼作业。

（3）掘进运煤及装岩出矸过程中要随时洒水，以防止煤岩粉飞扬。

（4）掘进期间，每七天对已掘巷道冲洗一次煤尘，但必须坚持"有尘必冲"的原则，随时对巷道进行冲尘；井下巷道严禁有厚度超过 2 mm、连续长度超过 5 m 的煤层堆积（底板煤层潮湿，手捏成团，经震动不能飞扬者，不在此限）。掘进组每天必须设专人对整个掘进巷道及回风系统冲洗一次，各转载点喷雾齐全、正常使用，并及时清除浮煤。

（5）在距回风口 100～150 m 处和距工作面 50 m 处各安设一组防尘喷雾装置，要求其喷雾必须封闭巷道全断面。

（6）作业人员在作业过程中必须戴防尘口罩。

### 5.2.3.4 矿井通风除尘技术

采掘工作面配有较合适的风量，采煤工作面风速尽量保证 1.2～2.0 m/s，掘进工作面风速尽量保证 0.4～0.7 m/s，既能很快将漂浮的煤尘带出工作面，也不会把大量落尘重新吹起，风速适宜，以防止煤尘二次扬起。

矿井总入风流、分区和采区入风流、采煤工作面回风流、掘进工作面回风流、巷道中产生源、喷浆作业点下风流布置净化水幕，各处净化水幕覆盖巷道全断面，安设位置如下：

矿井总入风流净化水幕：距井口 20～100 m 巷道内。

分区和采区入风流净化水幕：风流分叉口支流里侧 20～100 m 巷道内。

采煤工作面回风流净化水幕：距工作面回风口 10～20 m 回风巷内。

掘进工作面回风流净化水幕：距工作面 30～50 m 巷道内。

巷道中产生源净化水幕：尘源下风侧 5～10 m 巷道内。

距离喷浆作业点下风流 100 m 内，设置风流净化水幕。

### 5.2.4　矿井水害防治技术

禾草沟二号煤矿水文地质类型为中等，矿井正常涌水量为 40.81 $m^3/h$，最大涌水量为 61.70 $m^3/h$。1123 工作面正常涌水量为 3 $m^3/h$，最大涌水量为 6 $m^3/h$。

#### 5.2.4.1　矿井防治水总体规划

（1）应配备防治水专业技术人员，配齐专用探放水设备，建立专门的探放水作业队伍。加强职工防水知识培训，让每一位职工熟知井下透水预兆，爱护矿井排水设施，发现问题及时汇报。结合煤矿水害特征，建立健全水害防治岗位责任制、水害防治技术管理制度、水害预测预报制度和水害隐患排查治理制度。

（2）认真开展水文地质调查。完善矿井防治水基础台账和专用图件。在确保内容真实可靠的基础上，实行计算机数据库管理台账，建立数字化水文地质图件，以方便资料补充与修正完善。

（3）对井下各出水点出水量定期进行观测。搞好动态观测，发现出水异常，及时查明原因并进行必要的处理，特别当采掘工作面接近断层带附近、老窑积水区或 3 号煤层隐伏露头附近时，应每天观测出水情况，掌握涌水量变化情况。

（4）加强井下探放水与防治水工作。井下探放水的目的是查明开采工作面顶板上方岩层的富水状况，为工作面涌水量预测提供依据，并且对 3 号煤层顶板上覆含水层进行预疏放，降低突水强度。

（5）预测工作面涌水量。工作面涌水量预测不同于勘探时期的矿井涌水量预测，它是以采区或工作面为预测单元，充分考虑了采区或工作面范围内的水文地质条件。其目的是为矿井、采区及工作面排水能力的确定及其他防治水措施提供依据，实现工作面安全回采。

（6）防止钻孔涌水。煤矿区内存在钻孔，若封闭不严，钻孔易沟通上下含水层，增加煤系含水层的含水量，同时也可能成为矿井突水通道。建议在未来巷道掘进和生产中，在邻近以往钻孔位置时，要严密监测因封孔质量问题而产生突水现象。

（7）注意防范老空水。老空水一般具有较大的静储量，具有来势猛、水量大的特点，若其积水范围、积水量不清楚，对矿井安全生产可构成威胁。煤矿区西侧的永明煤矿为整合煤矿，并且采高低（平均采高 0.7 m），采空区积水量有限，对矿井开采的威胁小，形成水害的可能性小，掘进和探放水期间涌水量正常。2023 年矿井采煤工作面距永明煤矿采掘范围较远，且与 1123 工作面相接的地区未布置采煤工作面，因此禾二矿采空区积水对该矿 1123 工作面构不成威胁。1107 工作面，南面是 1109 采空区，西面是 1107 原采空区，北面是 1105 采空区，在回采期间可能会受到 1109、1107、1105 采空区积水的威胁，因此公司会在回采前对 1109、1107、1105 采空区进行物探，如果有异常区，进一步进行钻探验证。如果存在积水，进行钻探放水，解除积水对工作面可能造成的威胁。羊马河煤矿、志安煤矿临近矿井北区，矿井北区未进行开拓，因此也构不成威胁。

2012 年至今已形成的部分采空区可能积水，东翼工作面均已回采完毕。2023 年主要回采西翼 1123、1107 综采工作面，西翼采用沿空留巷工艺，采空区与工作面回风巷相接，因此构不成承压水。

(8) 认真做好井下水害隐患排查工作。矿井每季度至少组织一次矿井防治水隐患排查工作。每年雨季来临前必须对地面排洪沟、井下排水沟进行清理；根据季节不同，分别有重点地进行水害隐患排查，对查出的隐患问题要逐条制定整改措施。

### 5.2.4.2 矿井水害防治技术

#### 1. 地表水防治

(1) 对井田范围内及相邻矿区回采塌陷所造成的地面裂隙检查、充填、疏通，并将调查结果及时补充填绘到采掘工程平面图和井上下对照图上。

(2) 具体措施。在近山区，以蓄为主，蓄防结合；在矿区外围，以防为主，排放结合；在矿区内部，以导流为主，导排结合。

(3) 加强矿区排水沟、防洪渠的清理工作，保证排水泄洪畅通，尤其在雨季来临之前，应专门组织进行一次全矿范围的水害隐患排查，对火药库、主副井口等要害地点要进行重点检查，不漏死角。发现问题，及时解决处理，确保安全度汛。

(4) 汛期每次降大到暴雨时和降雨后，必须指派专人检查开采区及附近地面有无导水裂缝或其他导水通道。发现漏水情况，必须及时采取措施，严防向井下漏（灌）水。

(5) 雨季期间，严格执行调度室值守制度，确保 24 h 调度室不离人，保证通信、指令传达畅通。

（6）对有滑坡的地段，应及时设置警标，禁止人员通行，并采取人工砌墙、防滑塌等措施。

（7）加强广大职工防治水知识的学习培训工作，增强广大职工自我防治水意识和避灾意识。

加强"雨季"三防工作。煤矿企业要建立防范暴雨的预报、预警、预防和应急救援工作机制，建立雨季巡视制度和停工撤人制度，进行隐患排查和专项整治，消除隐患。"雨季"期间应对矿井双回路供电系统、通信系统及排水设备、设施等进行全面检查，确保系统、设备完好可靠；雨季前对矿田内河道以及排水设施进行彻底清挖、疏通，必要时对其进行加固。严禁将矸石、炉灰、垃圾等杂物堆放在山洪、河流可能冲刷到的地段，严禁侵占河道，保障河道的畅通。

### 2. 井下水防治

在井下保证排水设备正常运作，主水泵必须保持完好，要定期检修；矿井生产过程中要经常检查、核定矿井各个排水点排水系统的排水能力，确保排水系统畅通。水泵、水管、闸阀、配电设备和线路雨季前必须全面检修 1 次，并对全部工作水泵和备用水泵进行 1 次联合排水试验，提交联合排水试验报告。水仓、沉淀池和水沟中的淤泥，应当及时清理，每年雨季前必须清理 1 次，保持主、副水仓的最大容积，并能排出矿井的最大涌水量。

每年修改完善井下水害应急救援预案、水害现场处置方案。增置排水设备，定期对设备进行检修，保证备用设备完好，以提高抢险救灾能力和效果，企业要储备足够的抢险物资和设备。

### 5.2.5 矿井瓦斯防治技术

禾草沟二号煤矿井田内各煤层瓦斯含量较低，为低瓦斯矿井。根据陕西全安煤矿安全技术服务有限公司出具的《2020—2021 年度瓦斯等级鉴定报告》鉴定结果，矿井为低瓦斯矿井，绝对瓦斯涌出量 2.26 $m^3/min$，相对瓦斯涌出量 5.82 $m^3/t$，矿井绝对二氧化碳涌出量为 1.88 $m^3/min$，相对二氧化碳涌出量为 4.48 $m^3/t$，综采工作面最大绝对瓦斯涌出量 0.57 $m^3/min$。虽然现有勘探报告中本矿井煤层瓦斯含量较低，但在未来开采过程中，瓦斯含量很有可能增加，煤矿在生产过程中对此应引起高度重视，严格执行现行的《煤矿安全规程》有关瓦斯管理的各项规定，加强通风安全管理，杜绝"瓦斯灾害"事故。

#### 5.2.5.1 瓦斯基础参数

长期以来，禾草沟二号煤矿联合相关科研院所对矿井瓦斯赋存规律及防治技术进行了综合研究，目的是通过地面、井下参数测试，系统完善禾草沟二号煤矿瓦斯基础数据体系，总结煤层瓦斯赋存规律。在瓦斯赋存规律研究的基础上，探寻适合矿井的瓦斯治理及监测预测手段，保障矿井安全高效生产。

研究通过地面与井下参数孔测试及采样分析，在禾草沟二号煤矿取得了一批反映主采 3 号煤层的瓦斯基础参数。测试结果表明：

（1）煤层瓦斯含量测试结果：3 号煤层 1123 工作面瓦斯含量为 1.13 ~ 1.16 $m^3/t$。

（2）地面参数井实测 1123 工作面煤层真密度为 1.34，实密度为 1.28，孔隙率为 4.48%，瓦斯吸附常数 $a$ 为 17.3596，$b$ 为 0.8116。

（3）井下瓦斯参数孔测试结果：3 号煤层瓦斯压力为 0.12 MPa，相对瓦斯压力为 0.02 MPa。

#### 5.2.5.2 瓦斯综合防治技术

根据测试及矿井瓦斯等级鉴定报告，矿井绝对瓦斯涌出量为 0.62 $m^3/min$，相对瓦斯涌出量为 3.72 $m^3/min$，采煤工作面瓦斯最大涌出量为 0.15 $m^3/min$，瓦斯等级为低瓦斯矿井。矿井自建矿以来，从揭煤、回采、掘进过程中未出现煤与瓦斯突出、瓦斯喷出现象，周围相邻矿井也未出现瓦斯动力现象。

禾草沟二号煤矿正常采煤工作面采用 U 形通风方式，采煤工作面上隅角、掘进机械落煤处、停风、无风区等是瓦斯易积聚的主要区域，也是矿井瓦斯防治的重点区域。针对重点防治区域矿井采用以下瓦斯治理方案：

（1）矿井瓦斯治理以风排为主，风量为 1700 $m^3/min$ 左右。通风设施布置到位，回采面采用调节风窗控制风量。

（2）矿井安装了重庆梅安森 KJ73X 监控系统并运行正常，发挥了监控系统应有的作用。采用安全监控系统对井下瓦斯实现 24 h 实时监测，采煤工作面实现瓦斯电闭锁，掘进工作面实现"三专两闭锁"。

（3）采掘工作面设瓦检员巡回检查瓦斯，对工作面比较容易积聚瓦斯的上隅角、回风巷进行实时巡回检查制度，每班至少测两次，在工作面上隅角悬挂甲烷传感器，在回风巷口悬挂甲烷、一氧化碳、风速、温度传感器等。

（4）针对采煤工作面上隅角容易积聚瓦斯的特点采取增大工作面风量的方法引排瓦斯的治理方案。

（5）针对采煤工作面落煤时瓦斯涌出量明显增大规律，做到"瓦斯超限停电撤人制度",瓦斯超限时,采面必须立即停止工作并进行处理,瓦检员要行使好绝对停产权。

(6)严格执行以风定产,优化通风系统,确保采面风量稳定可靠。

(7)每月制定瓦斯检查点设置计划,对采煤工作面严格执行24 h检查及定时汇报,其他瓦斯检测地点严格执行瓦斯巡回检查和定时汇报制度。

(8)带班领导、爆破员、采掘区队长、通风科长、瓦检员、安检员、班组长、流动电钳工、工程技术员、安全监测工等人员,下井必须佩带便携仪式瓦斯报警仪,对井下采掘工作面、有瓦斯涌出的地点可随时检查瓦斯浓度。

### 5.2.6 煤矸石综合利用技术

#### 5.2.6.1 煤矸石固废路基材料制备技术

煤矸石固废路基材料制备技术是将煤矸石经过磁选除铁除杂之后,再进行破碎,筛分后得到合适粒度的煤矸石骨料,同时选用矸石砂(或其他机制砂)、粉煤灰等其他工业废渣(可视情况选用)混合进行研磨,同时混合水泥等胶凝材料,再加入外加剂和水,按比例进行调配之后,进行出厂检验,合格后即可获得煤矸石路基材料。

该技术工艺流程如图5-14所示。第一,采用颚式破碎机对其进行初碎,经磁选除去里面含有黄铁矿的含铁矿物质;第二,进行二次破碎筛分,筛取直径为5~16 mm的矸石石子,组成颗粒直径大小级配合理的矸石石子,颗粒级配掺配比例为:0~5 mm(细集料):5~10 mm(碎石):10~20 mm(碎石)=60% : 25% : 15%;第三,选择标号为P·O 42.5的普通硅酸盐水泥、粉煤灰、矸石砂(或其他机制砂)和其他尾矿混合研磨;第四,将矸石石子、水泥、粉煤灰、矸石砂、其他尾矿、外加剂及水大约按照44.6 : 10.5 : 3.4 : 32.5 : 2.5 : 0.3 : 6.2比例称量后搅拌混合均匀;最后,得到煤矸石固废路基材料。

利用该技术将禾草沟二号煤矿厂内生产道路作为试验路段,路段地形包含平台路段、上下坡路段、弯道路段,且经常有运输煤矸石的重卡车辆行驶,车辆载荷约60 t。道路基层总长度100 m,压实厚度约20 cm,宽幅5 m,每边放宽50 cm。试验段所选用煤矸石为禾草沟二号煤矿场内煤矸石,且矸石中不含其他杂质。煤矸石路基试验流程包含备料—拌和—摊铺及碾压—养护四部分。具体如下:

(1)备料(材料破碎预制):煤矸石经破碎筛分后选取粒径为1~2 cm的

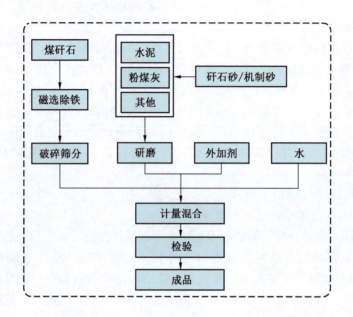

图 5-14　煤矸石固废路基材料制备工艺流程

煤矸石作为骨料,破碎后的细粉末作为粉料,其中骨料和粉料配比为4∶6。

(2) 拌和(拌料混合):将煤矸石骨料、粉料、水泥、新型固化剂、水按照确定的最佳比例均匀拌和,避免灰条、灰团、"花脸"。

(3) 摊铺及碾压:与传统施工工艺一样,采用铲车、刮平机、压路机等机械进行路基摊铺碾压,碾压时首先用单钢轮压路机(18~20 t),从小震到大震,各碾压2~3遍,再用三钢轮压路机(20~22 t),静压2~3遍,确保表面无明显轮迹。

(4) 养护(路基养生):采用土工布覆盖养生,覆膜前应先清扫表面、洒水湿润,覆盖有搭接,无漏盖,边角需用土块压实,用洒水车定期洒水进行养生,整个养生期间始终保持稳定土层表面潮湿。

试验路段在达到规定养生时间后,路基表面成型平整,无裂纹、干皮、鼓包等现象,对试验路段的煤矸石路基新材料现场进行现场质量检测及钻芯取样等工作,取样试件无裂纹、分层、断层,无缺棱掉角,芯样顶面四周均匀致密,芯样合格率100%,如图5-15所示。经检测,弯沉平均值2.94(0.01 mm),

代表弯沉值 6.0 (0.01 mm)，一级路面竣工验收弯沉值国家标准为不大于 48.6 (0.01 mm)。

图 5-15 完工的煤矸石路基及取样结果

### 5.2.6.2 煤矸石喷浆材料制备技术

煤矸石喷浆材料制备技术是将煤矸石进行破碎，筛分后得到合适粒度的煤矸石骨料，然后混合水泥等胶凝材料，再加入固化剂和水，按比例进行调配充分搅拌后，作为喷浆材料。该技术混凝土配比每立方米用料量：水，245 kg；水泥，300 kg；矸石破碎料，1330 kg；固化剂浓度 0.24%。

煤矸石喷浆技术工艺流程如图 5-16 所示。首先，采用颚式破碎机对其进行初碎；其次，进行二次破碎筛分；第三，将筛选所得煤矸石、水泥、水按照配比 4.43:1:0.82 置入搅拌机，搅拌均匀后转入喷射机；第四，通过空压机向喷射机中压风，并添加速凝剂经送料管送至喷嘴处；最后，向喷射面形成均匀喷射，完成煤矸石喷浆。

煤矸石喷浆材料制备技术目前已在禾草沟二号煤矿成功应用，已完成运输大巷、回风大巷、1107 绕道和开切眼及回风巷喷浆（其中：回风大巷 500 m处喷浆 30 m，运输大巷 100~200 m 处喷浆 100 m，1107 开切眼处喷浆 30 m，1107 回风巷喷浆 396 m，1107 绕道喷浆 40 m）。喷浆效果如图 5-17 所示。

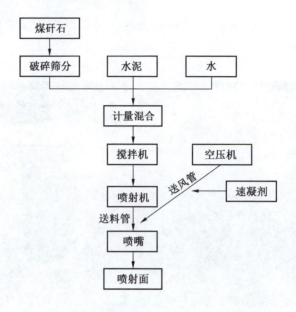

图 5-16 煤矸石喷浆技术工艺流程

图 5-17 煤矸石喷浆材料现场应用效果

## 5.3 管理保障体系建设

### 5.3.1 精细化管理

**1. 指导思想**

以科学发展观为指导，以提升班组安全质量管理水平为目标，以安全质量标准化为载体，以全面精细化管理为手段，牢固树立"干一辈子煤矿，搞一辈子质量标准化"的理念，强化职工的安全质量标准化意识，真正落实安全质量标准化精细化管理工作，建立并落实自上而下、全面覆盖的精细化管理标准体系，形成"事事有人管，人人都管事，事事都管好"的工作格局，为矿井可持续发展奠定坚实的基础。

**2. 工作重点**

禾二矿将在全矿范围内开展班组精细化管理活动，全矿所有井下生产区队、地面生产单位、机关科室和后勤服务单位都要执行本规定的统一要求，全面实施精细化管理。首先选择从质量管理入手，重点选择在井下区队班组安全质量标准化建设方面，全面实施精细化管理，通过安全质量标准化工作的精细化管理，全面提升矿井安全质量标准化水平，实现"以质量保安全、以安全促生产、以生产增效益"的工作目标，并由此带动全矿精细化管理工作向纵深发展。

**3. 工作目标**

实施班组现场精细化管理，主要目标在于改进矿井目前安全质量标准化现状，全面引入精细化管理理念，强化井下现场施工规范化、标准化，建立健全该矿的安全质量标准化考核监督机制，全面深化安全质量标准化精细化管理，从源头抓起，从细节抓起，对每件事、每个过程、每道工序，都做到严格控制、考核和监督，做到人人都管事、事事有人管、事事有标准，将安全质量标准化建设提升到一个新的水平。

**4. 保证措施**

1) 充分认识实施精细化管理的重要性

精细化管理是一种起源于发达国家的新的管理理念和管理手段，目前，国内外很多优秀的企业都纷纷通过精细化管理手段来优化其生产流程、管理流程，以提高产品质量和企业经济效益。因此，在禾二矿安全质量标准化工作中实施精细化管理，既是当前企业内部管理的实际需要，也是矿井长远发展的必然趋势。实施安全质量标准化精细化管理，基本的要求就是要对每一个岗位、每一项工作实行精细控制，构建以精细化管理推动质量标准化再上新台阶的管理体系。

2）明确分工，强化责任

为确保安全质量标准化工作更好地开展，必须进一步明确分工，强化责任，各有关业务科室和生产区队，应在分管领导的组织下，积极认真地开展安全质量标准化精细化工作，切实改进矿井目前安全质量标准化现状。

3）以点带面，全面展开

在班组安全质量标准化管理上由过去单纯的定性考核变成定量考核，通过量化考核，实现精细管理，达到以先进带后进共同提高的目的。以精细化动态管理为平台，创建"精品工程"，由采掘头面逐步向矿井全方位各岗点扩展辐射，努力构建"制度零缺项、管理零盲区、安全零事故"为重点的班组安全质量标准化管理体系。

4）制定区队内部精细化工作标准和考核办法

各井下生产区队班组应本着规范职工岗位行为，上标准岗、干标准活的整体思路，按照精细化管理要求，根据班组各自工作特点和工作需求，从安全质量标准化管理入手，明确每一个岗位承担的职责和应该达到的工作标准，每项工作都做到有章可循、有据可考。在编制标准的同时要建立相应的考核办法，将每一个班组工作标准的完成情况作为单位内部量化考核计分和内部工资二次分配的基本依据。

5）考核奖惩

各生产施工区队必须严格执行班组、工种、岗位安全质量标准化精细化管理标准，坚持班检查、班验收制度，详细记录本班工作量、工程质量、安全生产、设备完好及文明生产等情况，把安全质量标准化精细化管理工作与奖惩挂钩，形成全员、全过程的安全质量管理机制，特别是将班组、职工工作质量完成情况作为量化考核的重要内容进行考核。

### 5.3.2 标准化管理

#### 5.3.2.1 生产作业标准化管理

标准化管理是禾草沟二号煤矿绿色智能综采技术管理保障的重要组成部分，对于提高生产效率、提高工作质量、提高区队执行力具有重要意义。智能化无人综采工作面生产工艺、设备、环境发生了变化，生产作业方式也相应做出调整，形成了新的生产作业标准。工作面生产工序由原来的2名采煤机司机跟机操作、1名移架工与1名推刮板输送机工跟机拉架推刮板输送机、1名电缆工跟机拉电缆、4名清煤工随机清浮煤，变为2名采煤机司机配1名采煤机司机助手跟机操作、2名支架工在工作面安全巡视；同时有2人在巷道监控中心或地面指挥控制中心远程操控，2名巷道巡检工在巷道安全巡视。针对新的生产组织模式，及时调整管理思路和工作重点。

一是从井下向地面转变。完善巷道（地面）监控中心操控工艺规程，制定了《监控中心岗位操作标准》等制度，建立起适应智能化生产需要的生产工序、流程和管理规范，形成了智能化综采工作面岗位操作标准。

二是管理重心由劳动组织管理、现场管理向设备管理、系统维护转变。智能化生产系统上的每台设备、每个环节都是牵一发而动全身，综采队在全生命周期管理和四检制的基础上，根据岗位建立了检修台账，检修工必须在班后记录当班检修项目，注明设备的安全隐患，确保隐患及时排除。按照"重在检修、严在生产、精在管理"的整体思路，提高检修质量，保证设备完好率、生产开机率，形成了智能化综采设备检修标准。

三是从现场人工操控向智能化远程操控转变。重新修订综采工作面各岗位操作规程制定了《智能化综采工作面操作规程》《智能化综采工作面安装回撤安全技术措施》等制度，保证职工安全正规操作。要求智能化系统功能范围内的动作禁止手动操作，对系统操作不到位的动作进行人工远程干预。同时在使用过程中及时发现问题，完善系统，提高系统稳定性。培养了职工在智能化生产模式下的良好习惯，形成了智能化远程操作标准。

#### 5.3.2.2 机电设备标准化管理

为了适应智能化生产的需要，综采队规范了智能化相关设备的维护标准，加强了检修班机电设备检修质量管理，保证各类设备得到及时有效的维护保养。

一是制定《智能化无人开采技术手册》，对智能化综采工作面的设计、安装、验收维护、管理标准进行了详细阐述，在电气完好、自动化功能、缆线布置、安拆编码等方面制定了符合禾草沟二号煤矿实际情况的建设和管理标准，保障了智能化综采工作面各项功能稳定可靠。

二是制定《智能化综采维护保养手册》，重点对自动化控制系统、传感器件的日常检查维修内容进行了明确规定；同时对常见的故障检查方法进行了详细阐述，为智能化设备的日常维护提供了参考和依据。

三是制定《机电设备操作流程汇编》，规范职工设备操作是提高员工安全操作技能和自主保安能力的有效途径。综采队将安全操控的着力点集中到提升人的安全心态和操作行为上，使职工由"知"到"会"再到"准"，实现了"上标准岗、干标准活"的目标。

四是制定《机电岗位作业标准》，在智能化综采工作面重新规范岗位作业标准，以智能化综采岗位为依托，指导岗位职工依据作业标准规范操作机电设备。

#### 5.3.2.3 安全生产标准化管理

**1. 工作面断面标准**

（1）运输巷。矩形巷道，掘宽3.8 m，掘高2.3 m，掘进断面8.74 m$^2$；顶板采用金属锚杆+T140钢带锚索梁+塑钢网支护，两帮采用金属锚杆+T140钢带+塑钢网支护，无空帮、空顶，行人侧宽度0.8 m。

（2）回风巷。矩形巷道，留巷宽3.5 m，留巷高2.0 m，掘进断面7.00 m$^2$；顶板采用金属锚杆+T140钢带锚索梁+塑钢网支护，两帮采用金属锚杆+塑钢网支护；无空帮、空顶，行人侧宽度0.8 m。

（3）工作面端头。端头安全出口宽度不小于0.8 m，高度不小于1.8 m。

**2. 工作面设备配置标准**

进风巷主要用于辅助运输，综采工作面设备列车放置于进风巷；回风巷主要用于主运输，综采带式输送机放置于回风巷，工作面开切眼配置采煤机、刮板输送机和液压支架。工作面乳化泵及液压系统完好不漏液，乳化液浓度不小于3%~5%，乳化泵站压力不小于30 MPa；带式输送机完好，吊架、托辊、撑架齐全；刮板输送机与转载设备完好、搭接合理，刮板、螺丝、铲煤板齐全；各类机电设备完好，清洁卫生，电气设备消灭失爆。

**3. 轨道质量验收标准**

巷道轨道轨距不大于10 mm，不小于5 mm，轨道接头间隙不超过5 mm，接头高低差、左右差不大于2 mm，两轨顶面高低差不大于5 mm，轨枕距不大于1 mm，轨道道钉齐全，无浮钉、浮道。

**4. 支护质量验收标准**

（1）工作面液压支架初撑力大于24 MPa，不小于设计值，中心距误差不超过80 mm，架间间隙不超过100 mm，相邻支架上下错差不超过100 mm，端面距不超过200 mm，误差不大于50 mm。

（2）工作面达到"三直两平"，液压支架（支柱）排成一条直线，每个测量段偏差不超过50 mm。

（3）工作面移架放顶最大控顶距5340 mm，最小控顶距4540 mm，误差不超过 200 mm。

（4）工作面端头采用双排立柱，支护长度不小于 20 m，支柱初撑力不小于 11.5 MPa；运输巷支柱间距 1600 mm，排距 1200 mm，左排距巷道中心线 700 mm，右排距巷道中心线 900 mm；回风巷立柱间距 1400 mm，排距 1200 mm，左排距巷道中心线 800 mm，右排距巷道中心线 600 mm；运输巷与回风巷立柱间排距误差不超过 100 mm；立柱完好，迎山有力，不缺柱、不漏液、不卸载、编号管理；铰接顶梁不出现连续 3 根不铰接。

**5. 工作面文明生产标准**

（1）巷道环境。无浮渣、杂物、淤泥、积水（淤泥、积水长度不超过 1 m，深度不超过 0.05 m）；全断面巷道的浮矸、浮煤不超过轨枕上平面；巷道内及管缆线风筒等不得超过 2 mm，不得有连续长度为 5 m 及以上的煤尘堆积。

（2）设备材料堆码。设备材料分类、分层堆码整齐规范、挂牌管理，安全间隙不低于 0.3 m。

（3）管、缆线管理。管、缆线分别悬挂，缆线不出现相互缠绕，并符合规范；风、水管完好不漏风（手感有风）、漏水（滴水成线）；管缆线、风筒不落地，并严格按作业规程规定的位置悬挂整齐，管子、风筒不得有"死弯"。

（4）图牌板。作业图牌板要有工作面位置及巷道布置示意图、工作面设备布置示意图、工作面支护平（剖）面示意图、工作面通风示意图、工作面监测监控示意图、工作面供电示意图、工作面正规循环作业表、工作面避灾路线示意图，图纸符合相关规范要求；机电设备布置图，图纸符合相关规范要求；瓦斯监测系统图，各类图纸均需符合相关规范要求。

### 5.3.3 安全管理

煤矿安全管理是指对生产过程中安全工作的管理，是煤矿企业管理的重要组成部分，是管理层对企业安全工作进行计划、指挥、协调和控制的一系列活动，借以保护职工的安全和健康，保证煤矿企业生产的顺利进行，促进企业提高生产效率。

**1. 煤矿安全管理的目的**

煤矿安全管理的目的是提高矿井灾害防治科学水平，预先发现、消除或控制生产过程中的各种危险，防止发生事故、职业病和环境灾害，避免各种损失，最大限度地发挥安全技术措施的作用，提高安全投入效益，推动矿井生产活动的正常进行。

### 2. 煤矿安全管理的内容

煤矿安全管理的内容主要包括以下 3 个方面：

（1）安全管理的基础工作。安全管理的基础工作包括建立纵向专业管理、横向各职能部门管理以及与群众监督相结合的安全管理体制，以企业安全生产责任制为中心的规章制度体系，安全生产标准体系，安全技术措施体系，安全宣传及安全技术教育体系，应急与救灾救援体系，事故统计、报告与管理体系，安全信息管理系统，制订安全生产发展目标、发展规划和年度计划（矿井灾害预防与处理计划），开展危险源辨识、评估评价和管理，进行安全技效经费管理等。

（2）生产过程中的动态安全管理。生产建设中的动态安全管理主要指企业生产环境和生产工艺过程中的安全保障，包括生产过程中人员不安全行为的发现与控制，设备安全性能的检测、检验和维修管理，物质流的安全管理，环境安全化的保证，重大危险源的监控，生产工艺过程安全性的动态评价与控制，安全监测监控系统的管理，定期、不定期的安全检查监督等。

（3）安全信息化工作。安全信息化工作包括对国际国内安全信息、煤炭行业安全生产信息、本企业内安全信息的搜集、整理、分析、传输、反馈，安全信息运转速度的提高，安全信息作用的充分发挥等方面，以提高安全管理的信息化水平，推动安全生产自动化、科学化、动态化。安全管理是随着社会和科学技术的进步而不断发展的。现代安全管理主要是在传统安全管理的基础上，注重系统化、整体化、横向综合化，运用新科技和系统工程的原理与方法进行安全管理，强调八大要素（法规、机构、队伍、人、财、物、时间和信息）管理，办法是完善系统，达到本质安全化，工作以完善系统、"事前"为主。其内容包括以下几个方面：系统危险性的识别；系统可能发生事故类型和后果预测；事故原因和条件的分析，可做定性分析，也可做定量分析，可作"事后"分析，主要作"事前"分析，根据具体情况和要求而定；针对系统做可靠性或故障率的分析；用人机工程的控制研究人机关系及其最佳配合；环境（社会环境、自然环境、工作环境）因素的研究；安全措施；应急措施。

### 3. 煤矿安全管理的常用方法

1）安全检查法

安全检查又称安全生产检查，是煤矿企业根据生产特点，对生产过程中的安全生产状况进行经常性、定期性、监督性的管理活动，也是促使煤矿企业在整个生产活动的过程中，贯彻方针、执行法规、按章作业、依规办事，实施对安全生产管理的一种实用管理技术方法。

安全检查的内容很多，最常用的提法是"六查"，即查思想、查领导、查现场、查隐患、查制度、查管理。具体实施方法必须贯彻领导与群众相结合、自查和互查相结合、检查和整改相结合的原则，防止走形式、走过场。

2）安全目标管理法

安全目标管理是安全管理的集中要求和目的所在，是指将企业一定时期的安全工作任务转化为明确的安全工作目标，并将目标分解到本系统的各个部门和个人，各个部门和个人严格、自觉地按照所定目标进行工作的一种管理方法。它也是实施全系统、全方位、全过程和全员性安全管理，提高系统功能，达到降低事故发生率、实现安全目标值、保障安全生产之目的的重要策略。它是煤矿在安全管理中应用较为广泛的一种方法。

3）系统工程管理法

煤矿安全系统工程是以现代系统安全管理的理论基础和主要方法为指导来管理矿井的安全生产，可以改变传统的安全管理现状，实现系统安全化，达到最佳的安全生产效益。煤矿安全生产工程研究的内容多、范围广，主要包括：

（1）研究事故致因。事故发生的原因是多方面的，归纳起来有四个方面：人的不安全行为、物（机）的不安全状态、环境不安全条件和管理上的缺陷。

（2）制定事故预防对策。制定事故预防的三大对策，即工程技术对策（本质安全化措施）、管理法制对策（强化安全措施）和教育培训对策（人治安全化措施）。

（3）教育培训对策。按规定要求对职工进行安全教育培训，提高其安全意识和技能，使职工按章作业，不出现不安全行为。

4）煤矿系统安全预测

预测是运用各种知识和科学手段，分析研究历史资料，对安全生产发展的趋势或结果进行事先的推测和估计。系统安全预测的方法种类繁多，煤矿常用的大致可分为以下3类：

（1）安全生产专业技术方面。如矿压预测预报、煤与瓦斯突出预测预报、煤炭自燃预报、水害预测预报、机电运输故障预测预报等。

（2）安全生产管理技术方面。如回看历史法、过程转移法、检查隐患法、观察预兆法、相关回归法、趋势外推法、控制图法、管理评定法等。

（3）人的安全行为方面。如人体生物节律法、行为抽样法、心理归类法、思想排队法、行动分类法、年龄统计法等。

煤矿在生产过程中，最常用的是观察预兆法和隐患法等，管理方面最常用的是回看历史法、相关回归法、管理评定法和人体生物节律法等，而安全生产技术方面最常用的是预测预报法。

5）煤矿系统安全评价法

系统安全评价包括危险性确认和危险性评价两个方面。安全评价的根本问题是确定安全与危险的界限，分析危险因素的危险性，采取降低危险性的措施。评价前要先确定系统的危险性，再根据危险的影响范围和公认的安全指标，对危险性进行具体评价，并采取措施消除或降低系统的危险性，使其在允许的范围之内。评价中的允许范围是指社会允许标准，它取决于国家政治、经济和技术等。通常可以将评价看成既是一种"传感器"，又是一种"检测器"，前者是感受传递企业安全生产方面的数量和质量的信息；后者主要是检查安全生产方面的数量和质量是否符合国家（或上级）规定的标准和要求。

### 4. 安全管理技术措施

1）顶板隐患排查与处理

（1）本工作面巷道为锚杆支护巷道，利用顶板离层仪对顶板进行监测，每天要及时将监测数据报送矿压组，对离层值较大的地段要及时加强支护。

（2）工作面巷道要经常进行找掉工作，对有片帮的区段，首先进行敲帮问顶，将活矸、活煤找净，然后打贴帮点柱，将帮背紧背实，贴帮柱要有有效的防倒措施。

（3）巷道压力较大地段，可增支点柱或架棚进行支护，所有支柱必须升紧达初撑力，柱头用防护绳固定。

（4）若采空区顶板悬顶面积超过规定，及时将工作面支架升紧达初撑力，并采取强制放顶措施。

2）初次来压和周期来压期间顶板控制

根据工作面开采过程中的矿压资料及时预测预报初次来压和周期来压步距，初次来压和周期来压时顶板控制需要：

（1）保证工作面"三直、两平、一净、两畅通"。

（2）支架工要与采煤机司机配合好，滞后采煤机后滚筒 3 架支架及时拉架。若顶板破碎要带压擦顶移架，同时加快工作面推进速度。

（3）安全阀、管路等如若漏液或损坏，要及时更换，保证泵站出口压力不小于 30 MPa，支架接顶严实。

（4）安排专人进行数据采集，分析矿压显现规律并做好记录，准确掌握工作面来压周期。

（5）来压期间，加快工作面推进速度，工作面必须坚持顺序移架，支架初撑力不得低于工作阻力的80%。

（6）初次来压或周期来压期间压力较大时，上、下端头必须减小支柱柱距和棚距，进行加密支护。当顶板压力大，老空侧矸石从端头切顶排窜出，必须在切顶排支柱加挂金属网，阻止矸石外窜。

（7）确保工作面回风巷、运输巷安全出口畅通。

3）工作面调整倾斜

（1）工作面生产过程中，为保证支架与刮板输送机保持垂直，支架不歪斜、不挤架、不咬架，对工作面支架需要随时进行调整。

（2）正常情况下，支架调整幅度较小时，可以在移架过程中通过调整支架底座和侧护板，达到调整支架的目的。但支架出现歪斜，多数支架间隙较小，需要大面积调整时，必须使用单体支柱或液压千斤顶进行调架。

（3）使用单体支柱或液压千斤顶进行调架时，不少于三人操作，附近不得有其他人员工作。

（4）调架时，一次只准调整一个支架。调架前先将相邻支架注液使之接顶，初撑力达到规程要求。然后将被调支架降柱使顶梁略离顶板，收回侧护板。

（5）将单体支柱或液压千斤顶，放置在支架底座。两端接触点垫好木板并拴牢防倒绳，防止支柱滑脱。

（6）为支柱和千斤顶供液的高压管必须远距离连接，不得从本架或相邻支架上连接，人员必须在能避开支柱弹起或滑脱伤及的范围进行远距离操作。供液时必须缓慢进行，一人负责供液，一人负责看护。调架至预定位置时，停止供液，卸除单体支柱或液压千斤顶，缓慢升柱同时调整平衡千斤顶，保持顶梁与顶板严密接触约3~5 s，使支架达到规定的初撑力。

（7）伸出侧护板使其紧靠相邻下方支架。将各操作手把扳回"零"位。

4）处理伪顶

（1）根据伪顶坚硬程度、厚度，决定是"留顶"还是"放顶"。伪顶若不随割随冒或提前离层，采取留顶措施。若随割随冒或提前离层，要及时找到危岩悬矸，采取放顶措施。

（2）生产中要及时超前移架护顶控帮，并保证支架达到初撑力且接顶良好。当工作面顶板有冒落现象，超前移架后煤帮空顶仍大于 400 mm 时，要在支架上架设板料护顶，每架 1~2 根（上 2 根时料间距 750 mm）。上料时降架高度不宜过大，并严格执行进入煤帮的相关规定。当工作面更换大件（中部槽、采煤机部件等），不能超前移架或磨角后空顶面积较大时，也必须执行此项措施，在工作范围内支架顶梁上架设板料（每架 2 根、料间距 750 mm）护顶，煤帮梁头打单体柱进行支护，同时打好贴帮柱并背好帮。

（3）要控制好不同岩性接茬处顶板，若人工假顶变薄，出现顶板层理时，要沿层理逮顶，防止顶板掉落。

（4）工作面管理人员必须盯在现场指挥，指派有经验的老工人在现场工作，发现隐患及时处理，确保安全。

5）防止片帮或片帮伤人

（1）工作面支架要保证有足够的初撑力，支架不漏液、不窜液、不自动卸载，支架升起后顶梁要升紧升平。

（2）进入工作面的所有人员要随时检查作业地点附近的顶板煤帮情况，严禁到无支护区域和不安全地点作业。当发现上、下安全出口两帮煤层或顶板有片帮或离层现象时，要将活矸和片帮煤找净，并打好戗柱或支好背帮柱背好顶帮。

（3）采煤机司机要严格控制好采高，将采高控制在规程规定的范围内。

（4）采煤机割煤后，当工作面顶板破碎或支架梁端距超过 400 mm 时，可采取超前拉架的方法及时控制顶板。

（5）保证对工作面顶板进行动态准确监测，工作面作业人员要加强对矿压仪表的保护，每班要指定专人做好顶板监测记录。

（6）进入煤壁侧作业时，必须严格执行本规程中进入煤壁侧作业的有关规定。

6）调整支架间距

当架间空顶超过 0.2 m 时，要通过摆架，及时调整架间距；若架间距离大于 0.2 m 以上，无法调整时，在架间架垂直于工作面的木梁，木梁使用 3 m 长板梁或 2 根 1.5 m 板梁，一梁两柱。其中一根紧靠刮板输送机电缆槽支设，另一根打在距梁末端 1 m 处。架间棚在拉架前采取迈步形式向前动，移棚时，先将采空区侧单体柱回掉，两人扶梁，待另一人将第二根单体柱回掉后，再将梁向前移出 0.6 m，并及时按规定打好三根单体柱，单体柱根据采高选择 DW-1.4 型或 DW-1.6 型，为防止架间漏矸，架棚过程还要用背板将顶板背严。

7）出入煤帮侧作业

（1）支护工应熟悉采煤工作面顶底板特征、作业规程规定的顶板控制方式、端头（尾）、超前支护、切顶支护等支护形式和支护参数，掌握支柱与顶梁的特性和使用方法。

（2）在两巷作业时，回撤或架设单体柱时，要有专人观察顶帮煤岩。

（3）支护时严禁使用失效或损坏的单体柱、铰接顶梁和Π形钢梁。

（4）铰接顶梁（或Π形钢梁）与顶板应紧密接触，若顶板不平或局部冒顶时，必须用木料垫实。

（5）不得使用不同类型和不同性能的单体柱。

（6）不准将支柱打在浮煤（矸）上，坚硬底板要刨柱窝；底板松软时，支护必须穿柱靴。

（7）支护必须支设牢固、迎山有力。初撑力符合规定（不小于11.5 MPa）。

（8）不得站在输送机上或跨着输送机进行支护。

（9）临时支柱的位置应不妨碍架设基本支柱；基本支柱架设好前，不准回撤临时支柱。

（10）采用长钢梁支护的，长梁要交替前移，不得齐头并进。

（11）准备剪帮网时，要注意煤壁松动、片帮，加强敲帮问顶。

（12）机组割机头（尾）时，端头支护工要站在远离机组滚筒旋转方向，顶板完好、支护完整的地方。

（13）备齐注液枪、锹、镐、铁丝、木板、卷尺等工具，并检查工具是否完好、牢固可靠。检查液压管路是否完好。检查工作地点的顶板、煤帮和支护是否符合质量要求，发现问题及时处理。检查安全通道是否畅通，有问题提前处理。

（14）作业完成后将剩余的材料，失效和损坏的单体柱等各种工具分别运送到指定地点。

（15）清理责任区浮煤、杂物等，将浮煤清入刮板输送机内拉走。

8）过地质破碎带

（1）遇顶板不稳定易离层、破碎，生产中要及时超前移架护顶控帮，并保证支架达到初撑力且接顶良好。当工作面片帮大、顶板有冒落现象，超前移架后煤帮空顶仍大于400 mm时，要在支架上架设板料护顶，每架1~2根（上2根时料间距750 mm）。上料时降架高度不宜过大，并严格执行进入煤帮的相关规定。当工作面更换大件（中部槽、采煤机部件等），不能超前移架或磨角后空顶面积较大时，也必须执行此项措施，在工作范围内支架顶梁上架设板料（每架2根、料间距750 mm）护顶，煤帮梁头打单体柱进行支护，同时打好贴帮柱并背好帮。

（2）当工作面回采至顶板破碎区段附近时，要密切观察顶板、煤壁状况，发现顶板有破碎现象时，可采取降低割煤速度、及时移架、带压擦顶移架、支架上穿悬臂板梁等方法对顶板进行及时支护。

（3）回采至顶板破碎区或薄煤层区时，要加强顶帮管理，工作面支架要升紧，顶梁升平，接顶严密，支架受力均匀。当顶底板岩石硬度适合机组截割时，可采用机组割顶、挖底的方法直接通过，顶板要保持平缓过渡，以保证支架接顶效果良好。如顶板出现台阶状下沉，要及时在支架上用打木垛的方法接顶，以保证支架对顶板的支撑有力、有效。如落差较大或顶底板岩石坚硬，机组无法直接割顶、挖底通过，影响正常回采时，可采取风钻打眼爆破挑顶、起底通过，届时执行爆破措施。

### 5.3.4 员工素质提升

#### 1. 指导思想

以科学发展观为指导，认真贯彻落实全省煤矿从业人员素质提升工程推进会，按照坚持"管理、装备、培训并重"原则，深入实施"全员、全方位、全覆盖"教育培训，不断提高从业人员准入标准，扎实推进"人本安全、培训教育、素质提升"工程，全面提升煤矿从业人员素质，到"十四五"末期，实现矿井从业人员队伍的专业化，为车村煤业集团的发展奠定人力资源保障。

#### 2. 工作目标

实行从业专业学历和职业资格准入，变招工为招生，技能人才队伍建设。

（1）实现"变招工为招生"。在禾草沟二号煤矿用工管理办法的基础上，充分发挥矿井职工教育的优势，提高新员工录用标准，从源头上提升新员工综合素质，推动煤矿从业人员素质快速提升。

（2）加强对素质提升工程的监督检查。公司工程推进小组办公室全面负责素质提升工程的监督管理。在日常监管过程中，要把素质提升工程的落实和推进情况、准入标准的执行情况纳入年度目标责任考核和季度检查中，进行严格考核；通过严把用工和用人关口，促进煤矿从业员工整体素质的全面提升，员工是素质提升的主体，要切实把素质提升工程的各项措施和要求落到实处。要将人员素质作为安全生产的第一要素，把人员是否达到准入标准和是否符合煤矿用工规定作为矿井安全生产的前提条件，进行加强管理。

3. 具体要求

1）提高思想认识，加强组织领导

矿井要加强组织领导，充分认识实施"人本安全、培训教育、素质提升"工程的重要意义，按照实施方案的要求，指定专人，按照各部门的职责分工，认真抓好各自职能范围内的各项工作。为了保证素质工程的顺利实施，矿方要提供足够的资金支持，特别是学历提升以及从业技能提升所需的经费。

2）积极协调配合，形成工作合力

实施"人本安全、培训教育、素质提升"工程涉及面广、时间紧、任务重，各科室、队组要加强沟通，积极协调配合，并做到日常监督检查，把素质提升相关工作纳入年度目标责任考核和季度检查的重要内容，严格考核，围绕煤炭素质提升这个根本目标，把有关要求贯穿到具体工作中，切实形成抓工作的合力，认真落实素质提升方案的目标和具体要求，保证素质提升工程的顺利实施。将素质提升实施情况进行认真总结，并报送公司人力资源办公室。

3）依据相关标准，严格准入控制

煤矿所有新从业人员必须达到准入标准，此前已从业的各类人员，要对照准入时间和达标时间，根据煤矿的统一安排，参加相应的教育培训，限期达不到准入标准者必须进行调整或淘汰，煤矿依照准入标准，对各类人员的准入情况进行严格审核，对不符合条件的，公司纳入年度目标责任考核和季度检查中进行考核。

4）加大宣传力度，营造浓厚氛围

人力资源部要广泛利用媒体等宣传手段，加大对推进煤矿从业人员素质提升工程的宣传力度，通过大力宣传，要使煤矿从业人员充分认识推进素质提升工程的重大意义。让每个岗位人员明确自己岗位应达到的准入要求，充分调动每位员工学习的积极性，使从业人员充分认识到不学习、不提升学历就要面临被淘汰的可能，不提升自身素质就要有危机感和紧迫感。更重要的是要站在煤矿企业大发展、新跨越、新思想、高标准的高度，使每位员工认识到学习和素质提升的重要性，把"工作学习化、学习工作化"当作自己的目标，营造"创建学习型企业，争当学习型员工"的浓厚氛围，为建设现代化的煤矿奠定强有力的人力资源保障。

# 6 极薄煤层绿色智能开采实践与应用推广

## 6.1 禾草沟二号煤矿 1123 智能化综采工作面概况

延安市禾草沟二号煤矿有限公司隶属于车村煤业集团,属地方国有制企业。延安市禾草沟二号煤矿位于子长县城以南 11 km(直距)处,行政隶属子长县余家坪乡。矿井南北长约 4.17 km,东西宽约 2.94 km,面积 12.1179 km²,矿区内 3 号煤层大部分可采,其余均为不可采煤层,开采标高为 1075～1035 m,矿井生产规模 0.3 Mt/a。该矿 1123 智能化综采工作面概况见表 6-1。公司自成立以来,主采煤层厚度基本为 0.68～0.90 m,平均厚度在 0.8 m 以下属于极薄煤层,由于全国的极薄煤层开采技术发展普遍滞后,严重影响到企业的高质量可持续发展。

表 6-1  1123 智能化综采工作面概况

| 序号 | 名 称 | | 技 术 指 标 |
|---|---|---|---|
| 1 | 开采煤层 | | 3 号煤层 |
| 2 | 开采方法 | | 一次采全高 |
| 3 | 设计年产量/Mt | | 0.30 |
| 4 | 煤层情况 | 煤层埋深/m | 34.83～201.80,平均 105.72 |
| | | 煤层厚度/m | 0.68～0.90,煤层平均厚度 0.79 |
| | | 煤质硬度 | $f \leqslant 3$ |
| | | 夹矸情况 | 不含夹矸 |
| | | 断层情况 | 无 |

## 6 极薄煤层绿色智能开采实践与应用推广 207

表 6-1（续）

| 序号 | 名称 | | 技术指标 |
|---|---|---|---|
| 5 | 顶板情况 | 基本顶 | 主要为泥质粉砂岩和粉砂岩，属中等-易破碎冒落顶板 |
| | | 直接顶 | 直接顶板主要为泥岩-砂质泥岩，次为粉砂岩。岩石含有较高的黏土矿物和有机质，以发育较多的水平层理、小型交错层理、节理裂隙和滑面等结构面的特点 |
| | | 直接顶发育情况 | 为不稳定、易冒落顶板 |
| 6 | 底板情况 | | 煤层底板岩性主要为泥岩-砂质泥岩，次为粉砂岩，层状结构是煤系地层中粉砂岩、（砂质）泥岩组的典型结构，为薄-中厚层状，夹泥岩、煤、炭质泥岩等软弱夹层，局部夹有中厚层砂岩。该岩体结构特点是岩体分层多，软硬相间。受沉积因素影响，剖面上厚度和平面上分布变化大。在煤层顶板多以复合结构产出，失去原岩压力平衡状态后，以离层或沿滑面滑脱失稳为主要表现形式 |
| 7 | 瓦斯等级 | | 低 |
| 8 | 工作面情况 | 工作面长度/m | 120（煤壁到煤壁）首采面 |
| | | 工作面倾角/(°) | 近水平 |
| | | 工作面运输方式 | 轨道机车运输 |
| | | 工作面走向长度/m | 980 |
| | | 工作面走向倾角/(°) | 近水平 |
| | | 工作面采高/m | 0.7~0.8 |
| 9 | 顺槽情况 | 顺槽掘进方式 | 沿煤层破底（0.5 m） |
| | | 运输巷尺寸/(m×m) | 矩形 3.8×2.3（净宽×净高） |
| | | 回风顺槽尺寸/(m×m) | 矩形 3.5×2.0（净宽×净高） |
| 10 | 首采工作面方向 | | 面向工作面推进方向，刮板输送机机头在右侧 |
| 11 | 设备下井条件 | 下井运输方式 | 斜井 |
| | | 支架下井方式 | 整体下井 |

2020 年 2 月，国家发展改革委、国家能源局、应急管理部、国家煤矿安监局、工业和信息化部、财政部、科技部和教育部八部委联合印发了《关于加快煤矿智能化发展的指导意见》，意见中明确指出：计划到 2021 年，建成多

种类型、不同模式的智能化示范煤矿，初步形成煤矿开拓设计、地质保障、生产、安全等主要环节的信息化传输、自动化运行技术体系，基本实现掘进工作面减人提效、综采工作面内少人或无人操作、井下和露天煤矿固定岗位的无人值守与远程监控。延安市禾草沟二号煤矿有限公司本着对企业负责、对后人负责、对发展负责的态度，决定实施极薄煤层智能化无人开采技术研究，并制定了详细的智能化建设发展规划，目前已达到陕西省 A 类矿井智能化采煤工作面建设标准。

## 6.2　1123 工作面智能综采设备型号与参数

2022 年 1 月，车村煤业集团委托中煤科工集团北京华宇工程有限公司对智能开采方案进行整体研究设计，要求充分吸收国内外极薄煤层开采技术经验以及所有智能综采设备制造厂家的尖端技术，统一技术标准，搭建统一平台，形成国内一流的极薄煤层智能开采成套装备智能化综采解决方案。

### 6.2.1　总体要求

（1）极薄煤层智能化无人综采工作面设备应满足综采工作面设备配套基本要求，同时设备应满足《陕西省煤矿智能化建设指南（试行）》和《陕西省智能化示范煤矿验收管理办法（试行）》规定的检测与控制功能。

（2）极薄煤层智能化无人综采工作面必须采用统一通信方式，设备信息能接入集控系统，具备巷道和地面远程控制功能。

（3）在工作面地质条件较为稳定的近水平煤层，先保证智能化装备开采稳定运行，然后逐步降低采高，实现极薄煤层的智能化无人开采。

### 6.2.2　设备技术标准

#### 1. 采煤机

（1）具有运行工况监测、故障诊断与预警功能。

（2）具有精准定位、记忆截割（自适应截割）、运行过程记录和全工作面机架协同控制割煤功能。

（3）具有自动启停和机载无线遥控功能。

（4）提供第三方控制接口，可实现工作面集控中心和地面监控中心对采煤机的实时监控。

（5）具有状态监测和数据上传功能，包括采煤机位置监测、摇臂角度、摇臂高度、油位、油温、油压、瓦斯等，且精度满足智能化要求。

（6）具有与刮板输送机的联动控制功能。

(7) 具有与工作面智能集控中心的双向通信功能。

(8) 具有直线度感知、高度自调整、防碰撞检测和姿态检测功能。

(9) 依据刮板输送机负荷、工作面瓦斯浓度自动调节截割速度的功能。

2. 液压支架

(1) 液压支架配备电液控制系统，具有全工作面跟机自动化控制功能，跟机速度在 8 m/min 以上不丢架；单台支架完成一个工作循环时间不大于 8 s，成组拉架时完成一个工作循环时间不大于 15 s。

(2) 具有跟机自动移架、推刮板输送机、远程控制、自动补液、自动反冲洗和自动喷雾降尘等功能。

(3) 液压支架具有高度检测、压力监测、姿态感知、工作面直线度调直、压力超前预警功能。

(4) 具有支架群组协同控制、超前支护、远程急停和闭锁控制功能。

(5) 端头支架配备电液控制系统，具有本地和远程控制功能。

(6) 超前支架配备电液控制系统，具有本地和远程控制功能，支持与工作面液压支架的联动控制。

(7) 液压支架具有合理的支护强度和顶板压力实时监测，并具有本地和远程控制功能。

3. 输送系统

(1) 运输三机配备自动控制系统。

(2) 具有运行工况监测、上传和显示等功能。

(3) 具有本地和远程控制功能，支持单台运输设备启停控制、多台运输设备组合一键顺序启停控制功能。

(4) 带式输送机自移机尾具有手动、自动和遥控控制功能。

(5) 刮板输送机具有链条自动张紧、实时运行状态监测、故障诊断和采运协同控制等功能。

(6) 带式输送机具有煤流量监测、异物检测和速度自调节功能。

4. 供液、供电系统

(1) 供液系统具有本地和远程控制功能，实现单泵启停、多泵组合一键启停控制。

(2) 供液系统具有进水过滤、高压反冲洗、自动配液、液位自动控制功能。

(3) 供液系统具有乳化液浓度实时监控、运行状态感知、补液自动调配和高低液位自动调整功能。

（4）供液系统具有在线监测功能，可以实现油温、油位、液位、压力、温度、浓度等运行状态参数自动监测、预警功能。

（5）供液系统具有与液压支架用液量协同联动功能。

（6）供电系统具有过流、短路、过压漏电等故障实时警示显示、预警和报警功能。

（7）供电系统具有防越级跳闸和故障定位功能。

### 5. 集中控制中心

（1）集控中心具有本地和远程控制功能。

（2）地面监控中心配备工作面智能控制系统，支持工作面设备一键启停。

（3）具有设备故障智能诊断、实时故障信息显示、预测和预警功能。

（4）具有全工作面数据规划截割控制和移动集群管控功能。

（5）具有对采煤工作面生产系统和辅助生产系统的远程监控功能。

（6）集控中心配备人员定位基站和人员定位移动终端。

（7）具有工作面开采工艺分析优化决策功能。

（8）具备开采环境参数实时监测与预警功能。

（9）工作面配备高清视频监控系统，具有视频增强、跟随采煤机自动切换视频画面功能，视频传输延迟时间不大于 500 ms。

（10）配备语音通话系统，具有与采煤工作面语音通话的功能。

### 6.2.3 设备配套

针对极薄煤层工作面低采高、空间狭小的特点，结合国内外综采装备在薄煤层和极薄煤层开采领域的技术进展，经多次技术论证，确定了极薄煤层绿色智能综采装备见表 6-2。

表 6-2 1123 综采设备型号与参数

| 序号 | 设备名称 | 设备型号 | 单位 | 数量 | 备注 |
| --- | --- | --- | --- | --- | --- |
| 一 | 支护系统 | | | | |
| 1 | 中间液压支架 | ZZ4000/6.5/13D | 架 | 76 | |
| 2 | 过渡液压支架 | ZZG4000/08/16D | 架 | 4 | |
| 3 | 液压支架电液控制系统 | | 套 | 80 | 配置见明细 |

表6-2（续）

| 序号 | 设 备 名 称 | 设 备 型 号 | 单位 | 数量 | 备 注 |
|---|---|---|---|---|---|
| 二 | | 采煤机 | | | |
| 1 | 采煤机 | MG200/468-WD | 台 | 1 | 含自动化电控系统 |
| 三 | | 输送系统 | | | |
| 1 | 刮板输送机 | SGZ630/264 | m | 125 | 以订货长度为准 |
| 2 | 转载机 | SZZ630/75（35 m） | 套 | 1 | 改造，增加监控系统 |
| 3 | 转载机自移装置 | ZY800迈步自移 | 套 | 1 | 配置见明细 |
| 4 | 破碎机 | PLM500 | 台 | 1 | |
| 5 | 三机通信控制系统 | | 套 | 1 | 配置见明细 |
| 6 | 可伸缩带式输送机 | DSJ650/2×40 | 套 | 1 | 改造，增加监控系统 |
| 7 | 带式输送机自移机尾 | DWZY800/2700 | 套 | 1 | 配置见明细 |
| 8 | 带式输送机控制系统 | | 套 | 1 | 配置见明细 |
| 四 | | 供液系统 | | | |
| 1 | 乳化液泵 | BRW315/31.5 | 台 | 2 | |
| 2 | 乳化液泵箱 | RX400/20 | 台 | 1 | |
| 3 | 供液站 | GYZ4 | 台 | 1 | |
| 4 | 高压反冲洗过滤站 | ZGLZ-2000 | 台 | 1 | |
| 5 | 回液反冲洗过滤站 | ZHGLZ-2000 | 台 | 1 | |
| 6 | 乳化液自动配比及浓度在线检测装置 | ZMJ-KRPYZ-8 | 套 | 1 | |
| 7 | 综合供水净化站（含5000 L不锈钢纯水箱） | JXGSZ-70B-10 | 套 | 1 | |
| 8 | 喷雾泵站清水箱 | QX250/16A | 套 | 1 | 采用原有喷雾泵BPW250/6.3 |
| 9 | 泵站控制系统 | | 套 | 1 | 配置见明细 |
| 五 | | 供电与控制 | | | |
| 1 | 矿用隔爆兼本质安全型多回路真空电磁起动器 | QJZ-2400/1140（660）-10 | 台 | 1 | |
| 2 | 矿用隔爆兼本质安全型多回路真空电磁起动器 | QJZ-1600/1140（660）-4 | 台 | 1 | |

表6-2（续）

| 序号 | 设备名称 | 设备型号 | 单位 | 数量 | 备注 |
|---|---|---|---|---|---|
| 六 | 智能化控制系统 | | | | |
| 1 | 工作面视频监控系统 | | 套 | 1 | 配置见明细 |
| 2 | 巷道集控中心 | | 套 | 1 | 配置见明细 |
| 3 | 集控中心电池管理系统 | | 套 | 1 | 配置见明细 |
| 4 | 工作面人员定位系统 | | 套 | 1 | 配置件明细 |
| 5 | 地面分控中心 | | 套 | 1 | 配置件明细 |

注：首采工作面为左工作面（面向工作面推进方向，刮板输送机机头在右手侧）。

## 6.3 安装调试

### 6.3.1 单机调试

在设备制造进入组装、调试阶段时，车村煤业集团安排技术工人、骨干前往制造企业全过程参与设备组装调试工作，全面了解设备性能和组装工艺，解决调试过程中存在的问题，为设备到矿调试做好准备。在设备出厂前，由机电专业技术骨干组成验收小组奔赴各设备制造厂家，进行设备出厂验收，按照设备技术协议及相关设备制造标准要求逐项进行运转验收，存在问题在厂方消缺后签字出厂，确保单机设备性能达到设计要求。

### 6.3.2 地面联合调试

在地面工业广场进行了全套综采设备地面联合组装调试，对设备配套参数进行了验证，检测了设备动作的灵敏可靠性，各设备运行正常。2022年7月23日，整套智能化设备地面调试结束，为设备入井顺利安装提供了保证，如图6-1所示。同时，结合调试，禾草沟二号煤矿制定了智能化设备井下安装方案及安装验收标准。

### 6.3.3 井下安装

2022年7月24日—8月22日，智能化综采设备进入1123综采工作面进行安装。禾草沟二号煤矿组织精兵强将，严格按照设计方案安装。各设备安装工作交叉进行，相互协作。在设备供应厂家工程技术人员的指导配合下，安装工作顺利开展。

2022年8月23—31日，井下综采装备联合试运转，设备运行顺利。

2022年10月14日，完成地面集控中心与井下集控中心与万兆网并入，完成支架摄像头、液压支架压力传感器安装。井下设备安装如图6-2所示。

图6-1 地面联合试运转

图6-2 井下设备安装

2022年10月17日，完成了转载机、破碎机和带式输送机自移机尾入井安装工作。

2022年11月1日，完成了地面集控中心三机顺序启动。

2022年11月3日，完成了运输系统各设备一键启停、顺序启停、单机启动调试。

2022年11月8日，完成了液压支架自动跟机拉架调试等。

### 6.3.4 系统调试

完成首套极薄煤层智能化综采装备安装与试运转调试后，在保证综采装备稳定可靠运行的基础上，开始进行井下智能装备与地面控制系统的联合调试。调试工作由两组人员组成，24 h不间断工作，同时有专门技术人员记录系统调试情况，见表6-3。调试工作人员每天早上召开一次调试工作碰头会，了解前一天的运行情况与碰到的问题，针对运行中出现的问题与设备配套厂家联合制定解决方案，安排当天调试任务。

表6-3 1123智能化工作面安装调试日志

| 日　　期 | 智　能　化　建　设 |
| --- | --- |
| 10月9日—<br>10月14日 | 地面集控中心与和井下集控中心与万兆环网并入；支架摄像头、液压支架压力传感器安装调试；液压支架运行数据向井下与地面集控中心传输 |
| 10月29日—<br>11月5日 | 完成运输系统各设备一键启停、顺序启停、单机启停调试；开展煤机远程控制调试 |
| 11月6日—<br>11月15日 | 完成转载机、破碎机和自移机尾安装及三机联动系统调试；实现井下各运输系统设备单独启动、联动及一键启动；开展采煤机远程控制调试 |
| 11月16日—<br>11月30日 | 完成自动跟机拉架和推刮板输送机调试；实现远程控制割煤 |
| 12月1日—<br>12月7日 | 共远程割煤23刀，工作面推进13.8 m；实现设备一键启动，自动移架推刮板输送机，煤机远程控制割煤 |
| 12月8日—<br>12月14日 | 共远程割煤24刀，工作面推进14.4 m；实现设备一键启停，自动跟机移架推刮板输送机，煤机远程控制割煤；实现煤机记忆割煤 |
| 12月15日—<br>12月21日 | 共远程割煤28刀，工作面推进16.8 m；实现设备一键启停，自动跟机移架推刮板输送机，煤机远程控制割煤；开展两端头割三角煤自动拉架 |
| 12月22日—<br>12月26日 | 远程割煤18刀，工作面推进10.8 m；实现工作面自动跟机移架及推刮板输送机，记忆割煤 |

通过电液控制系统、集控系统以及相关软件系统的调试，实现了对液压支架及采煤机的远程操作和状态监测；完成了工作面中部跟机和端部割三角煤自动化；实现了井下监控中心对工作面综采设备"一键启停"和井下与地面数据的相互传输，系统调试结果如图6-3所示。

1123智能化工作面自2022年10月12日开始运行，经过不断完善，智能化工作面已基本形成，在智能化建设方面完成的工作主要有：地面集控中心和井下集控中心与万兆环网并入、设备数据传输、通电调试；三机远程控制顺序启停、一键启停、液压支架自动跟机拉架和推刮板输送机，煤机远程控制调

# 6 极薄煤层绿色智能开采实践与应用推广

图6-3 系统调试

试,记忆割煤调试。然而,10月12日—12月26日共计76日,因设备安装及各类检查等原因工作面停产23天,工作面正常生产57天,共计割煤201刀40节,其中远程控制割煤77刀50节,记忆割煤2刀,调试过程中遇到的运行问题与解决措施见表6-4。在整个生产运行过程中针对出现的问题提出以下解决方案:①对刮板输送机中部槽齿轨、刮板、链条、哑铃销及采煤机导向钩等根据实际工况改变结构材料并做耐磨性试验及分析,解决由于材料耐磨性不足引起各类停工停产状况的发生;②对煤矿装备关键零部件进行动态分析,优化结构从而解决应力集中导致的部件损坏问题;③根据井下工况实际,优化采煤工艺,控制破碎顶板垮落,进而实现采高的控制。

表6-4 1123智能化工作面运行问题与解决措施

| 序号 | 设备 | 问题 | 位置 | 原因 | 时间 | 解决方案 |
|---|---|---|---|---|---|---|
| 1 | 液压支架 | 串液 | 63号前立柱升降主阀 | 密封圈损坏 | 10月12日—10月14日 | 更换主阀 |
| | | 漏液 | 77号左前立柱焊缝 | 焊缝裂隙 | 10月12日—10月14日 | 更换立柱 |
| | | 推移油缸故障 | 13号、19号 | 推移油缸故障 | 10月12日—10月14日 | 更换推移油缸 |

表6-4（续）

| 序号 | 设备 | 问题 | 位置 | 原因 | 时间 | 解决方案 |
|---|---|---|---|---|---|---|
| 2 | 刮板输送机 | 中部槽齿轨磨损 | 7号、8号、28号、30号~34号 | 中部槽齿轨耐磨性不足 | 10月12日—10月14日 | 更换 |
| | | 中部槽齿轨断裂 | 67号；23号、26号；7号、32号 | 材料强度刚度不够 | 10月28日、11月13日、11月16日 | 更换 |
| | | 断刮板 | 1次 | 材料强度刚度不够 | 10月12日—10月14日 | 更换 |
| | | 断链立环 | 1次 | 材料强度刚度不够 | 10月12日—10月14日 | 更换 |
| | | 工作面刮板输送机断链 | 1次 | 材料强度刚度不够 | 11月30日 | 更换 |
| | | 哑铃销断裂 | 4个 | 材料强度刚度不够 | 10月12日—10月14日 | 更换 |
| 3 | 采煤机 | 液压油管爆裂 | 液压油管 | 接头与管体脱落 | 10月12日—10月14日 | 更换 |
| | | | 哑铃销 | 哑铃销断 | 10月12日—10月14日 | 更换 |
| | | 采煤机掉道 | 导向钩 | 导向钩变形 | 10月12日—10月14日 | 更换 |
| | | | 33中部槽处 | 齿轨磨损严重 | 11月24日、11月28日 | 更换 |
| | | 采煤机冷却水管接头卡在电缆槽上 | 采煤机冷却水管接头 | 电缆卷筒和水管卷筒不同步 | 11月15日 | 已联系厂家正解决 |
| | | 采煤机电缆夹螺丝断 | 采煤机电缆夹 | 采煤机电缆夹螺丝损坏 | 11月27日 | 更换 |
| 4 | 运输环节 | 煤流不畅 | 工作面 | 煤机滚筒尺寸不合理、未安装破碎机 | 10月12日—10月29日 | 更换930 mm滚筒和安装转载机破碎机 |

## 6.4 生产组织方式

### 6.4.1 人员配置

智能化综采工作面生产期间工作区域每班由原来20人作业（跟班队长

1人、班长1人、副班长1人、采煤机司机2人、支架工1人、推刮板输送机工1人、输送机司机3人、支护工2人、跟班电工1人、浮煤清扫工4人、电缆看护工1人、乳化泵司机1人、捡矸工1人）减至12人作业（跟班队长1人、班长1人、副班长1人、集控中心操作工2人、采煤机司机1人、支架工1人、输送机司机1人巡视、支护工2人、巷道巡检工1人、跟班电工1人）。

每班由20人操作减至12人遥控操作（8人操作，4人监视）。因此，智能化综采工作面生产由以往的20人减至14人，具体人员配置见表6-5。

表6-5 综采一队智能化综采工作面人员配置表

| 工 种 | 检修班、早班 | 中班 | 合计 |
|---|---|---|---|
| 队长 | 1 |  | 1 |
| 生产副队长 | 1 |  | 1 |
| 机电副队长 | 2 |  | 2 |
| 安全副队长 | 1 |  | 1 |
| 技术员 | 1 |  | 1 |
| 跟班队长 | 1 | 1 | 2 |
| 生产班班长 | 1 | 1 | 2 |
| 生产班副班长 | 1 | 1 | 2 |
| 集控中心操作工 | 2 | 2 | 4 |
| 采煤机司机 | 1 | 1 | 2 |
| 支架工 | 1 | 1 | 2 |
| 输送机司机 | 1 | 1 | 2 |
| 支护工 | 2 | 2 | 4 |
| 巷道巡检工 | 1 | 1 | 2 |
| 维修班长 | 1 |  | 1 |
| 维修副班长 | 1 |  | 1 |
| 跟班电工 | 1 | 1 | 2 |
| 煤机维修工 | 1 | 0 | 1 |
| 带式输送机维修工 | 1 | 0 | 1 |
| 设备维修工 | 1 | 0 | 1 |
| 支架维修工 | 1 | 0 | 1 |
| 合 计 |  |  | 36 |

### 6.4.2 岗位职责

#### 1. 综采队队长岗位职责

（1）在生产经理的领导下，全面负责本区队各项工作，认真贯彻执行党和国家的安全生产方针，确保本队安全、生产任务和各项经济技术指标顺利完成。

（2）负责组织制定本队的作业规程、操作规程、安全技术措施以及各岗位责任制度和管理制度，并按规定考核。对各班存在的问题及时提出纠正，确保各项规程、措施、制度执行到位。

（3）经常深入现场，及时掌握井下的设备运行、生产状况，对工作面顶板情况、淋水情况、周期来压、两端头的垮落情况及时采取措施，并组织实施。

（4）负责全队人员的调配，班组长的任免和内部分配方案的制定和执行。

（5）建立健全各项安全生产管理制度，认真做好本队日常安全生产考核工作，严格落实安全生产责任制。

（6）按时参加公司调度会、安全生产会议，并结合本队实际，对安全、生产等重大问题提出建议。组织召开本队安全生产会议、班前会，进行工作总结，传达上级指示，落实安全生产计划及各项任务指标。

（7）参加公司组织的安全检查活动，负责对检查出来的问题，结合本队实际，制定措施，及时整改。

（8）经常组织本队的自查自纠工作，对于现场存在的安全隐患、工程质量、工业卫生和电气设备等问题及时进行处理。

（9）负责本队区域内安全设施和通防设施的管理，消除安全隐患，严肃处理"三违"行为，实现安全生产。

（10）开展安全知识教育与业务学习，不断提高职工的安全意识和劳动技能，严格执行矿规、矿纪，建设"四有"职工队伍。按要求对职工进行三大规程的培训、考核，并落实到现场。

（11）负责责任区域内安全生产标准化的开展与落实，加强工程质量管理。

（12）落实作业现场职业危害防护工作，定期开展职业危害知识宣传教育活动，并按规定为职工发放劳动防护用品。

（13）落实煤质管理工作，合理控制采高，及时清理运输线上的工业垃圾，最大限度地提高原煤精煤回收率。

（14）全面负责工作面末采、准备、回撤、安装工作。

（15）负责综采设备的管理，合理计划综采设备大型配件、材料的储备，损坏设备的维修更新工作。严格执行"四检"制度，确保设备完好并正常运行。

（16）定期向主管领导汇报工作，完成领导交办的其他任务。

### 2. 生产副队长岗位职责

（1）在队长的领导下，负责本队安全生产工作。认真贯彻执行"三大规程"和相关规定、技术措施，合理组织生产，按照安全生产标准化要求，全面完成安全生产任务及各项指标。

（2）负责本队安全生产工作方案的具体实施，组织协调三班安全生产工作有序衔接，熟悉掌握本队安全生产状况，为队长决策提供准确信息。

（3）参加安全生产等相关会议，对职责范围内的工作，做出整体安排，合理制定月、季工作计划，并在日常工作中组织落实。

（4）严格落实班组长跟班盯岗制，对现场工作经常进行监督检查，及时解决生产中出现的问题，确保安全生产的顺利进行。

（5）抓好煤质管理，严格控制采高，最大限度地提高原煤精煤回收率。

（6）经常深入现场，及时掌握井下的设备运行、生产状况，对工作面顶板情况、淋水情况、周期来压，两端头的垮落情况，及时采取措施，并组织实施。

（7）主动接受公司相关部门的检查考核，积极配合安检、质检人员监督检查，对所提出的问题及时采取整改措施。

（8）参加本队的自查自纠工作，对于现场存在的安全隐患、工程质量、工业卫生和电气设备等问题及时进行处理。

（9）分管本队区域内安全设施和通防设施的管理，消除安全隐患，严肃处理"三违"行为，实现安全生产。

（10）落实安全知识教育与业务学习工作，不断提高职工的安全意识和劳动技能，严格执行矿规、矿纪，建设"四有"职工队伍。按要求对职工进行三大规程的培训、考核，并落实到现场。

（11）落实本队安全生产标准化，做好工程质量管理工作。

（12）开展作业现场职业危害防护工作，定期组织职业危害知识宣传教育活动。

（13）参与落实工作面末采、准备、回撤、安装工作。

### 3. 安全副队长岗位职责

（1）在队长的领导下，负责本队安全培训工作。认真贯彻执行"三大规程"和相关规定、技术措施，合理组织安全培训及生产过程中的安全管理，按照安全生产标准化要求，全面完成安全生产任务及各项指标。

（2）负责本队安全培训工作方案的具体实施，熟悉掌握本队安全生产状况，为队长决策提供准确信息。

（3）参加安全生产等相关会议，对职责范围内的工作，做出整体安排，合理制定月、季工作计划，并在日常工作中组织落实。

（4）对现场安全经常进行监督检查，及时解决生产中出现的各类安全问题，确保安全生产的顺利进行。

（5）经常深入现场，及时掌握井下的设备运行、生产状况，对工作面顶板情况、淋水情况、周期来压、两端头的垮落情况进行安全分析，及时采取措施，并组织安全培训。

（6）主动接受公司相关部门的检查考核，积极配合安检、质检人员监督检查，对所提出的问题及时采取整改措施。

（7）参加本队的自查自纠工作，对于现场存在的安全隐患等问题，及时进行处理。

（8）分管本队区域内安全设施和通防设施的管理，消除安全隐患，严肃处理"三违"行为，实现安全生产。

（9）落实安全知识教育与业务学习工作，不断提高职工的安全意识和劳动技能，严格执行矿规、矿纪，建设"四有"职工队伍。按要求对职工进行三大规程的培训、考核，并落实到现场。

（10）开展作业现场职业危害防护工作，定期组织职业危害知识宣传教育活动。

（11）参与落实工作面末采、准备、回撤、安装工作。

### 4. 机电副队长岗位职责

（1）在队长的领导下，贯彻执行"三大规程"和有关机电方面的规定，落实设备包机制度、检修制度和岗位责任，保证综采设备正常运行。

（2）负责组织制定本队机电设备各项管理制度、操作规程、岗位责任制实施细则和各项安全技术措施，并组织贯彻落实。

（3）负责机电业务的联系和协调，组织工作面新旧设备的验收和移交，提出月、季备品、备件、材料、专用工具的消耗计划，并组织实施。

# 6 极薄煤层绿色智能开采实践与应用推广

（4）严格执行"四检"制度，组织机电事故的抢修处理和事故分析，针对存在的问题制定改进措施，并负责落实。

（5）负责本队机电设备的安装、使用、维护检修的组织工作，重点抓好设备维修、保养，提高设备完好率，做好设备材料的回收利用工作，坚持修旧利废，杜绝浪费，坚持标准化管理，减少机电事故。

（6）建立健全设备台账、检修和机电设备运行记录，负责检查井下配件储存消耗情况。

（7）参加队委会议，讨论本队机电、生产中存在的问题，提出处理办法。

（8）经常深入现场，检查机电设备运行情况，并定期召开机电专题会议。

（9）负责日常的机电安全检查活动，对影响安全生产的机电事故、隐患及时组织整改，落实责任制、杜绝"三违"，并认真组织机电事故分析会。

（10）主动接受公司相关部门的检查考核，积极配合安检、质检人员监督检查，对所提出的问题及时采取整改措施。

（11）参加本队的自查自纠工作，对于现场存在的安全隐患、工程质量、工业卫生和电气设备等问题，及时进行处理。

（12）参与落实工作面末采、准备、回撤、安装工作。

### 5. 技术员岗位职责

（1）认真贯彻执行上级有关安全生产指令、指示和落实"三大规程"，对本单位的安全生产负技术管理责任。

（2）认真编写本单位施工的作业规程和各类安全技术措施，并认真贯彻落实。经常深入工作面，检查执行情况，对不按"规程"施工的要立即予以纠正。

（3）经常深入现场，及时掌握地质条件变化情况，制定针对性的安全技术措施，并认真贯彻落实，确保安全生产。

（4）严格掌握施工的技术参数，加强现场技术管理，控制采场位置，严把质量关，确保正常生产。

（5）搞好本单位的技术档案管理，积极主动提供各种技术资料及合理化建议。

（6）当好队长参谋，协助制定适合本单位情况的验收、检查及其他管理制度，科学组织正规循环，积极推广新技术、新工艺，提高安全生产技术水平。

（7）经常组织职工进行业务学习，搞好职工技术培训，不断提高职工业务素质和安全意识，提高职工安全生产的能力。

（8）参与本单位安全和质量事故的追查分析，并从技术方面制定防范措施，防止类似事故的发生。

#### 6. 跟班队长岗位职责

（1）跟班队长是当班安全生产的第一责任人，负责当班安全生产具体工作的实施和监督检查，协助队长搞好本队的安全生产标准化建设工作，参与制定各种规章制度，并现场组织落实。

（2）负责当班现场安全管理和操作标准的落实工作，及时汇报本班的安全生产情况及工作面现场管理存在的问题和处理结果，以及下班所需材料和注意事项。

（3）认真落实队内安排的各项安全生产工作，及时发现和整改工作现场存在的隐患和问题，必须做到不安全不生产。

（4）狠反"三违"，对"三违"人员要现场进行处罚，绝不姑息迁就。

（5）及时掌握井下的设备运行、生产状况，对工作面顶板情况、淋水情况、周期来压、两端头的垮落情况，及时采取措施，并组织实施。

（6）根据现场安全生产的关键地点和薄弱环节及时采取安全措施。在处理三角煤、回撤、支护切顶密柱、端头支护Π型梁等工作时，安排专人或亲自在旁监护和指挥。

（7）认真搞好工程质量验收工作，对不合格的工程质量拿出处理意见及整改措施。

（8）积极完成队长交办的各项工作，为本队提供合理化建议及意见，协助队长搞好队组建设。

（9）组织本班严格执行现场交接班制度，交清生产情况及存在的问题和注意事项。

（10）主持召开班前会，总结上班存在的问题，落实好当班安全生产任务及注意事项。贯彻学习上级各类文件，各项管理制度、规程、措施。

#### 7. 生产班班长岗位职责

（1）班长是负责本班的安全生产的直接责任人，在跟班队长的领导下，做好本班的安全生产和工程质量工作。

（2）负责现场落实"三大规程"，杜绝违章作业、违章指挥、违反劳动纪律的行为。

（3）在处理三角煤、回撤、支护切顶立柱、端头支护Π型梁等工作时，安排专人或亲自在旁监护和指挥。

（4）严格执行现场交接班制度。接班前对工程质量进行全面检查验收，交班时交清生产情况及存在的问题和注意事项。

（5）加强现场管理，严格质量标准，始终保持综采工作面达到"三直两平一净两畅通"，并做到常态化管理。

（6）全面协调本班的各项工作，合理分配本班各岗位人员，组织全班人员完成当班安全生产任务，并为下一班的工作做好充分准备。

（7）严格落实班组考勤制度，组织全班人员开好班前会，总结上班存在的问题，布置当班安全生产任务及注意事项。

（8）经常和本班人员交流沟通，做好思想政治工作，及时向区队反映职工的意见和建议。

（9）严格执行"三不生产"的原则，有事故立即向调度室和队值班室汇报，积极组织处理隐患与问题，是现场的直接责任人和指挥者。

（10）严格掌握各项工作的分配标准，按照区队制定的按劳分配原则合理分配职工的劳动报酬。

8. 生产班副班长岗位职责

（1）副班长受跟班队长和班长领导，协助班长做好安全、工程质量工作，组织本班生产任务的完成，班长不在时代行班长职责。

（2）组织全班人员开好班前会，总结上班存在的问题，落实当班安全生产任务及注意事项。

（3）熟练掌握各设备使用技能，熟悉作业规程和设备操作要领，根据本班生产任务，合理组织调配劳动力，保质保量全面完成安全生产任务。

（4）负责现场落实"三大规程"，监督好各岗位操作工种，杜绝违章作业、违章指挥、违反劳动纪律的行为。

（5）负责现场交接班，接班前对工程质量进行全面检查验收，交班时向下一班交清任务完成情况，生产准备情况，机电设备维修、运转情况，做好交接班记录。

（6）根据现场安全生产的关键地点和薄弱环节及时采取安全措施。

（7）负责本班工程质量的监督工作，严格控制采高，始终保持综采工作面达到"三直两平一净两畅通"，并做到常态化管理。

（8）经常和本班人员交流沟通，做好思想政治工作，及时向区队反映职工的意见和建议。

### 9. 机电维修班班长岗位职责

(1) 在机电队长的领导下，负责本队机电设备的正常运行，保障安全生产。

(2) 严格执行"四检"制度，做好设备的检查、维护、保养，及时更换损坏配件，设备完好率达到规定要求。

(3) 负责本班人员调配以及劳动纪律，检查岗位工作进展情况和各种设备运转情况，发现问题及时处理。

(4) 发生机电事故，立即带领机电人员抢修，并进行分析追查，找出事故原因，追究责任，吸取教训。

(5) 负责经常保持机械设备完好，电气设施不失爆，操作灵敏可靠，严抓消耗性材料的管理，降低消耗，节约材料。

(6) 配合各生产班长，备足各班日常消耗材料，做到备品配件不积压不短缺，负责做好出入库材料领用台账。

(7) 现场落实"三大规程"、公司的各项规章制度，监督好各岗位操作工种，杜绝违章作业、违章指挥、违反劳动纪律的行为。

(8) 经常和本班人员交流沟通，做好思想政治工作，及时向区队反映职工的意见和建议。

(9) 参与组织工作面新旧设备的验收和移交，提出月、季备品，备件，材料，专用工具的消耗计划，并负责落实。

### 10. 机电维修班副班长岗位职责

(1) 在机电队长的领导下，协助机电班长做好本队机电设备的正常运行，保障安全生产。

(2) 严格执行"四检"制度，做好设备的检查、维护、保养，及时更换损坏配件，设备完好率达到规定要求。

(3) 经常检查岗位工作进展情况和各种设备运转情况，发现问题及时处理。

(4) 发生机电事故，立即抢修，并参与进行分析追查，找出事故原因，追究责任，吸取教训。

(5) 经常保持机械设备完好，电气设施不失爆，操作灵敏可靠。

(6) 协助班长现场落实"三大规程"、公司的各项规章制度，监督好各岗位操作工种，杜绝违章作业、违章指挥、违反劳动纪律的行为。

(7) 经常和本班人员交流沟通，做好思想政治工作，及时向区队反映职工的意见和建议。

#### 11. 电工岗位职责

（1）必须持证上岗，严格执行"三大规程"，按章操作，有权制止违章行为，拒绝执行违章指挥。

（2）必须熟悉掌握电气设备各项性能，能看懂图纸，能解决各种电气设备故障。

（3）对所有电气设备和线路进行巡回检查，每班检查接地系统是否完好，每班检查一次各种仪表、指示及继电器等保护装置是否灵敏可靠，每天试验漏电继电器一次。

（4）坚持巡回检查制度，对机电设备完好情况每班至少巡回检查三次，发现问题立即处理，及时汇报。

（5）检查、检修及移动电器、电缆、起动器要断电方能工作，停送电要做到谁检修谁停送电，并要在停电开关处设专人看管。

（6）发生机电停电事故时和岗位司机互相配合，共同处理，处理不了的，及时汇报队办公室。

（7）动力电缆、照明线、信号线要按规定悬挂架设，不得混在一起，悬挂间距，每班必须检查外部情况。

（8）操作高压电气设备主回路时，必须戴绝缘手套，穿电工绝缘鞋站在绝缘台上。

（9）容易碰到的裸露的带电体及机械外露的转动，传动部加装的护罩或遮拦等保护设施要经常检查，发现问题及时处理。

（10）所有电气设备必须上架，防止电器绝缘受潮，引发漏电，造成事故。

（11）井下电气设备应做到："三无、四有、两齐、三全、一坚持"。

（12）爱护机电设备，做到勤保、勤管、勤养，要有计划地对所有设备进行维护保养。

（13）做好现场交接班，每班对现场所有设备全面检查，并做好记录，发现问题及时汇报。

#### 12. 带式输送机检修工岗位职责

（1）利用检修班做好每天的检查、维修、护理工作，处理生产班遗留问题，保证带式输送机正常运行。

（2）做好自我保护，检修要做到停电停机作业。

(3) 每天必须检查减速器、驱动滚筒、导向、张紧滚筒等的运行情况，定期对其注油，对损坏的托辊及时更换，每天检查各连接部件紧固螺栓，确保安全运行。

(4) 带式输送机要保持上、下输送带不跑偏、不撒煤，运行正常，机头机尾清扫器完整。

(5) 按"四检""设备完好标准"认真检修。

(6) 带式输送机托辊上的毛线要经常清理，保持清洁。

(7) 检修废弃物及时回收，不得随意丢弃。

### 13. 带式输送机司机岗位职责

(1) 带式输送机司机应持证上岗，严格按照安全技术操作规程操作，杜绝违章。

(2) 司机要熟悉设备的性能和构造，达到会操作、会保养、会排除一般故障，负责管理带式输送机附属设备的日常护理。

(3) 当班期间经常检查输送带接头、各部位的螺丝、托辊的运转情况是否正常灵活，润滑系统经常注油，及时清理输送带上的浮煤杂物、保持清洁卫生。

(4) 严禁倒开带式输送机，一般不准带重荷起动，负责阻止带式输送机上乘坐人员，禁止使用带式输送机运输材料、设备、配件及其他物料。不准大矸石块进入带式输送机道。

(5) 设备发生故障或发现有危及人身安全和设备安全的情况时，应立即停车并及时汇报班长和队值班室，积极配合处理。

(6) 负责日常零部件、油脂的保管整理和设备清洁卫生工作，确保机头机尾前后 20 m 范围内干净整齐，巷道无浮煤和浮矸。

(7) 做好带式输送机各项保护的日常检查、维护工作，发现缺失和损坏，及时汇报班长和队值班室，积极配合处理。

(8) 带式输送机运煤时，合理开启喷雾装置，确保降尘效果。每班对带式输送机机头前后 20 m 范围内缆线、管道、开关等积尘进行清理。

(9) 遵守劳动纪律，不准晚来早走、脱岗、睡岗、酒后上岗，不准干与本职工作无关的任何事情。

(10) 严格执行现场交接班制度，交接人交班前确保带式输送机运空，必须将当班存在的问题交接清楚，履行签字后，方可离开工作岗位。

(11) 完成领导交办的其他工作。

### 14. 支架工岗位职责

（1）严格执行安全规程、操作规程，经培训考试合格后，持证上岗，熟悉支架的技术特征。

（2）对工作面的顶板、支护情况进行检查、处理，确认无安全隐患后方可进行移架工作。

（3）对移架过程中的安全事项、工程质量、支护强度达标负直接责任。

（4）负责液压支架管路堵塞、破裂、漏液、支架不升降等故障的处理，更换管路或其他部件后不得出现单腿销、异形销。

（5）严格按规程操作，与采煤机司机密切配合，做好自保、互保。

（6）负责支架的歪斜调整，确保支架不咬架、不挤架。架间距不得大于 10 cm，端头架间距不得大于 15 cm。

（7）如需要支撑杆或单体支柱辅助移架时，必须用防倒绳将其系牢，以防蹦出伤人。

（8）邻架有人滞留时，严禁操作支架；操作时，防止架间漏矸伤人或支架下落挤、碰伤人；拉架完成后操作把手必须及时复位。

（9）处理支架顶梁矸石时，不得私自降架处理，要严格按照专项安全技术措施作业。

（10）负责检查支架立柱、平衡油缸、推拉油缸及各类连接销等工作，发现问题，及时处理、汇报。

### 15. 端头支护工岗位职责

（1）严格执行安全规程、操作规程，经培训考试合格后，持证上岗，熟悉支护材料的技术特征。

（2）做好支护材料的准备、使用、管理工作，保管好支护用的各种工具。

（3）必须检查工作地点的顶板及煤壁，处理危岩和伞檐。严格执行敲帮问顶制度。

（4）严格执行作业规程的规定支护，保证支柱数量符合规程要求，质量合格，支设及时，不缺柱，不空顶。

（5）保证端头与超前支柱成排成行，达到直、平的要求。

（6）支设单体支柱应两人配合，先挂防倒绳后卸注液枪，使用单体支柱之前将三用阀紧固以防飞出伤人。

（7）回撤支柱时应一人监护，两人操作，由里向外，先支后回。

（8）在处理三角煤和安全出口窜梁时必须一人监护，两人操作。停止刮板输送机，严禁平行作业。

（9）严禁使用卸压的单体支柱。

### 16. 液压支架维修工岗位职责

（1）严格执行各类安全生产管理制度和操作规程，听从指挥，对本岗位的安全工作负责。

（2）熟知支架的结构、性能、工作原理，严格执行有关规定及措施。

（3）检修前必须认真检查作业地点是否安全，发现隐患，排除后再作业。

（4）更换千斤顶、液压件，必须将管路中的锥面截止阀开关关闭，严禁带压操作。

（5）负责对支架的各部件按周期进行检修、调试或更换，严禁操纵阀出现"漏液""串液"的现象，保证支架完好，能够正常工作。

（6）在日常检查过程中，操纵阀必须打到"零"位，各管路连接的"U"形销，必须符合相关规定。严禁出现"单腿"销、使用其他材料代替"U"形销。

（7）做好支架维修材料的准备、使用、管理工作。

（8）换支架立柱时，支架下方要有支护且系好防倒绳。

（9）做到不违章作业、不冒险蛮干，坚决做到"三不生产"和"四不伤害"，敢于拒绝违章指挥和制止他人违章作业。

（10）认真填写支架检修记录。

### 17. 采煤机检修工岗位职责

（1）严格执行安全规程、操作规程，经培训考试合格后，持证上岗，熟悉采煤机的安全技术特征。

（2）熟悉所检修采煤机的结构、性能、传动系统、液压部分和电气部分。

（3）检查、检修要做到全面细致，认真负责，确保当班检修质量。

（4）处理生产班处理不了或尚未处理的问题。

（5）检查、检修要将采煤机停到安全地点，做好安全防护措施，并设专人进行监护，不准单人进行检修工作。

（6）检查、检修必须将隔离开关打到零位，并将离合手把拉开。

（7）要按"四检"和设备完好标准检查、检修，缺件补齐、坏件更换，并做好检修记录。

（8）检修完毕必须进行全面试车，试车前要清点工具及剩余的材料、备件。更换下来的零部件升井，并做好记录。

（9）随时观察支架与煤壁之间的间隙，不得低于 20 cm，确保煤机不割支架。

（10）顶板破碎时，及时调整煤机速度并配合支架工追机拉架。

### 18. 机电维修工岗位职责

（1）严格执行安全规程、操作规程，经培训考试合格后，持证上岗，熟悉机电设备的安全技术特征。

（2）掌握本职范围内的机械设备状态，定期进行预防性检查、维护和检修工作，确保设备完好，实现安全运转。

（3）利用检修班做好每天的检查、维修、护理工作，处理生产班遗留问题。

（4）做好自我保护，检修要做到停电停机作业。检查乳化液泵站时，要先泄压后作业。

（5）每天必须检查各机电设备的运行情况，定期对其注油，对损坏的部件及时更换，每天对各连接部件螺栓进行紧固，确保安全运行。

（6）要按"四检"和设备完好标准检查、检修，缺件补齐、坏件更换，并做好检修记录。

（7）检修完毕必须进行全面试车，试车前要清点工具及剩余的材料、备件。更换下来的零部件升井，并做好记录。

（8）负责管好所承包设备的维护和运转工作。

（9）检修废弃物及时回收，不得随意丢弃。

### 19. 采煤机司机岗位职责

（1）持证上岗，严格执行"三大规程"和现场交接班制度。

（2）停机前确保采煤机机身及其机窝内的浮煤清理干净，不得影响正常检修。

（3）经常检查机组各部连接螺丝紧固、截齿齐全、操作把手灵活可靠、油量符合规定。

（4）各保护装置、喷雾冷却装置必须正常使用。

（5）工作面拖移装置夹板及电缆、水管完好无损，无刮卡。

（6）采煤机运转时，随时观察电机、变频器等运行情况，如有异常，及时停机并向班长汇报。

（7）严格控制采高，顶、底要平直，严禁强行截割硬岩，并按照矿上工程质量标准，采高控制在 0.8 m 以下。

（8）发现紧急情况，正副司机均有权停机。

20. 智能化开采工作面巡检工岗位职责

传统的液压支架工、采煤机司机、刮板输送机司机等工种主要职责是操作所辖范围内的设备和安全监护工作。采用智能化开采后，工作面所有设备的操作任务将由巷道监控中监控员利用远程操作台来完成，因此将工作面所有设备的安全监护工作交由巡检工一个人来完成。巡检工的工作内容主要是在开采过程中观察设备运行情况，发现问题随时紧急停机，并联系巷道监控员来共同解决问题。

21. 巷道监控中心监控员岗位职责

两人分别负责采煤机操作台和液压支架操作台的远程操作，通过视频、数据等方式溯源工作面的运行状态，相互配合，进行工作面智能化开采。采煤机操作台监控员主要负素综采设备的启停、远程人工干预采煤机进行各项动作；液压支架操作台监控员主要负责远程干预控制液压支架，并进行自动跟机过程中的补架等工作。

### 6.4.3 操作规程

1. 集控中心操作工操作规程

1）上岗条件

（1）必须经过严格的专业技术培训，考试合格、持证上岗。

（2）必须熟悉集控中心所受控的支架电液控制系统、采煤机智能化系统、语音集控系统、泵站控制系统、视频监控系统、工作面人员定位系统、巷道集控系统、矿井万兆环网系统等子系统，并做到能够熟练掌握操作台和故障应急处理方法。

（3）必须有高中以上学历，从事3年以上的采掘工作面工作经验，能够熟练地掌握计算机的基本操作。

2）安全规定

（1）必须严格执行《煤矿安全规程》、作业规程及本操作规程。

（2）作业前必须认真对本岗位危险源进行辨识，严格执行"手指口述"。确保工作环境始终处于安全状态。对发现的事故隐患和问题及时向班组长、队长进行汇报。

（3）必须穿戴齐全完好的劳动保护用品，禁止无关人员进入操作室，禁止非本岗位操作人员操作设备，本岗人员位不得在设备运行过程中擅离职守。

（4）要遵循本规程中规定的操作步骤，尤其是在自动控制状态下，更要精力集中，严防出现误操作。

(5) 禁止用水冲洗地面和操作室表面。

(6) 当设备出现故障时，不得擅自修理电气设备。

(7) 当工作面过构造带时，必须人工进行操作。

(8) 必须坚持双人上岗，当只有一人在岗时不得启动设备。

3) 操作准备

(1) 了解上一班的生产情况、设备运行情况和检修情况，严禁在不清楚设备状态的情况下开机。

(2) 将集控室清扫整洁、检查操作台上是否有灰尘、水渍或影响操作的杂物等，并清理。

(3) 检查集控中心室内有关仪表、开关、按钮、指示灯、通信是否完好，如有异常及时通知跟班电工进行处理。

(4) 确定控制方式，将各旋钮、摇杆恢复到准确位置（停机后手动旋钮处于闭锁状态，运行时手动旋钮处于手动状态）。

(5) 观察各屏幕数据有无异常，各视频画面内有无闲杂人等，确定各设备对人员无危险，设备周围无杂物。随后通过多功能语音电话发出准备开机信号和指令，做好开机准备。

(6) 开机前必须检查人员定位的闭锁功能是否完好有效。

(7) 开机前必须通知班组长检查工作面是否有闲杂人等。

(8) 设备运行过程中必须随时通过屏幕观察工作面瓦斯浓度，当瓦斯浓度达到1.5%时，必须立即停止设备。

4) 正常操作

(1) 集控中心全自动控制模式。

① 启动：

解锁键盘→总控方式（自动）→泵站方式（自动）→三机方式（自动）→支架方式（跟机）→点击记忆按键→输入起始工艺号和位置→点击一键启动→顺序启动设备（泵站、带式输送机、破碎机、转载机、工作面刮板输送机、采煤机）→发出开车信号→锁定键盘。

② 运行过程：实时监控工作面综采设备运行工况，当设备运行异常，可以通过人工干预手段对设备进行远程干预。

③ 停机过程：采煤机停机→液压支架动作停止→刮板输送机停机→转载机停机→破碎机停机→带式输送机停机→泵站停机，全智能化停止。

④ 如有特殊情况，立即按下总控台上的红色闭锁按钮，工作面所有设备停机，并立即通过多功能语音电话汇报班组长安排专人进入工作面处理。

（2）集控中心单独对综采设备进行智能化远程控制。

① 液压支架远程控制：

a）以智能化软件电液控显示画面和工作面视频画面为辅助手段，通过支架远程操作台实现对液压支架的远程控制。

b）在视频画面中观察到采煤机完成割煤并移动到下一支架时，在支架远程操作台转动选架旋钮并选中待移支架，随后按下自动拉架按钮完成降架、拉架、升架等动作控制；移架完成后，通过转动选架旋钮，选定滞后采煤机10架的支架，按下支架远程操作台上的自动推刮板输送机按钮完成推刮板输送机动作控制。

c）在完成移架推刮板输送机程序后，通过观察屏幕上显示的位移传感器数据，将位移行程不足 800 mm 的支架，按照上述操作方法进行补架、推刮板输送机。

d）如遇特殊情况，立即按下液压支架操作台的红色闭锁按钮，停止远程操控，并立即通过多功能语音电话汇报班组长安排专人进入工作面处理。

② 采煤机远程控制：

a）依据采煤机显示画面及工作面视频画面，通过采煤机远程操作台实现对采煤机的远程控制。

b）通过视频画面，以及红外传感器来确定采煤机所处位置。视频画面可以通过采煤机操作台的自动跟随和手动跟随按钮来选择。按下采煤机操作平台的总启按钮，采煤机开始通电。然后分别按下操作台左右切割电机启动按钮，启动采煤机。

c）通过采煤机操作台的遥杆实现采煤机左右牵引。

d）通过视频画面来观察煤层起伏变化，随时调整采煤机左右摇臂升降。

e）割煤完成后，按下采煤机操作台总停按钮，停止采煤机。

f）如遇特殊情况，立即按下采煤机操作台的红色闭锁按钮，停止远程操控，并立即通过多功能语音电话汇报班组长安排专人进入工作面处理。

③ 运输系统、供液系统、总控集中远程控制：

a）随时观察集控中心乳化液浓度、水位、水量、供液压力等数据。

b）通过按下总控操作台上的各设备按钮，包括刮板输送机、转载机、破碎机、带式输送机，来操作单设备启停功能。

c) 通过按下总控操作台上三机集控区"顺序"按钮开机，启动顺序如下：带式输送机→破碎机→转载机→刮板输送机。

d) 通过按下总控操作台上三机集控区"停止"按钮停机，停机顺序如下：刮板输送机→转载机→破碎机→带式输送机。

e) 通过总控操作台的智能供液区各按钮实现对乳化泵、喷雾泵的启停控制、在线切换、自动配比、反冲洗等功能。

f) 如遇特殊情况，立即按下总控操作台的红色闭锁按钮，停止远程操控，并立即通过多功能语音电话汇报班组长安排专人赶往故障区域进行处理。

5）注意事项

（1）当设备处于全自动控制模式下时，操作人员不得随意触碰操作台上的各按钮、旋钮、摇杆等。

（2）采煤机割煤以记忆割煤为主，人工干预为辅进行，记忆割煤过程中无特殊情况人工不得干预。

（3）当设备处于分系统自动控制时，操作人员要集中注意力时刻观察视频画面，确保设备正常运转。

（4）当发现操作台失灵，各急停开关不起作用时，立即采取相应措施。

（5）各监控数据、监控视频画面定格不显示。

（6）如遇其他特殊情况，立即汇报当班班组长并安排专人进行处理。

6）收尾工作

（1）设备停机后清理操作室卫生，搞好文明生产。

（2）严格执行交接班制度，必须询问清楚上班集控中心有关设备运转情况和遗留问题，发现问题及时向班长及跟班队长汇报。

（3）认真填写运行记录，按规定交接班。

2. 液压支架工操作规程

1）上岗条件

（1）液压支架工必须经过专业技术培训，考试合格、持证上岗。

（2）液压支架工必须熟悉液压支架的性能及构造原理和电液控制系统、作业规程和工作面顶板控制方式，能够按完好标准维护保养液压支架。

2）安全规定

（1）液压支架工必须严格执行《煤矿安全规程》、作业规程及本操作规程。

（2）液压支架工作业前必须认真对本岗位危险源进行辨识，严格执行

"手指口述"。检查作业场所的设备、设施、环境,确保工作环境始终处于安全状态。

(3) 液压支架工必须穿戴齐全完好的劳动保护用品。

(4) 当采煤机采煤时,必须及时移架。当支架与采煤机之间的悬顶距离超过作业规程规定或发生冒顶、片帮时,应当要求停止采煤机。

(5) 必须掌握好支架的合理高度:最大支撑高度不得大于支架的最大使用高度;最小支撑高度不得小于支架的最小使用高度。当工作面实际采高不符合上述规定时,应报告班长采取措施。

(6) 拆除和更换部件时,必须及时装上防尘帽,防止粉尘进入管路损坏电液控系统。严禁将高压管路口对着人体。

(7) 备用的各种液压管、阀组、液压缸、管接头等必须用专用堵头堵塞,更换时用乳化液清洗干净。

(8) 检修主管路时,必须停止乳化液泵并采取闭锁措施,同时关闭前一级压力截止阀。

(9) 严禁随意拆除支架上的倾角传感器、多功能传感器、视频监控装置。

(10) 必须按作业规程规定的移架顺序移架,不得擅自调整和多头操作。

(11) 移架时,其下方和前方不得有其他人员工作。移动端头支架、过渡支架时,必须在其他人员撤到安全地点之后方可操作。

(12) 移架受阻时,必须查明原因,不得强行操作。

(13) 必须保证支架紧密接顶,初撑力达到规定要求。顶板破碎时,必须及时拉架。

(14) 处理支架上方冒顶时,除遵守本规程外,还必须严格按照制定的安全措施操作。

(15) 支架降柱、移架时,要开启喷雾装置同步喷雾。

3) 操作准备

(1) 备齐扳手、钳子、螺丝刀、套管、小锤等工具,U形销、高低压管、接头、密封圈等备品配件。

(2) 检查支架有无歪斜、倒架、咬架,支架前端、架间有无冒顶、片帮的危险,顶梁与顶板接触是否严密,架间距离是否符合规定,支架是否成一直线或甩头摆尾,顶梁与掩护梁工作状态是否正常。

(3) 检查结构件,看顶梁、掩护梁、侧护板、千斤顶、立柱、推移杆、底座箱等是否开焊、断裂、变形，有无连接脱落，螺钉是否松动、压卡、扭歪。

（4）检查液压件，看高低压胶管有无损伤、挤压、扭曲、拉紧、破皮断裂，阀组有无滴漏，操作手把是否齐全、灵活可靠，置于中间停止位置，管接头有无断裂，是否缺 U 形销子；千斤顶与支架、刮板输送机的连接是否牢固（严禁软连接）。

（5）检查电缆槽有无变形，槽内的电缆、水管、照明线、通信线敷设是否良好，连接是否牢固，中部槽口是否平整，采煤机能否顺利通过；照明灯、支架闭锁、信号闭锁、洒水喷雾装置等是否齐全、灵活可靠。

4）正常操作

正常移架操作顺序为：检查→降前柱→降后柱→升抬底→移架→升前柱→升后柱→收抬底→推溜→检查→交接班。

本操作方法仅适用于分系统控制模式下的操作，当设备处于全自动运转期间时，液压支架工不得进入工作面。液压支架电液控系统的操作都是依靠控制器上的按键来完成的，控制器操作界面，如图 6-4 所示。

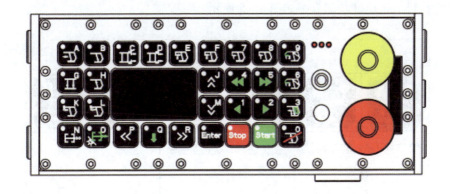

图 6-4　支架控制器操作界面

（1）邻架/隔架手动控制。

① 观察底板是否平整，顶板压力是否过大，从而决定采用何种操作方式。如果顶板压力大、破碎，底板不平，则不得使用支架联动，严禁成组拉架操作。

② 邻架控制。在本架即可以控制左右两边的支架，但每次控制的支架只

能是 1 架。

③ 隔架控制。可以控制距离操作架指定范围内的支架（最远间隔 5 架），每次控制的支架也只能是一架。

④ 动作执行时手必须持续按着按键，松开按键，则动作停止。

⑤ 选择被控支架。邻架操作时，在空闲界面按下 [▶2] （[◀1]）键，选择被控支架（此时被控架为左（右）边第 1 架）。在邻架模式下再次按 [▶2] 键选择隔架模式，则选择右边第 2 架，以此方式可以选择右边第 3 架至最远架（最多可选 5 架，蜂鸣器长鸣一声则为提示超出范围）。选择左隔架时被控支架的选择与右隔架操作方式相同。支架共有三种倍率可供选择，×1、×3、×5，这三种倍率循环切换。按下 [Enter] 键锁定要进行邻架和隔架操作的主控架，锁定成功后连接指示灯快闪表示锁定成功。

⑥ 发出动作指令。支架控制器具有多个动作快捷键用来快速完成对支架动作的控制。按下相应的按键则支架执行相应的动作，按键持续按下，则动作持续执行。快捷键功能分配如图 6-5 所示。

| A | B | C | D | E | F |
|---|---|---|---|---|---|
| 前立柱升 | 前立柱降 | 后立柱升 | 后立柱降 | 推溜 | 移架 |
| N | O | G | K | L | H |
| 强力推溜 | 架间喷雾 | 伸侧护 | 伸抬底 | 收抬底 | 收侧护 |

图 6-5　液压支架快捷键功能分配

⑦ 结束动作。松开按键，动作停止（在该操作模式下允许多个动作按键同时按下，以达到多个动作同时执行的目的）。

(2) 邻架/隔架自动降-移-升控制。

① 选择被控支架。被控支架的选择与邻架/隔架手动控制中被控架的选择方法一样。

② 选择自动降-移-升动作并启动。自动降-移-升动作的选择与邻架/隔架手动控制快捷键选择动作的方式一样，按下 ![key] 键选择自动降-移-升动作，程序自动启动自动降-移-升动作。

③ 停止自动降-移-升动作。自动降-移-升动作在动作执行完成后，系统会自动停止，如果执行过程中想要终止该动作，可以按下 ![stop] 键随时中止该动作。

(3) 成组手动动作控制。

① 成组控制的方式有两种，分为成组手动控制与成组自动顺序控制。

② 第一步选择被控支架。被控支架的选择与邻架/隔架手动控制中被控支架的选择方法一样。

③ 选择成组方向。按 ![key5] (![key4]) 键选择左（右）成组，即被控的支架位于本架的左（右）手侧，默认的成组架数为5架，以本架为中心（不包含本架，即本架不参与成组动作），前或者后5架范围内为成组区域。随后按下支架控制器中动作快捷键用来快速完成对支架动作的控制

④ 结束动作：松开按键，动作停止。

5) 注意事项

(1) 不论使用何种操作方式，必须确认被操作的支架之中或之前无人，否则不得操作支架。

(2) 支架升柱时，应注意观察是否达到初撑力，并及时处理存在问题。

(3) 推移刮板输送机或移架时，必须注意观察支架前方，以防挤坏电缆、水管等设备。

(4) 操作时，应掌握好支架的合理支撑高度，最大支撑高度应小于设计高度，最小支撑高度应大于设计高度200 mm。

(5) 当出现控制器失灵或出现误动作时，要仔细查找原因，及时排除故障，否则，不能操作支架。

（6）如遇工作面周期来压，顶板下沉量较大，出现顶板冒落、片帮严重、立柱承受压力较大、架形结构变坏等情况时，必须超前拉架。

（7）过顶板破碎带及压力大时，移架操作要按照安全技术措施进行及时支护或超前支护，尽量使顶板缩短暴露时间、缩小暴露面积；一般应采用"跟机拉架"。

（8）移架操作时要掌握八项操作，做到快、匀、够、正、直、稳、严、净，即①各种操作要快；②移架速度要均匀；③移架步距要符合作业规程规定；④支架位置要正，不咬架；⑤各组支架要排成一直线；⑥支架、刮板输送机要平稳牢靠；⑦顶梁与顶板接触要严密不留空隙；⑧煤、矸、煤尘要清理干净。

6）收尾工作

（1）清理支架内的浮煤、矸石及煤尘，整理好架内的管线，清点工具，放置好备品配件。

（2）向接班的液压支架工详细交代本班情况、出现的故障、存在的问题。按规定填写液压支架运行记录。

### 3. 采煤机司机操作规程

1）上岗条件

（1）采煤机司机必须经过专业技术培训，考试合格、持证上岗。

（2）采煤机司机必须熟悉采煤机的性能及构造原理和作业规程，善于维护和保养采煤机，懂得回采基本知识，并做到会操作、会维护、会保养、会排除一般性故障。

2）安全规定

（1）采煤机司机必须严格执行《煤矿安全规程》、作业规程及本操作规程，本操作在单机模式下进行。

（2）采煤机司机作业前必须认真对本岗位危险源进行辨识，严格执行"手指口述"。确保工作环境始终处于安全状态。对发现的事故隐患和问题及时向班组长、队长进行汇报。

（3）采煤机司机必须穿戴齐全完好的劳动保护用品，并且佩戴专用防护眼罩。

（4）采煤机司机要与集控中心及刮板输送机司机、转载机司机、液压支架工等密切合作，按顺序开机、停机。

（5）启动采煤机前，必须巡视采煤机周围，检查电缆卷筒是否牢固，电缆是否完好。确认对人员无危险和机器转动无阻碍，接通电源。改变采煤机牵引方向时，必须先停止牵引。

（6）严禁强行截割硬岩、带载启动、带病运转，按完好标准维护保养采煤机。

（7）采煤机、开关附近 20 m 以内风流中瓦斯浓度达到 1.5% 时，必须停止运转，切断电源，撤出人员，进行处理。

（8）采煤机割煤时，必须开启喷雾装置进行喷雾降尘。无水或喷雾装置损坏时必须停机。

（9）采煤机因故暂停时，必须打开隔离开关和离合器；采煤机停止工作、司机离开采煤机或检修时，还必须切断电源，打开其磁力起动器的隔离开关。

（10）补换截齿时，必须停止采煤机、停止工作面刮板输送机，并对机道侧顶板进行支护。

（11）严禁人员随意进入采煤机滚筒和转动的电缆卷筒附近。

（12）严禁用采煤机牵拉、顶推、托吊其他设备、物件。

3）操作准备

（1）备齐扳手、钳子、螺丝刀、锤子等工具和截齿、销子等备用配件与齿轮油、抗磨液压油等。

（2）全面检查煤壁、采高和顶底板变化，了解上一班工作、检修及相关设备运转情况，发现问题及时向班长汇报，妥善处理。

（3）先检查采煤机隔离开关是否处在切断电源位置，再检查各部件是否完整无损，各连接螺栓、截齿是否齐全、紧固，各操作手把及按钮是否正确、灵活可靠，各部油量是否符合规定，有无油液渗漏现象，各种密封完好，各防护装置齐全、有效。

（4）检查拖缆装置的夹板及电缆、水管是否完好无损、不刮卡，各油管、水管有无破损渗漏，喷雾系统喷嘴口有无堵塞；平滑靴、导向滑靴等的磨损量是否超过规定。

（5）检查齿轨固定是否可靠，齿轨啮合是否良好，有无错茬。检查滚筒上的截齿是否锐利、齐全。上述各项检查完毕并对发现的问题处理符合规定，然后进行下一步操作。

4）正常操作

采煤机的操作顺序为：检查巡视→运转输送机→合隔离开关→供水→启动

牵引电动机(启动电缆卷筒)→分别启动截割电动机→分别停止截割电动机→合离合器→分别启动截割电动机→升降摇臂→牵引破煤→牵引旋钮归"0"→降摇臂→停止截割电动机→停止牵引电动机(停止电缆卷筒)→停止供水→清理机身及电缆槽煤矸→交接班。

本操作方法仅适用于分系统控制模式下的操作,当设备处于全自动运转期间时,采煤机司机不得进入工作面。

(1) 解除工作面刮板输送机的闭锁,发出开动刮板输送机的信号。

(2) 等待刮板输送机空转 2 min 并正常后,合上采煤机的隔离开关,按启动按钮启动电动机。电动机空转正常后,停止电动机,在电动机停转前的瞬间合上截齿轮离合器。

(3) 打开进水截止阀门,调节好供水流量。

(4) 发出启动信号,按启动按钮,启动采煤机,并检查滚筒旋转方向及摇臂调高动作情况,把截割滚筒旋调到适当位置。

(5) 采煤机空转 2~3 min 并正常后,打开牵引闭锁,发出采煤机开动信号,然后缓慢加速牵引,开始破煤作业;选择适宜的牵引速度,操作采煤机正常运行。

(6) 破煤时要经常注意顶底板、煤层、煤质变化和刮板输送机载荷的情况,随时调整牵引速度与截割高度。要按直线割直煤壁,不得割碰顶梁。

(7) 割煤时随时注意行走机构运行情况,采煤机前方有无人员或障碍物,有无大块煤、矸石或其他物件从采煤机下通过。若发现有不安全情况时,应立即停止牵引和切割,并闭锁工作面刮板输送机,进行处理。

(8) 停机:

① 正常停机:停止牵引采煤机;将滚筒放到底板上,待滚筒内的煤炭排净后,用停止按钮停止电动机;关闭进水截止阀;断开离合器、隔离开关,关闭进水总截止阀,断开磁力起动器的隔离开关;切断电源。

② 紧急停机:按下采煤机遥控器上的主停按钮,采煤机停机。

5) 注意事项

(1) 采煤机不得带负荷启动。启动截割电机之前,必须先将两截割滚筒离开机窝和顶底板,同时不得与其他设备互相干涉。启动破碎机之前,必须确保破碎机滚筒处无大块煤和矸石等物料堵塞。

(2) 启动截割电机之前,为了使摇臂各部位齿轮、轴承得到良好润滑,应将两个摇臂升降 2~3 次,使润滑油能够流向摇臂各部位。

(3) 采煤机运行过程中有下列情况之一，要采用紧急停机方法及时停机进行处理：

① 顶底板、煤壁有冒顶、片帮或透水预兆时。

② 采煤机内部发现异常震动、声响和异味，或零部件损坏时。

③ 采煤机上方刮板输送机上发现大块煤、矸、杂物或支护用品时。

④ 工作面刮板输送机停止运转时。

⑤ 牵引手把或"停止"按键操纵失灵时。

⑥ 机组脱轨或拖缆装置被卡住时。

⑦ 电缆护套破损或有其他异常情况时。

⑧ 紧急停机时，应操作急停机开关或停止按钮。

⑨ 割煤过程中发生堵转时。

⑩ 遥控器操作失灵，急停开关不起作用。

6）收尾工作

（1）停机操作结束后，清扫机器各部煤尘，待工作面、运输巷中的刮板输送机的煤拉净及推移完刮板输送机后，发出停止刮板输送机信号。

（2）向接班司机详细交代本班采煤机运行状况、出现的故障、存在的问题。按规定填写采煤机运行记录。

**4. 刮板输送机司机操作规程**

1）上岗条件

（1）刮板输送机司机必须经过专业技术培训，考试合格、持证上岗。

（2）刮板输送机司机必须熟悉刮板输送机性能及构造原理和作业规程，掌握输送机的一般维护保养和故障处理技能，懂得回采和巷道支护的基本知识。

2）安全规定

（1）刮板输送机司机必须严格执行《煤矿安全规程》、作业规程及本操作规程，并正确佩戴劳动防护用品。

（2）刮板输送机司机作业前必须认真对本岗位危险源进行辨识，严格执行"手指口述"。检查作业场所的设备、设施、环境，确保工作环境始终处于安全状态。

（3）作业范围内的顶帮有危及人身和设备安全时，必须及时汇报处理后，方准作业。

（4）电动机及其开关地点附近 20 m 以内风流中瓦斯浓度达到 1.5% 时，

必须停止运转，切断电源，撤出人员，进行处理；工作面回风巷风流中瓦斯浓度超过 1.0% 或二氧化碳浓度超过 1.5% 时，必须停止运转，撤出人员，进行处理。

（5）严禁人员乘刮板输送机。用刮板输送机运送作业规程等规定允许的物料时，必须严格执行防止顶人和顶倒支架的安全措施。

（6）开动刮板输送机前必须发出开车信号，确认人员已经离开机器转动部位。

（7）进行掐、接链、点动时，人员必须躲离链条受力方向；正常运行时，司机不准面向刮板输送机运行方向，以免断链伤人。

（8）刮板机的安全防护装置损坏或失效时，严禁开机。工作过程中要经常检查，发现有损坏等情况时必须立即停机处理。

（9）检修处理刮板输送机故障时，必须切断电源，闭锁控制开关，挂上停电牌后方可工作。

3）操作准备

（1）备齐钳子、螺丝刀、铁锹、扳手等工具，保险销、圆环链、刮板、螺栓、螺母等备品配件，润滑油等。

（2）检查机头、机尾处的压柱完好情况，作业范围内支护是否完整，有无杂物、浮煤或浮矸，管路是否整齐，洒水设施是否齐全无损，该处电气设备处有无淋水，有淋水是否已妥善遮盖。

（3）检查机头（尾）及电机上的浮煤、浮矸是否清理干净，输送机头与转载机尾搭接是否合理，输送机有无上窜下滑现象。

（4）检查各部螺栓是否紧固、联轴器间隙是否合格、防护装置齐全无损；各部轴承及减速器的油量是否符合规定、有无漏油现象。

（5）检查电源电缆、操作线是否吊挂整齐，有无挤压现象。

（6）检查防爆电气设备是否完好无损，电缆是否悬挂整齐。

（7）检查通信、信号、闭锁装置、张紧装置是否齐全、灵活可靠。

4）正常操作

刮板输送机司机操作顺序为：检查→发出信号并喊话→解除刮板输送机闭锁→打开刮板输送机冷却水及喷雾→刮板输送机启动→由低速转高速运转→结束发出停止信号→停止刮板输送机→关闭喷雾冷却水→闭锁刮板输送机→清理设备周围煤和杂物→交接班。

（1）检查刮板输送机运行是否平稳及刮板链松紧程度，是否有跳动、刮底、跑偏、漂链等情况。

（2）发出开机信号并喊话，确定人员离开机械运转部位后，解除闭锁后打开冷却水及喷雾。

（3）启动刮板输送机，刮板输送机由低速转至高速运转期间，随时观察刮板输送机减速器、电机是否有异响，链条是否有卡顿。

（4）刮板输送机运转过程中要随时注意电动机、减速器等各部运转声音是否正常，是否有剧烈震动，电动机是否发热，刮板链运行是否平稳。

（5）停机时应经常清扫机头、机尾附近漏出的浮煤。

（6）停机。

① 正常停机。接到停机信号后，将刮板输送机上的煤拉空后，在多功能语音电话上将旋钮转至停机状态或直接按下闭锁按钮。

② 紧急停机。可以从采煤机机身上按下刮板输送机闭锁按钮或在沿线任一个多功能语音电话上进行闭锁，停止。

5）注意事项

（1）接班运行时应空载运转一至二个循环。检查刮板输送机链环、刮板有无破断损坏，链条松紧是否适当，发现问题必须处理后方可开机。

（2）运转中检查各减速器、轴承、电机温度，温度不允许超过规定范围。

（3）当有铁器、大块矸石和其他大型杂物时，必须停机处理，不允许强行通过刮板输送机机头。

（4）设备运转时，要注意声音变化，如有异常噪声，要立即停机，找出原因，排除故障再开机。

（5）刮板输送机运行时，严禁清理转动部位的煤粉或用手调整刮板链，严禁人员从机头上部跨越。

（6）正常停机前必须将刮板输送机、转载机拉空后方可停机。

6）收尾工作

（1）本班工作结束后，待刮板输送机内的煤全部运出，按顺序停机，然后关闭喷雾阀门，将控制开关手把扳到断电位置，并拧紧闭锁螺栓。

（2）清扫机头、机尾各机械、电气设备的粉尘。

（3）在现场向接班司机详细交代本班设备运转情况、出现的故障、存在的问题。按规定填写刮板输送机运行记录。

5. 带式输送机司机操作规程

1）上岗条件

（1）必须经过专业技术培训，考试合格、持证上岗。

（2）必须熟悉带式输送机的性能及构造原理，掌握本操作规程，按完好标准维护保养带式输送机，熟悉生产过程。

2）安全规定

（1）必须严格执行《煤矿安全规程》、作业规程及本操作规程，并正确佩戴劳动防护用品。

（2）作业前必须认真对本岗位危险源进行辨识，严格执行"手指口述"。检查作业场所的设备、设施、环境，确保工作环境始终处于安全状态。

（3）任何人不得乘坐带式输送机，不准用带式输送机运送设备和物料。

（4）带式输送机巷道应有消防设施并保持完好有效。

（5）带式输送机的电动机开关附近 20 m 以内风流中瓦斯浓度达到 1.5% 时，必须停止运转，切断电源，进行处理。

（6）多台带式输送机连续运行，在未实现集中控制时，应按逆煤流方向逐台开动，顺煤流方向逐台停车。

（7）工作现场必须保持干净整齐，地面做到"四无"（无积煤、无积水、无积尘、无杂物），设备做到"五不漏"（不漏风、不漏水、不漏油、不漏电、不漏气）。

3）操作准备

（1）备齐扳手、钳子、手锯、铁锹等工具及螺栓、润滑油脂等材料。

（2）检查机头、机尾及整台带式输送机范围的支护完好、牢固，无浮煤、杂物，否则必须经班长、支护工处理安全后，方准进行工作。

（3）将带式输送机的控制开关手把扳到断电位置并闭锁，挂上停电牌，然后对下列部位进行检查：

① 检查各保护装置齐全可靠，各防护装置齐全、牢靠，各滚筒、轴承应转动灵活。

② 减速器内油量适当，无漏油。

③ 机身各托辊齐全，转动灵活，架杆完整可靠平直。

④ 承载部梁架平直，缓冲托辊齐全，转动灵活，无脱胶。

⑤ 机尾滚筒转动灵活，轴承润滑良好，防护装置齐全完好。

⑥ 带式输送机的前后搭接符合规定。

⑦ 输送带接头完好，皮带扣无折断、松动，输送带无撕裂、伤痕。

⑧ 输送带中心与前后各机的中心保持一致，无跑偏，松紧合适，挡煤板

齐全完好。

⑨ 动力、信号、传感器、通信电缆吊挂整齐，无挤压、刮碰；输送机保护设施齐全有效。

（4）检查控制按钮、信号、传感器、通信等设施是否灵敏可靠。

4）正常操作

操作顺序：将开关手把打在断电位置并闭锁→检查→开关送上电→发出开车信号并喊话→试运转检查→正常启动→运转中随时检查运转情况→停机前发出停机信号→停机→清理设备周围的煤及文明卫生→交接班。本操作方法仅适用于分系统控制模式下的操作，当设备处于全自动运转期间时，岗位司机不得随意启停设备。

（1）开机时，将设备控制按钮的闭锁打开，按下主控制器上的送话按钮，大声喊话"启动带式输送机，沿线人员请注意"，无人回话 10 s 后，将多功能语音电话上的旋钮转至启动状态。

（2）运行过程中随时注意运行状况；经常检查电动机、减速器、轴承的温度；倾听各部位运转声音；清理机头、机尾的煤尘，清扫机身下积煤、矸石及杂物；保持正常洒水喷雾。

（3）不准超负荷强行启动。发现闷车时，先启动两次（每次不超过 15 s），仍不能启动时，必须卸掉输送带上的煤。待正常运转后，再将煤装上输送带运出。

（4）运行过程中发现下列情况之一时，必须停机，妥善处理后继续运行。

① 输送带跑偏、撕裂，皮带扣卡子断裂。

② 输送带打滑或闷车。

③ 电气、机械部件温升超限或运转声音不正常。

④ 输送带上有大块煤、矸石、长物料、铁器等容易造成皮带损伤的器件等。

⑤ 危及人身安全时。

⑥ 信号不明或下台输送机停机时。

（5）停机。

① 正常停机。在接到转载机的停车信号后，待机上物料全部运空后现场按下转动多功能语音电话的旋钮转到停机状态，带式输送机停机。

② 紧急停车发现异常情况时，需要紧急停车时，立即压下多功能语音电话上的闭锁按钮使带式输送机停机。

5）注意事项

（1）禁止频繁启车、停车操作。

（2）带式输送机运行时，严禁任何人进入带有防护栅栏的区域进行作业，作业时必须与运转部位保持一定的安全距离。

（3）带式输送机处理故障时，必须在停机状态下进行，操作人员必须通知班组长，并且实现停电、闭锁、上锁，待故障处理完后，坚持"谁停电、谁送电""谁闭锁、谁解除"的原则。

（4）无论带式输送机运转与否，都禁止在输送带上站、行、坐、卧，禁止从无防护的地方穿越带式输送机。

（5）禁止用带式输送机搬运工器具及其他物品。

（6）严禁用人体或工器具接触任何转动部位。

（7）带式输送机应尽量避免重载时启动，运转中严禁超负荷运行，严禁设备带病运行。

6）收尾工作

（1）班长发出收工命令后，将带式输送机上的煤完全拉净。上台输送机停机后，将控制开关手柄扳到断电位置，锁紧闭锁螺栓。

（2）关闭喷雾灭尘的截止阀。

（3）清扫电动机、开关、液力偶合器、减速器等部位的煤尘。

（4）在现场向接班司机详细交代本班带式输送机运转情况、出现的故障、存在问题。按规定填写好本班带式输送机运行记录。

## 6. 乳化液泵站司机操作规程

1）上岗条件

（1）乳化液泵站司机必须经过专业技术培训，考试合格、持证上岗。

（2）乳化液泵站司机必须熟悉乳化液泵的性能和构造原理，了解水处理设备性能及工作原理，具备保养、处理故障的基本技能。

2）安全规定

（1）乳化液泵站司机必须严格执行《煤矿安全规程》、作业规程及本操作规程，并正确佩戴劳动防护用品。

（2）乳化液泵站司机作业前必须认真对本岗位危险源进行辨识，严格执行"手指口述"。检查作业场所的设备、设施、环境，确保工作环境始终处于安全状态。

（3）每天对乳化液泵硐室顶板及煤尘检查，查看水处理及供液系统是否正常。

（4）每周取配比浓缩液用水一次，交矿水质化验室进行化验，并留存化验结果。根据化验结果及厂家建议调整维护水处理设备。

（5）根据厂家要求设定自动配液的浓度，浓度一旦确定后严禁私自修改。操作人员每班检查油箱内浓缩液是否充足，遇到油箱内浓缩液不足及时补充。

（6）自动配液装置中的吸油管路为敞口布置，应加以保护，防止煤尘污染。

（7）检修泵站必须停泵；修理、更换主要供液管路时必须关闭管路截止阀，不得在井下拆检各种压力控制元件，严禁带压更换液压件。

（8）严禁擅自打开卸载阀、安全阀、蓄能器等部件的铅封和调整部件的动作压力；在正常情况下，严禁关闭泵站的回液截止阀。

（9）供液管路要吊挂整齐，保证供液、回液畅通。

3）操作准备

（1）系统检查。巡检人员查看各液箱是否严密遮盖，液管是否渗漏液。遇到渗漏液及时处理。检查液压系统各压力、流量是否正常，各液箱液位是否正常，电机运行是否正常。

（2）电气设备检查。检查电气设备的完好性，对开关进行试验。主、备用泵单双日切换运行。

（3）油位检查。检查自动化配比箱中的浓缩液油位，油位不足时添加浓缩液。

（4）送水和排气。将各手柄扳至正常过滤状态，小流量给过滤器送水，打开罐顶部二个手动球阀，直到球阀出水为止；打开进水过滤器上部手动球阀，直到球阀出水为止；打开出水保安过滤器和 RO 保安过滤器上部手动球阀，直到球阀出水为止。再次打开各球阀，确认各罐内无气。每次停机启动后，必须进行排气，且每天应排气一次。

4）正常操作

操作顺序：检查→接到开泵指令→各按钮旋转在自动状态→开关送上电→按下启动按钮→检查各液位、浓度、压力等情况→清理设备周围的文明卫生→停机→交接班。

（1）接到班组长下达的开泵指令后，按下乳化泵总控箱上的启动按钮，启动乳化液泵。

(2) 自动运行时工作面远程确认：

① 自动化系统显示浓缩液浓度为 3%～5%，并每天使用浓度折射仪检测浓度一次。

② 水处理系统的压力、水位显示正常，供液管路压力显示正常。

③ 远程输送液管路逻辑正确，动作正常，乳化液辅箱低液位时自动补液，高液位时自动停止供液。

(3) 手动运行（一般在自动化模式不能正常使用情况或者检修时使用）：

① 检查反渗透装置各阀门开闭位置。缓慢打开总进水阀及预处理相应的阀门，观察压力表的工作压力为 1.2 MPa，阀门进水缓慢进入，冲洗 3～5 min（短时运行不需），然后关闭阀门，稳定后调节浓水阀（浓水跟产水比例为 1：2～1：3），使产水流量达到要求，操作压力不高于 1.4 MPa，产水水质合格后打开产水出水阀，关闭产水排放阀，使合格水进入纯水分配器。反渗透装置运行一段时间后（2 h 左右）应打开清洗阀 2 min 左右。

② 一二级过滤仍为自动化运行，三级 RO 膜反渗透可以通过纯水控制阀控制三级过滤系统的开停；可以通过转动排污阀的大小人工控制浓水的排水；将自动配液调至手动模式可以实现手动加水、手动加油等功能；可以手动向工作面供液。

(4) 乳化液泵启动后，观察乳化液泵综控箱、1 号、2 号乳化液泵分控箱、自动配比控制箱、净化水设备控制箱、高压反冲洗控制箱及各压力表显示数据是否处于设定范围之内。

(5) 观察 1 号、2 号乳化泵是否按照程序设定的时间自动切换乳化泵。

(6) 停机。当接到班组长下达的停机指令后，按下乳化泵总控箱上的停机按钮，乳化泵硐室所有设备全部停止运转。

5）注意事项

(1) 清洗进水过滤器。逆时针旋转进水过滤器反冲洗手轮大约 20 圈到位，然后顺时针旋转进水过滤器反冲洗手轮回位，反冲洗结束。清洗进水过滤器一般比较少，只有当总进水压力比罐进水压力高 0.15 MPa 时，方需清洗。

(2) 清洗精密水出口保安过滤器。必须停机，打开出水保安过滤器盖，拿出滤芯，人工冲洗，干净后重新装入。一般不需要清洗，当其进出水压差大于 0.1 MPa 时要清洗。

(3) 更换 RO 保安过滤器滤芯。RO 保安过滤器内装有 19 个 0.5 μm 熔喷滤芯，当其 2 个压力表显示的压差大于 0.15 MPa 时，必须更换熔喷滤芯，一般 3 个月左右更换一次。

（4）乳化液泵运行期间，非工作人员禁止进入乳化液泵硐室。

6）收尾工作

（1）停泵后要把各控制阀打到非工作位置，清理开关、电动机、泵体和乳化液箱上的粉尘。

（2）在现场向接班司机详细交代本班设备运转情况、出现的故障、存在的问题。按规定填写乳化液泵站运行记录。

7. 端头支护工操作规程

1）上岗条件

（1）端头（尾）支护工必须经过专业技术培训，考试合格、持证上岗。

（2）端头（尾）支护工应熟悉采煤工作面顶底板特征、作业规程规定的顶板控制方式、端头（尾）支护形式和支护参数，掌握支柱与顶梁的特性和使用方法。

2）安全规定

（1）端头（尾）支护工必须严格执行《煤矿安全规程》、作业规程及本操作规程，并正确佩戴劳动防护用品。

（2）端头（尾）支护工作业前必须认真对本岗位危险源进行辨识，严格执行"手指口述"。检查作业场所的设备、设施、环境，确保工作环境始终处于安全状态。

（3）端头（尾）支护工要熟练掌握端头液压支架的操作方法及支架液压系统的工作原理，准确、迅速、无误地操作，保证支护质量。

（4）在端头作业时，回撤或架设单体柱时，必须先停止转载机，然后才可以作业，作业时要有专人观察顶帮煤岩。

（5）支护时严禁使用失效或损坏的单体柱、铰接顶梁和 Π 形钢梁

（6）铰接顶梁（或 Π 形钢梁）与顶板应紧密接触，若顶板不平或局部冒顶时，必须用木料垫实。

（7）超前支护距离不得低于作业规程规定，不得使用不同类型和不同性能的单体柱。

（8）不准将支柱打在浮煤（矸）上，坚硬底板要刨柱窝；底板松软时，支护必须穿柱靴。

（9）支护必须支设牢固、迎山有力。初撑力符合规定(不小于 11.5 MPa)。

（10）临时支柱的位置应不妨碍架设基本支柱；基本支柱架设好前，不准

回撤临时支柱。

（11）采用长钢梁支护的，长梁要交替前移，不得齐头并进。

（12）两端头支架距离帮超出 0.5 m 时必须补打单体支护。

3）操作准备

（1）备齐注液枪、放液手把、撬棍、锹、镐、铁丝、木板、卷尺等工具，并检查工具是否完好、牢固可靠。

（2）移架前，必须检查高低压管路、连接电缆、立柱、推移千斤顶等部件，看其有无损伤；销轴、挡板是否有变形、松动和丢失现象，对损坏部件，漏液、窜液等现象必须及时处理，严禁带病使用。

（3）移架前，检查支架前方是否有物料、设备、杂物等阻碍，如有，清理干净后再进行移架。

（4）检查液压管路是否完好。

（5）检查工作地点的顶板、煤帮和支护是否符合质量要求，发现问题及时处理。

（6）检查安全通道是否畅通，有问题提前处理。

4）正常操作

（1）回撤超前支柱以及回撤铰接梁、Π 形钢梁架棚时：

① 至少要有 2 人协同操作。

② 回撤单体柱应随工作面推进逐根回撤，内帮超前工作面煤壁 1~2 m，外帮在排头尾架前后 1 m 范围内进行。

③ 正常情况下，Π 形钢梁必须一梁二柱，铰接梁一梁一柱，柱爪必须卡住梁牙。

④ 支柱升紧后，必须拴好防倒绳。

⑤ 支设工作完成后，必须对支柱进行二次注液。

⑥ 端头工用长把工具操作三用阀放液，使单体柱缓缓落下，一般要使单体柱活柱缩回后停止，另一名端头工双手扶住单体柱以防倒柱。

⑦ 两名端头工配合将单体柱拔起，并抬到指定地点备用。

（2）每推进一刀，及时补拉两端头支架，拉两端头支架时，在支架正前方 1 m 处打一根 2.5 m 的单体液压支柱，然后用刮板机链条将一端固定在两端头架的推拉杆上，另一端固定在液压支柱上，然后操作人员站在支架踏板上，身体严禁探出支架掩护范围外。拉动端头支架，完成端头支架的移动。

5）注意事项

(1) 准备剪帮网时，要注意煤壁松动、片帮，加强敲帮问顶。

(2) 机组割机头（尾）时，端头支护工要站在远离机组滚筒旋转方向，顶板完好、支护完整的地方。

(3) 架设铰接顶梁（或Π形钢梁）时，要用铁丝提前吊挂在顶网上，以防操作中跌落砸伤人员。

(4) 清理两端头浮煤时必须停止刮板输送机，检查顶板情况方可进入作业区域。

6）收尾工作

(1) 将剩余的材料，失效和损坏的单体柱等各种工具分别运送到指定地点。

(2) 清理责任区浮煤、杂物等，将浮煤清入刮板输送机内拉走。

(3) 按规定进行交班。

8. 电工操作规程

1）上岗条件

(1) 电工必须经过专业技术培训，考试合格、持证上岗。

(2) 井下专职电气操作人员及专职电气检修人员必须经过安全规程、操作规程及有关专业技术培训学习。

2）安全规定

(1) 电工必须严格执行《煤矿安全规程》、作业规程及本操作规程，并正确佩戴劳动防护用品。

(2) 电工作业前必须认真对本岗位危险源进行辨识，严格执行"手指口述"。检查作业场所的设备、设施、环境，确保工作环境始终处于安全状态。

(3) 电气检修和操作人员应熟悉所操作与检修的设备的性能、电气原理、操作程序，应明确设备指示仪表、各种信号灯与故障灯的显示内容。

(4) 各类高低压电气设备应有标志牌，标志牌上应标明额定容量、额定电压、额定电流、保护整定值、用途和维护责任者。

(5) 操作高压电气设备的主回路时，操作人员必须戴绝缘手套，并必须穿电工绝缘靴或站在绝缘台上。

(6) 操作千伏级电气设备主回路时，操作人员必须戴绝缘手套并穿电工绝缘靴。

(7) 手持式电气设备的操作手柄和工作中必须接触的部分，应有良好绝缘。

（8）井下防爆电气设备进行维护和修理工作，必须符合防爆性能的各项技术要求。防爆性能受到破坏的电气设备，应立即处理或更换，不得继续使用。

（9）各类高低压电气设备在巷道移动和井上下装卸及搬运过程中，应避免震动，严禁翻滚，必须轻拿轻放。

（10）井下高低压电气设备，其主回路及控制系统的电路，未经主管技术人员的同意，维护及操作人员不得随意更改。

（11）井下采区的高压馈电线上，必须装设有检漏保护装置，低压馈电线上，应装设带有漏电闭锁的检漏保护装置。检漏装置应灵敏可靠，严禁甩掉不用。每天应对低压检漏装置的运行情况进行一次试验。

（12）各类开关、电气设备上架管理，严禁就地放置。

3）操作准备

（1）所有电气设备不得带电检修与搬迁（包括电缆、设备和移动变电站等）。

（2）电气设备在检修或搬迁前，必须切断电源，并用同电源电压相适应的验电笔检验。检验无电后，必须检查瓦斯，在其巷道风流中瓦斯浓度在1%以下时，方可进行导体对地放电。控制设备内部安有放电装置的，不受此限。所有开关手把在切断电源时都应闭锁，并悬挂"有人工作，不准送电"牌，只有执行这项工作的人员，才有权取下此牌并送电。

（3）携带便携式瓦检仪，只准在瓦斯浓度1%以下的地点使用。

（4）工作面风流中，瓦斯浓度达到1.5%时必须停止工作，撤出人员，切断电源，进行处理。电动机及其开关处地点附近20 m以内风流中瓦斯浓度达到1.5%，必须停止运转，撤出人员，切断电源，进行处理。

（5）因瓦斯浓度超过规定所切断电源的电气设备，都必须在瓦斯浓度降到1%以下时方可开动机器。

4）正常操作

（1）电气设备的检修与维护。

① 电气设备检修前必须切断电源，严禁带明火试验。

② 检查电气设备的绝缘性能时，必须使用与其电压等级相适应的仪表测试。

③ 检查维护设备的防爆性能及工作性能时，必须保证设备完好，检查各种仪表及显示，指示正常，操作手把、按钮等灵活可靠。

④ 按井下供电"三无""四有""两齐""三全""三坚持"的规定内容进行检修维护设备。

⑤ 设备发生漏电、短路跳闸，必须查明原因、排除故障后可复位送电运行。

⑥ 对各种不同型号设备应严格按照设备有关规定进行检修试验。

⑦ 电器接线应按《煤矿机电完好标准》中有关规定进行。

⑧ 采煤机、输送机等所有动力电缆接线、拆卸、安装时，必须停电闭锁，必须在接触器断电后，并将隔离刀闸打在"OFF（关）"的位置时方可工作。

⑨ 接线未压紧前严禁送电试车。在处理各类设备电缆绝缘以及检修设备的电气部分时，必须将控制开关的隔离手把打到 OFF 位置，并闭锁，挂"有人工作，不得送电"警示牌。

（2）电缆的规定。

① 电缆的吊挂必须严格执行《煤矿安全规程》有关规定。

② 每更换一次电缆，要注意相序连接，要检查电机旋转方向是否正确。

③ 设备列车盘放电缆应成"8"字形，各类电缆弯曲半径应符合《煤矿安全规程》的规定。

④ 所有移动电缆或待收电缆必须盘放整齐，严禁损伤电缆。

⑤ 电缆护套损伤时，应按标准进行硫化热补或同等效应的冷补。

⑥ 各种电缆接线盒、连接器的放置高度应略高于电缆悬挂高度，以防电缆上的水滴沿电缆渗入。

⑦ 各种电缆只能在规定的电压等级及条件下使用，严禁超过安全载流量。

⑧ 按有关规定定期进行各类设备的电缆绝缘测试，对绝缘值低于安全值以下的电缆应检查、处理。需要更换时必须更换。

⑨ 拆除、移动电缆时，电缆接头应妥善处理，严禁损坏。

⑩ 电缆热补后必须做试验后方可使用。

（3）移动变电站的操作程序。

① 合闸：将高压侧隔离开关的手柄打到"合"位置，从 10 kV 高压侧中间液晶显示屏上观察，若无故障显示并显示低压分闸，则说明变压器正常，可以进行低压吸合操作；低压侧的电动合闸，确认移变低压侧无人检修时方可进行下述操作，采用电动合闸时，将低压侧"复位"按钮按下复位，将高压侧"复位"按钮按下复位，然后将高压侧下部面板上的"电合"按钮按下，低压侧吸合；当高压侧合闸后，高低压侧均显示合闸，低压侧有输出电压大小显

示,若低压输出电压超出或低于允许变化范围,则需在高压侧进行高压侧出头调整,使输出电压正常。

② 分闸:按下停止按钮,高压侧断开,也可按下试验按钮,高压侧跳闸。需长时间停电或检修时,必须断开上级高压开关并闭锁。

5)注意事项。

(1)工作面低压供电系统同时存在两种或两种以上电压时,低压电气设备(电动机、变压器、馈电开关、启动器、检漏继电器等)上应标出其电压额定值。

(2)工作面所有的电气设备都应外观清洁,放置整齐,无倾斜,周围环境无杂物,顶板无淋水,表面无灰尘,进出电缆整洁,不穿错。

(3)在放置移动变电站及其他高低压开关的场所附近应备有足够数量的灭火器材,井下职工都应熟悉灭火器材的使用,并熟悉自己工作区域内这些器材的存放地点。

(4)安装在巷道内的移动变电站或高低压电气设备的最突出部分,同巷道支护间的距离不应小于 0.5 m。电气设备与电气设备的距离应满足设备检查、维修的需要,并不得小于 0.8 m。

(5)井下电缆的选用、敷设和连接应符合《煤矿安全规程》第四百四十三条至第四百四十九条的有关规定。

(6)井下电气设备保护接地应符合《煤矿安全规程》第四百六十条至第四百六十五条的有关规定。

(7)防爆组检查人员在进行日常的防爆检查时,在瓦斯浓度 1% 以下的风流中,可打开低压开关和低压接线盒盖子,进行目测检查,检查要有两人进行,其中一人检查一人监护,但不准试验合闸。

(8)井下供电应做到:无"鸡爪子",无"羊尾巴",无明接头;有过流和漏电保护装置,有螺栓和弹簧垫,有密封圈和挡板,有接地装置;电缆悬挂整齐,设备硐室清洁整齐;防护装置全,绝缘用具齐全,图纸资料全;坚持使用检漏继电器,坚持使用照明和信号综合保护装置,坚持使用瓦斯电和风电闭锁。

(9)必须严格执行停送电制度。

6)收尾工作

在现场向接班人员详细交代本班设备运转情况、出现的故障、存在的问题,并认真填写各项记录。

## 9. 三机检修工操作规程

1）上岗条件

（1）必须经过专业技术培训，考试合格、持证上岗。

（2）必须具备一定的钳工基本操作、电气维修基础知识，熟知自己的职责范围和《煤矿安全规程》《煤矿矿井机电设备完好标准》《煤矿机电设备检修质量标准》的有关内容及有关规定。

（3）熟知所检修带式输送机、刮板输送机、转载机、破碎机设备的结构、性能、传动系统、液压部分、动作原理和电气部分，能独立工作。

2）安全规定

（1）必须严格执行《煤矿安全规程》、作业规程及本操作规程，并正确佩戴劳动防护用品。

（2）作业前必须认真对本岗位危险源进行辨识，严格执行"手指口述"。检查作业场所的设备、设施、环境，确保工作环境始终处于安全状态。

（3）上班前严禁喝酒，班中不做与本职工作无关的事情，严格遵守各项规章制度。

（4）在进行检修作业时，一般不得少于两人，并与操作工配合好。

（5）设备检修前必须切断电源并闭锁或设专人看管，严禁在开机情况下进行检修。

3）操作准备

（1）检修人员应配齐需用的工具、起吊用具、仪器、仪表和安全保护用具等，保证当日检修所需的材料、备件的数量要充足。

（2）作业前对检修地点的施工顶板情况、支护情况认真检查，确保检修人员和设备的安全。

（3）对照日检内容和完好标准，对三机进行全面检查。

（4）拆下的机件要放在指定位置，不得有碍作业和通行，物件放置要稳妥，不得损坏零部件。

4）正常操作

（1）在打开机盖、油箱进行拆检、换件或换油等检修工作时，必须注意遮盖好，严防落入煤矸、粉尘、淋水或其他异物等；拆下的零部件应放在清洁安全的地方，防止损坏、丢失或落入机器内。

（2）需进行起吊工作时，起重工具及连接环、销必须合格，安全性能可靠，连接必须牢固。

（3）拆卸生锈或使用了防松胶的部位时，事先应用松动剂或振动处理后再进行。

（4）对常用工具无法或难以拆除的部位和零部件，要使用专用工具，严禁破坏性拆除。

（5）检查机头机尾链轮磨损不超过 5 mm；压链板磨损不超过 10 mm。各部连接螺栓无松动，保证齐全紧固可靠。

（6）检修后必须清洗油池（油箱），注入油池（油箱）的油必须经过过滤。

（7）检查大链松紧度、刮板压板、分链器、螺栓齐全；刮板磨损程度、带扣等完好情况。

（8）每班对电动机及减速箱保护罩上堆积的煤粉、杂物进行及时清扫，以保证电机及减速箱散热良好。

（9）设备试机前，检修人员必须撤离到安全区，并向相关人员发出开机的通知及开车信号、送电，并由该设备的司机按规定开机。在主要部位应设专人进行监视，发现问题及时停机处理。特别是输送机试机时，检修人员要避开牵引链（输送带、张紧钢丝绳）的受力方向，防止断链（断带、断绳）弹起伤人。

5）注意事项

（1）检修设备时，必须先停电，开关打到零位，并在开关上挂停电牌或专人看管，然后进行维修。

（2）传递工件、工具时，必须等对方接妥后送件人方可松手，禁止抛掷。

（3）拆装大型零部件时，有专人统一指挥，必要时规定口号和信号，若有零部件不合要求，要及时修好，铲、削物件时，避免碎片伤人，必要时须加设挡板或防护网。

（4）拆装时，对重要部位和加工表面应使用铜棒撞击。

（5）设备试机时，检修人员不得将手伸入机体内部。

6）收尾工作

（1）进行全面试车，观察是否有异常。

（2）设备有缺陷或发生故障，必须及时处理，严禁带病运转，确实不能修复的立即向有关领导报告。

（3）清点工具及剩余的材料、备件，更换下来的零部件升井，并做好详细记录。

## 6.5 实践效果

### 6.5.1 极薄煤层综采设备研发与应用效果

#### 1. 极薄煤层采煤机研发与应用

极薄煤层采煤机最为重要的配套参数就是机面高度和过煤高度要合适,传统的无链牵引采煤机都是主机身在输送机上,以销轨与行走轮相啮合进行行走的,因此机面高度、输送机销排的高度和采煤机的厚度决定了配套后的过煤空间,极薄煤层的机面不可能太高,所以输送机的销排越高,采煤机的机身厚度越薄,则过煤空间越大。而禾草沟二号煤矿极薄煤层的地质条件又极为复杂,经常出现断层、夹矸等情况,这就决定了电机功率不能太小,而电机的尺寸又严格地限制了机身厚度不可能太薄,这就迫使我们必须在采煤机与输送机的配套形式和结构上做出突破。

MG200/468-WD过桥式极薄煤层电牵引采煤机整机是由牵引部、左截割部、右截割部、左行走部、右行走部、电控部、调高油缸及过桥部组成。该采煤机主机体为一整体长箱结构,包括左行走箱、右行走箱、左截割驱动箱、右截割驱动箱、电控部等,主机体通过过桥连接的方式与输送机相连,而主机体位于输送机的煤壁侧,考虑到整机的重心与受力问题,首次突破性地将行走轮及啮合销排设于输送机与主机体之间来实现整机在输送机上的行走,同时在输送机的另一侧设立导向挂钩,实现整机在行走过程中的导向功能。传统的无链牵引采煤机的行走轮均是出在操作侧,并在煤壁侧出辅助支撑的滑靴,但考虑到过桥式采煤机的结构特点,重心向煤壁侧方向移动,若依旧在操作侧出行走轮,不但使过桥的几何尺寸变大、操作空间变小,同时也不利于采煤机整体的受力稳定,缩短了导向及行走轮的使用寿命。因此从力学设计和结构设计的角度上讲,将行走轮与销排的啮合行走位置放在此处都是合理的。

从整体配套参数上来看,机面高度降低到500 mm,同时还能保证264 mm的过煤空间,牵引力可达到500 kN,这就大大提高了该机型在极薄煤层工作面的适应性,实现了在0.6~0.8 m采高范围电牵引的综采配套。从具体工况和操作来看,因极薄煤层工作面空间的苛刻,人在此工作面的能动性是有限的,故该采煤机设计为电牵引采煤机,且做到主机按钮与遥控器皆可控制,实现变频器调速,同时配有倾角传感器、旋转编码器等自动化电器元件来保证采煤机在井下的正常工作。

针对延安市禾草沟二号煤矿有限公司1123工作面工况,MG200/468-WD

过桥式采煤机由车村煤业集团与哈尔滨博业科技开发有限责任公司联合设计研发，哈尔滨博业科技开发有限责任公司负责制造，郑州煤机液压电控有限公司提供采煤机自动化控制系统，其外形如图 6-6 所示。2022 年 9 月中旬完成了 1123 智能化综采工作面设备安装工作；2022 年 11 月底实现采煤机远程控制、智能记忆截割、姿态显示等功能。2023 年 4 月实现煤流量监测与异物检测功能。智能化工作面预计原煤产量 2.8 万 t/月，受资源枯竭限产以及设备试运行的影响，智能化采煤机调试 5 个月以来回采 360 余米，生产原煤 4.2 万余吨。MG200/468-WD 极薄煤层采煤机在 1123 综采工作面割煤实况如图 6-7 所示。

图 6-6　MG200/468-WD 过桥式极薄煤层采煤机

图 6-7　MG200/468-WD 极薄煤层采煤机井下运行情况

## 2. 极薄煤层液压支架研发与应用

极薄煤层采煤工作面空间狭小、开采效率低、安全可靠性差，目前绝大多数液压支架都是针对中厚煤层设计的，并且现有的极薄煤层液压支架也因煤层特殊的赋存环境不能广泛适用，禾草沟二号煤矿1123智能综采工作面建设中设计研发了 ZZ4000/6.5/13D 极薄煤层综采液压支架，在地面安装与实际采煤工作面使用的过程中会出现以下问题：

（1）由于现场使用过程中是带压移架，因此现有的极薄煤层综采液压支架抬底油缸行程无法达到移架效果，并且本着电线管路应尽量布置于两立柱中间以便于更换的原则，目前两立柱之间空间不足，无法铺设管线。

（2）极薄煤层综采液压支架在支撑顶板时，直接顶碎块岩石容易漏入支架底座，导致支架清理难度大，并且由于掉落的碎块岩石受重力作用，对底部推拉油缸也产生了破坏，掉落的碎块岩石长时间堆积会导致底部推拉油缸更换困难。

（3）极薄煤层综采液压支架立柱端头的横销产生的挤压变形容易加大更换难度。

（4）极薄煤层综采液压支架掩护梁侧护板收回时与顶梁之间产生的间隙容易导致顶板矸石掉入液压支架，从而影响侧护板的正常工作。

针对以上现场应用问题，提出了一种适应于极薄煤层复杂环境下的综采液压支架结构技术改造方案，改造后的"双缸横置式"抬底千斤液压支架如图6-8所示，解决了现有支架安装与井下应用过程中出现的支架移架困难、磨损破坏严重、部件更换困难且费时费力的问题。

上述极薄煤层综采工作面液压支架结构与技术改造系统，具有以下使用优点：①采用原双缸横置式抬底结构，对支架底座抬底装置铰接点进行了微调整，如铰接孔与轴间隙缩小以减少自由量，推杆厚度增加20 mm以增大抬底量对实现支架支护过程中带压移架具有良好的应用效果；②在支架掩护梁尾部增加了防护网，通过吊环卸扣连接，具有较好的挡矸效果，以及在支架掩护梁后部增加挡矸帽檐，从掩护梁顶板后部起延长120 mm宽度，有效减少了顶板碎落矸石向支架的漏入，降低了支架清理难度，并提高了底部推拉油缸的寿命与使用率；③设计的立柱横销结构是为了满足支架的伸缩比要求，常规带压块的横销无法满足支架伸缩比，本次改进主要是提高了销轴的热处理硬度，销轴末端带有螺纹孔（安装拔销器用），加大侧护板上的拆卸孔，提高了拔销器安装的检修与更换；④侧护板上板与侧板的内侧焊缝和顶梁顶板外边缘

图 6-8 改造后的液压支架

减小的 5 mm 宽度大大降低了碎落矸石在支架侧护板回收时向支架内部的漏入，能防止顶板垮落矸石沿顶梁与掩护梁之间的空隙掉落磨损支架底座以及破坏刮板输送机，极大保障了工作面煤炭运输，降低了刮板输送机的故障率。

达到的有益效果是：提高了厚度 0.8 m 以下的极薄煤层综采工作面通风断面与作业人员移动空间，在保证液压支架支护强度与稳定的基础上，提高支架的使用寿命与有效利用率、移架可行性与移架效率，后期可以通过固定在液压支架上的电液集成控制系统实现综采工作面支架的远程机械化操控与地面可视化监控，大大提高生产效率的同时，改善作业环境，降低作业风险事故发生，提高了支架的稳定性与禾草沟二号煤矿 1123 智能化工作面特殊赋存地质条件的适应性，增加了煤炭资源回收效率，避免了煤层的损失与浪费。

3. 采煤机电缆自主收放装置研发与应用

传统采煤工艺下，采煤机电缆常采用人工绞车方式进行收放，对电缆铺设要求较低，而随着智能开采的推进，为与采煤机自动割煤相匹配，防止采煤机电缆掉道、挂卡以及多次堆叠后与支架顶梁挤压，电缆自动化收放装置成为采煤机自动割煤的重要辅助装置。然而，禾草沟二号煤矿1123极薄煤层综采工作面空间狭小，以往的电缆铺设方式难以适应电缆自动化收放要求，现有的薄煤层或者中厚煤层电缆拖拽系统由于空间限制也无法正常使用。针对此问题，通过禾草沟二号煤矿及协作单位骨干技术人员的技术攻关，深入现场进行问题分析，查阅资料，集思广益，提出了解决的办法，研发了一种适用于1123智能化综采工作面的采煤机电缆自主收放装置，原理如图6-9所示。

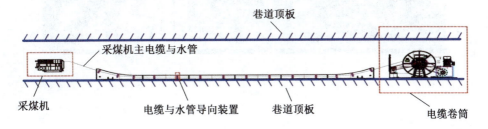

图6-9 采煤机电缆自主收放装置原理图

通过运用采煤机电缆自主收放装置，有效地解决了采煤机电缆脱槽、堆叠需要人工跟随看护电缆的难题，保证了采煤机的正常安全运行，同时也保证了自动化割煤作业的顺利实现。1123智能化工作面采煤机电缆自动收放装置井下布置情况如图6-10所示。然而，在应用过程中仍存在一定问题，比如采煤机电缆始终处于拉紧状态，导致通信线缆通信中断影响智能化生产；装置结构庞大，在极薄煤层工作面有限空间下不能够很好地适应，仍需进一步升级改造。

### 6.5.2 综采智能化生产效果分析

延安禾草沟二号煤矿1123智能化极薄煤层工作面于2022年7月23日完成综采"三机"地面联调，开始入井正式安装，2022年11月15日主要设备安装完毕，2022年11月底完成系统所有功能调试，随即进行了为期5个月的工业性试验，同时进行了单机装备的适应性、可靠性以及自动化系统的稳定性测试，以及多机联动运行的稳定性测试、智能化集中控制系统运行的稳定性测试，生产能力和智能化程度满足设计要求。截至2023年5月，1123智能化极薄煤层综采工作面智能实现效果以及生产情况如下。

图 6-10 采煤机电缆自动收放装置井下布置图

**1. 智能化设计功能实现情况**

（1）采煤系统。1123 智能化综采工作面采煤机目前已实现远程控制、智能记忆截割、姿态显示等功能，设计的智能化功能具体实现情况见表 6-6。

表 6-6 采煤系统智能化功能实现情况

| 项目名称 | 智 能 化 功 能 | 实现情况 |
| --- | --- | --- |
| 采煤系统 | 具有运行工况监测功能 | 实现 |
|  | 具有精准定位、记忆截割和全工作面机架协同控制割煤功能 | 实现 |
|  | 具有机载无线遥控功能 | 实现 |
|  | 提供第三方控制接口，可实现工作面集控中心和地面监控中心对采煤机的实时监控 | 实现 |
|  | 具有自动启停和记忆截割功能 | 实现 |
|  | 具有与刮板输送机的联动控制功能 | 实现 |
|  | 具有与工作面智能集控中心的双向通信功能 | 实现 |
|  | 具有直线度感知、高度自调整、防碰撞检测和姿态检测功能 | 仅防碰撞检测未实现 |
|  | 具有煤流负荷自调节功能 | 实现 |

（2）支护系统。1123 智能化综采工作面支护系统采用电液控系统，实现了自动补液、支护状态监测与预警、远程控制、自动跟机等。在生产期间可根

据采煤机位置在全工作面范围自动完成支架移架、推刮板输送机等动作,设计的智能化功能具体实现情况见表6-7。

表6-7 支护系统智能化功能实现情况

| 项目名称 | 智 能 化 功 能 | 实现情况 |
| --- | --- | --- |
| 支护系统 | 液压支架配备电液控制系统 | 实现 |
| | 具有跟机自动移架、推刮板输送机、远程控制、自动补液、自动反冲洗和自动喷雾降尘等功能 | 实现 |
| | 液压支架具有高度检测、姿态感知、工作面直线度调直、压力超前预警功能 | 仅工作面直线度调直未实现 |
| | 具有支架群组协同控制和超前支护功能 | 实现 |
| | 端头支架配备电液控制系统,具有本地和远程控制功能 | 实现 |
| | 超前支架配备电液控制系统,具有本地和远程控制功能,支持与工作面液压支架的联动控制 | 未配备超前支架 |
| | 薄煤层液压支架具有合理的支护强度和顶板压力实时监测,并具有本地和远程控制功能 | 实现 |

(3) 运输系统。1123智能化综采工作面运输系统,实现了运输系统的远程控制、一键启停、顺序启停控制,设计的智能化功能具体实现情况见表6-8。

表6-8 运输系统智能化功能实现情况

| 项目名称 | 智 能 化 功 能 | 实现情况 |
| --- | --- | --- |
| 运输系统 | 运输子系统配备自动控制系统 | 实现 |
| | 具有运行工况监测、上传和显示等功能 | 实现 |
| | 刮板输送机、带式输送机、转载机和破碎机具有本地和远程控制功能,支持单台运输设备启停控制、多台运输设备组合一键启停控制 | 实现 |
| | 带式输送机自移机尾具有手动、自动和遥控控制功能 | 实现 |
| | 刮板输送机具有链条自动张紧、实时运行状态监测、故障诊断和采运协同控制等功能 | 仅刮板输送机链条自动张紧未实现 |
| | 带式输送机具有煤流量监测、异物检测和速度自调节功能 | 实现 |

(4) 智能监测与控制系统。1123智能化综采工作面建成井下集控中心,在地面调度室建成地面分控中心。井下集控中心和地面分控中心具备工作面设备单机控制、一键启停和协同控制功能,配置的设备可实现井下运行状况可视

化监控,视频监控自动追踪采煤机位置,实现全过程的监控;供液系统实现乳化液泵站集中智能化控制,实现了多泵组合按编程自动开停、自动启停、乳化液浓度自动检测、自动配液、无人值守等功能,设计智能化功能实现情况见表6-9。

表6-9 设计功能实现情况

| 项目名称 | 项目分类 | 智能化功能 | 实现情况 |
| --- | --- | --- | --- |
| 智能监测与控制 | 工作面网络 | 有线网络传输速率不低于1000 Mbps | 实现 |
| | | 无线网络传输速率不低于100 Mbps | 未实现 |
| | 视频 | 工作面配备高清视频监控系统 | 实现 |
| | | 视频监控具有视频增强、画面自动切换和摄像头自动清洗功能 | 实现 |
| | 供电 | 具有实时警示显示、预警和报警功能 | 实现 |
| | | 具有防越级跳闸和故障定位功能 | 未实现 |
| | 供液 | 具有本地和远程控制功能,实现单泵启停、多泵组合一键启停控制 | 实现 |
| | | 具有反浸透水处理和水过滤功能 | 实现 |
| | | 具有乳化液浓度实时监控、运行状态感知、补液自动调配和高低液位自动调整功能; | 实现 |
| | | 具有与液压支架用液量协同联动功能。 | 实现 |
| | 工作面智能控制 | 集控中心具有本地和远程控制功能 | 实现 |
| | | 地面监控中心配备工作面智能控制系统,支持工作面设备一键启停 | 实现 |
| | | 具有设备故障智能诊断、实时故障信息显示、预测和预警功能 | 实现 |
| | | 具有全工作面数据规划截割控制和移动集群管控功能 | 未实现 |
| | | 具有对采煤工作面生产系统和辅助生产系统的远程监控功能 | 实现 |
| | | 集控中心配备人员定位基站和人员定位移动终端 | 实现 |
| | | 具有工作面开采工艺分析优化决策功能 | 未实现 |
| | 安全监测子系统 | 具有人员精确定位和危险区域语音报警功能 | 实现 |
| | | 智能化采煤工作面、巷道、设备列车、移动变电站等区域采用矿用LED无频闪照明 | 实现 |
| | | 具备开采环境参数实时监测与预警功能 | 实现 |
| | | 工作面实现工作人员的精确定位,与广播系统、通信系统应急联动 | 实现 |

依据《陕西省煤矿智能化建设指南（试行）》对标 1123 智能化工作面建设情况，达到了陕西省智能化综采工作面建设标准，智能化系统运行情况如图 6-11 所示。但在采煤机防碰撞检测、液压支架工作面直线度调直、刮板输送机链条自动张紧、无线网络传输速率不低于 100 Mbps、供电系统的防越级跳闸和故障定位、全工作面数据规划截割控制和移动集群管控以及工作面开采工艺分析优化决策等方面的智能化功能还有待进一步完善。

图 6-11 1123 智能化工作面运行情况

### 2. 2022 年 12 月—2023 年 5 月产能情况

智能化工作面预计原煤产量 2.8 万 t/月，受资源枯竭限产以及设备试运行的影响，智能化设备调试 5 个月以来回采 330 余米，生产原煤近 4 万 t。智能化工作面建设以来，工作面作业人员由原来的 19 人减少至 13 人，有效降低了人员成本，减员增效；实现设备自动化、智能化控制，降低作业人员的劳动强度；减少岗位用工，提高全员效率，1123 智能化工作面生产作业现场如图 6-12 所示。

从 2022 年 12 月—2023 年 5 月（去除 2023 年 1 月），在工业化试验的 5 个月期间，每月生产作业时间为 25 天，安排 37.5 个小班，日平均割煤 3.6 刀，日平均进尺 2.86 m，月平均进尺 74.4 m，月平均生产原煤 8771.76 t。1123 智能化综采工作面月产量如图6-13所示。

图6-12　1123智能化工作面生产现场

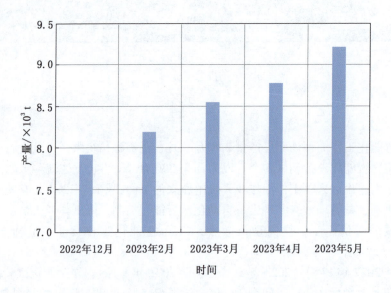

图6-13　1123智能化工作面工业性试验期间月产量图

该套极薄煤层智能化系统与装备经过 5 个月的工业性试验，地面调度中心和井下巷道监控中心远程作业及采煤机记忆截割等智能化功能基本稳定，系统各项功能应用效果良好，能够大大减少工作面作业人员，降低劳动强度，实现了极薄煤层条件下的"无人跟机作业，远程辅助控制"的智能化建设目标。工作面生产能力不断提高，年产能力可达 $1.06 \times 10^5$ t。

## 6.6 经济社会效益

### 6.6.1 经济效益

延安市禾草沟二号煤矿有限公司智能化综采技术的成功应用，不仅标志着智能化综采技术取得了突破，也为企业带来了较好的经济效益。

1. 国产装备投入

智能化国产综采成套装备能够满足我国建设安全高效矿井的需要，具有广阔的应用前景，同时也可大大节约生产投入。初步估算智能化国产综采成套装备售价约为国外产品价格的 13.4%。研发购置一套薄煤层智能化综采成套装备可节约 3.6 亿元左右，配件与服务成本大幅降低。

2. 生产能力

延安市禾草沟二号煤矿有限公司智能化综采工作面自安装调试运转成功以来，单班（8h）生产能力 4 刀，工作面月产量稳定在 22872.5 t，达到了年产 0.2 Mt 的设计能力。与智能化改造之前综采工作面相比，该综采工作面采高 0.8 m，工作面长度 120 m，截深 0.8 m，按三班进行组织生产，早班生产 2 刀煤，中班和夜班每班生产 4 刀煤，日产量 914.9 t，每月生产 25 天，月平均产量为 22872.5 t。相比之下智能化改造之后综采工作面每年可多生产原煤近 68610 t，增加产值近 8233.2 万元（吨煤平均售价 1200 元），实现了安全高效。

3. 减员增效

经过近一年的生产运行，智能化生产设备运行可靠，不仅能够轻松完成中部跟机作业，同时也能实现机头、机尾的三角煤自动记忆截割，实现了全工作面自动化跟机作业的常态化。生产期间工作区域每班由原来的 20 人作业（跟班队长 1 人、班长 1 人、副班长 1 人、采煤机司机 2 人、支架工 1 人、推刮板输送机工 1 人、输送机司机 3 人、支护工 2 人、跟班电工 1 人、浮煤清扫工 4 人、电缆看护工 1 人、乳化液泵司机 1 人、捡矸工 1 人）。减至 12 人作业（跟班队长 1 人、班长 1 人、副班长 1 人、集控中心操作工 2 人、采煤机司机 1

人、支架工1人、输送机司机1人巡视、支护工2人、巷道巡检工1人、跟班电工1人）。实现减员提效，每年节约人工成本96万元以上。单班生产作业人数由以往的20人（含带式输送机司机和电工各1人）减至12人。

4. 煤炭资源回收

延安市禾草沟二号煤矿有限公司主采煤层平均厚度0.73 m，矿井原留设20 m煤柱开采，留巷成功应用后，有效提高了煤炭资源回收率，单面可增加回收煤柱19608 t原煤，增加产值近2353万元（吨煤平均售价1200元）。

5. 减少矸石产出

禾二矿采用"110工法"通过切顶留巷无煤柱开采技术应用，每米巷道可节约掘进费用2071.43元，减少掘进矸石产出30 m³。智能化升级改造之后，1123工作面采高由原来的1.2 m降低至0.8 m，每推进1 m，120 m长的综采工作面可减少矸石产出48 m³。因此，工作面每进尺1 m，累计可减少矸石产出78 m³，总重195 t。按三班进行组织生产，早班生产2刀煤，中班和夜班每班生产4刀煤，日进尺8 m，每月生产25天，月进尺200 m，每月可减少矸石外排量39000 t，极大的缓减了洗选及转运压力，延长地面矸石场地排放期，减轻了环境压力，同时节约巷道掘进费用41.43万元，降低了生产成本。

6. 效益分析

（1）采用智能化开采后，生产效率提高了34%左右，与智能化改造之前相比，综采工作面每年可多生产原煤近68610 t。

（2）采用智能化开采后，单班生产作业人数由以往的20人减至12人，每年节约人工成本96万元左右。

（3）经济效益：

① 新增销售额 = 智能化开采多生产的产量×煤炭平均售价 = 68610×1200 = 8233.2万元（2022年煤炭平均售价为1200元/t）；

② 新增利润 = 智能化开采多生产的产量×（煤炭平均售价 − 吨煤成本价格 − 煤炭平均售价×煤炭税率）+ 节约人工相关费用 = 68610×（1200 − 580 − 1200×0.15）+ 960000 = 3114.84万元(吨煤成本580元/t,煤炭税率为15%)；

③ 新增税收 = 智能化开采多生产的产量×煤平均售价×煤炭税率 = 68610×1200×0.15 = 1235万元。

## 6.6.2 社会效益

延安禾草沟二号煤矿1123工作面通过极薄煤层绿色综采关键技术的应用，采用智能化采煤工艺，通过工作面集控系统完成对工作面设备的远程操控，实现矿井生产的集约化、自动化与信息化目标，极大地促进了矿井本质安全型建设，发展高效集约化生产，实现无人值守开采，提高了采煤效率，降低了劳动强度，大大减少了井下工作人员，降低了煤炭开采成本，达到"减人提效、节能降耗"，确保了安全生产，提升了矿工的社会地位。采用切顶留巷无煤柱绿色开采技术，一方面减轻了留巷侧工作面压力，克服了其他沿空留巷技术带来繁重的运输量和工序，提高了安全系数，另外减少了巷道掘进量，缓解采掘接续紧张压力，缩短了巷道掘进期，并且提高了经济效益，降低了生产成本。此外，延安禾草沟二号煤矿 1123 智能化工作面建成后，填补了国内外极薄煤层智能化技术的空白，可有效解决延安矿区极薄煤层综采装备可靠性差、智能化程度低的问题。通过智能化煤矿建设，将给其他极薄煤层矿井开采带来示范作用，从而产生社会效益。

## 6.7 极薄煤层绿色智能开采技术推广应用

延安禾草沟二号煤矿 1123 极薄煤层智能化工作面建成后，在矿井接续工作面 1107 工作面已安装完成，通过优化智能综采工艺，进一步降低工作面采高，减少矸石产出。第二套智能化设备准备在车村煤业集团芦村二号煤矿 101/102 工作面入井安装。智能化综采装备和控制系统能够更加适应工作面的变化。建立超前支架远控系统，将综采工作面两巷道超前支架远程控制接入环网，在地面增加监控计算机，通过视频实时监视超前支架情况，实现超前支架的远程控制。与第一套智能化设备相比，第二套智能化设备配套了智能刮板输送机控制系统，它可以随煤流负荷大小自动调节刮板输送机速度，具备智能启动、煤量检测与智能调速、链条自动张紧、功率协调等功能；对智能化控制系统进行了升级，使之具有视频传输及远程控制速度快、兼容性强、适应性强、操作简便和实用等优点。

2022 年 8 月，以陕西省科技厅和延安市科技局指导下批准的陕西省厅市联动重点项目"延安煤炭绿色智能开发"中极薄煤层智能化示范工作面将在芦村二号煤矿建成。可有效解决延安矿区极薄煤层的智能化开采问题，技术成熟的产品也可向行业内进行推广使用。

延安禾草沟二号煤矿 1123 极薄煤层智能化工作面建成后，到该矿参观交流的国内煤矿企业络绎不绝。目前已有多家煤矿尝试开展极薄煤层的智能化开采。

## 6.8 极薄煤层绿色智能开采技术展望

车村煤业集团首创的融"110 工法"无煤柱开采技术、智能化综采技术与清洁生产技术于一体的极薄煤层绿色智能综采关键技术在禾草沟二号煤矿 1123 工作面成功应用实践。采用"110 工法"无煤柱开采技术，在采前降低掘进的矸石产出量，提高煤柱资源回收。利用智能综采技术，在回采过程中实现地面操控采煤常态化，改善劳动作业环境，降低劳动作业强度，同时通过降采高减少了采煤矸石的产出。采后通过矸石路基、矸石喷浆材料等清洁技术的研发，实现矸石开发再利用，变废为宝，缓解了极薄煤层开采矸石处理压力，极大地推动了极薄煤层开采绿色智能综采技术发展，有力地促进了极薄煤层矿井本质安全型建设。但是，由于极薄煤层特殊的地质赋存条件，以及当今煤炭开采技术水平限制，极薄煤层绿色智能综采技术的实践应用，仍有很大的提升空间。

极薄煤层综采工作面的智能化水平极大地依赖于当今智能化综采装备技术的发展水平。车村煤业集团禾草沟二号煤矿 1123 工作面实现了"液压支架电液控制系统、煤机记忆截割与可视化远程干预控制"相结合的智能化开采技术模式。但是，极薄煤层智能综采装备的可靠性及对复杂条件的适应性，无法满足极薄煤层智能化煤矿的建设需求，高可靠性高适应性的极薄煤层综采装备、高性能检测设备、关键材料等仍存在技术瓶颈。极薄煤层智能化设备安装、布置、维修难度大，智能化控制系统元部件精小化和可靠性需进一步提升。此外，在智能化决策管控、机器人化及透明开采技术应用上存在很大的不足。如何提高采煤机的"方位觉"，实现采煤机的自主精确定位；如何仿生人的"视觉""听觉""触觉"实现采煤机的智能精确截割；如何实现工作面回采过程中液压支架群组与围岩的智能耦合自适应控制；如何在复杂多变的工作面实现液压支架的调直与调斜等技术，在极薄煤层智能化开采中有待进一步研究。

车村煤业集团下辖各矿井系统均独立建设，通信服务器与控制台各自分散，无法完成跨系统的协同联动，阻碍了各矿井间信息的传递，多源异构数据分析方法的缺失导致多业务和多系统协同管控缺乏依据。数字化、智能化生态脆弱，呈现出产业链不完善、技术链片面、标准体系不统一等问题，数据融合、数据治理等差距较大。在智能化建设过程中"重硬件轻软件、重平台轻数据、重展示轻操控"，禾二矿的各智能化系统之间仍存在信息壁垒、数据孤岛。因此，有待于进一步通过极薄煤层煤矿软件系统集成与智能化标准体系架构研究，突破极薄煤层煤矿智能化建设过程中的数据融合、平台集成及标准化等，推动极薄煤层煤矿智能化与 5G、大数据、工业互联网平台等技术融合发展，从而全面提升极薄煤层煤矿智能化水平。禾二矿属于赋存条件简单的一类煤矿，应全面开展信息感知数字化、数据模型多元化、管控平台一体化、系统设备可靠化、工艺流程精细化、灾害防治精准化、智能运行常态化、管理运维标准化、开发利用绿色化、生产供给柔性化等"十化"建设，实现智能生产、绿色矿区、智慧生活。

矸石的处理历来是极薄煤层开采过程中的难点与重点，大量的矸石随煤炭资源的开发而不可避免地产出，严重制约矿井绿色高效开采，在"创新、协调、绿色、开放、共享"的新发展理念，极薄煤层绿色智能综采技术的成功应用，回采巷道掘进矸石产出减少 50%，同时避免了煤柱资源浪费，采煤机高度由 0.85~1.6 m 降低至 0.75~1.3 m，工作面最大采高降低至 0.75 m，有望在割煤过程中降低大量矸石随煤炭资源开采而产出，产出矸石通过矸石制路基、喷浆材料等方式实现矸石开发再利用，变废为宝。但是由于试验工作面 1123 智能综采工作面破碎伪顶的存在，在试验工程中适当增大了割煤高度，避免大块矸石对工作面回采的影响，因此有待于进一步研究破碎顶板加固技术，通过深入研究破碎顶板加固技术，改进极薄煤层采煤工艺，优化采煤作业工序，消除极薄煤层不稳定顶板对工作面回采的影响，实现极薄煤层回采零矸石。另外，在煤矸石处理途径上，有待于进一步推动清洁生产技术研究应用，进一步寻求车村煤业集团地质条件下煤矸石利用途径，实现矿井清洁生产，加快生态矿山建设。

车村煤业集团极薄煤层绿色智能综采关键技术的实践应用，开创了我国极薄煤层绿色智能综采技术先河，在促进煤炭开采技术进步，探索极薄煤层绿色开采，智能化开采方面做出了巨大贡献。该项技术成功融"110 工法"无煤柱开采技术、智能化综采技术与清洁生产技术于一体，极大地降低了矸石产出，增加了煤炭资源回收率，提升了矸石利用途径，突破了极薄煤层因开采空间狭小造成的设备运转空间有限、工作面环境恶劣、作业人员劳动强度大、矸石处理压力大等制约极薄煤层绿色安全高效开采难题，对我国极薄煤层资源开采具有巨大的意义。但是该技术应用过程中依然存在不尽人意之处，有待进一步在当前极薄煤层绿色智能综采关键技术基础上继续深入研究应用。

## 参 考 文 献

[1] 李建民,耿清友,周志坡. 我国煤矿综采技术应用现状与发展[J]. 煤炭科学技术,2012,40(10):55-60.
[2] Zhao T,Zhang Z,Tan Y,et al. An innovative approach to thin coal seam mining of complex geological conditions by pressure regulation[J]. International Journal of Rock Mechanics and Mining Sciences,2014,71:249-257.
[3] 袁永,屠世浩,陈忠顺,等. 薄煤层智能开采技术研究现状与进展[J]. 煤炭科学技术,2020,48(5):1-17.
[4] 周开平. 薄煤层智能化无人工作面成套装备与技术研究设计[J]. 煤炭科学技术,2020,48(3):59-67.
[5] 宁桂峰. 薄煤层开采技术与综采设备的发展[J]. 煤矿开采,2013,18(1):5-7.
[6] 蔡振禹,张标. 薄煤层无人工作面开采技术研究与应用[J]. 煤炭工程,2013,45(11):7-9.
[7] 杨生华,周永昌,芮丰,等. 薄煤层开采与成套装备技术的发展趋势[J]. 煤炭科学技术,2020,48(3):49-58.
[8] 翟雨生,史春祥,吕晓,等. 薄煤层滚筒式采煤机发展现状及关键技术[J]. 煤炭工程,2020,52(7):182-186.
[9] 牛中平. 陕北3号极薄煤层综合机械化开采实践与探索[J]. 煤矿开采,2013,18(2):1-2,38.
[10] 屠世浩,王沉,袁永. 薄煤层开采关键技术与装备[M]. 徐州:中国矿业大学出版社,2017.
[11] 郭玉辉,王赟. 浅谈薄煤层开采技术现状与发展趋势[J]. 煤矿开采,2012,17:1-2,36.
[12] 王建军. 薄煤层采煤技术的研究[J]. 能源与节能,2017(4):132-134.
[13] 段旭刚. 薄煤层机械化开采成套设备的改进与应用[J]. 机械管理开发,2018,33(10):129-130.
[14] 蔺军发. 采煤工程中薄煤层开采技术分析[J]. 石化技术,2020,27(4):271-273.
[15] 葛世荣. 采煤机技术发展历程(四):连续采煤机[J]. 中国煤炭,2020,46(9):1-14.
[16] 翟雨生. 国内薄煤层采煤机的结构特点及发展趋势[J]. 煤矿机械,2015,36(2):1-3.
[17] 陈志强. 煤岩刨削破碎过程刨刀受载特性研究[D]. 辽宁:辽宁工程技术大学,2017.

[18] 钱建刚，赵宏珠，王建，等．高产高效刨煤机综合机械化采煤设备及技术［M］．北京：煤炭工业出版社，2008．

[19] 李首滨．智能化开采研究进展与发展趋势［J］．煤炭科学技术，2019，47（10）：102－110．

[20] 王国法，范京道，徐亚军，等．煤炭智能化开采关键技术创新进展与展望［J］．工矿自动化，2018，44（2）：5－12．

[21] 王国法，刘峰，孟祥军，等．煤矿智能化（初级阶段）研究与实践［J］．煤炭科学技术，2019，45（8）：1－36．

[22] 王国法，庞义辉，任怀伟．煤矿智能化开采模式与技术路径［J］．采矿与岩层控制工程学报，2020，2（1）：1－15．

[23] 王国法，刘峰，庞义辉，等．煤矿智能化：煤炭工业高质量发展的核心技术支撑［J］．煤炭学报，2019，44（2）：349－357．

[24] 刘振坚，邱锦波，庄德玉．天地科技上海分公司采煤机智能化技术现状与展望［J］．中国煤炭，2019，45（7）：33－39．

[25] 张世洪．我国综采采煤机技术的创新研究［J］．煤炭学报，2010，35（11）：133－137．

[26] 吴海雁．大功率、大采高电牵引采煤机的研制与应用［J］．重型机械，2010（6）：9－12．

[27] 谢贵君．电牵引采煤机的现状与发展趋势［J］．煤矿机械，2009，30（2）：6－8．

[28] 李首滨，韦文术，牛剑峰．液压支架电液控制及工作面自动化技术综述［J］．煤炭科学技术，2007，35（11）：1－5．

[29] 雷照源，姚一龙，李磊，等．大采高智能化工作面液压支架自动跟机控制技术研究［J］．煤炭科学技术，2019，47（7）：194－199．

[30] 牛剑峰．综采液压支架跟机自动化智能化控制系统研究［J］．煤炭科学技术，2015，43（12）：85－91．

[31] 田成金．可视化远程干预型智能化采煤关键控制技术研究［J］．煤炭科学技术，2016，44（7）：97－102．

[32] 李昊，季阳，张晞．综采工作面液压支架自主调斜调偏技术研究［J］．煤炭科学技术，2019，47（10）：167－174．

[33] 李森．基于惯性导航的工作面直线度测控与定位技术［J］．煤炭科学技术，2019，47（8）：169－174．

[34] 王会枝，陈伟，郭忠．刮板输送机智能调速系统研究［J］．煤矿机械，2018，39（8）：35－36．

[35] 王昆宏，温宝卿．直角转弯大功率重型刮板输送机的研究与应用［J］．中国煤炭，2019，45（11）：94－97．

[36] 葛世荣，王军祥，王庆良，等．刮板输送机中锰钢中部槽的自强化抗磨机理及应用[J]．煤炭学报，2016，41（9）：2373-2379．

[37] 郭正达，孟俊文．低速大扭矩永磁同步电机变频驱动系统在主斜井带式输送机上的应用[J]．山西煤炭，2018，38（5）：29-33．

[38] 张德坤，葛世荣．带式输送机自动张紧装置的设计[J]．矿山机械，1999，27（5）：44-46．

[39] 韩雷．基于线激光视觉检测的矿用输送机纵向撕裂保护系统研究[J]．神华科技，2018，16（9）：31-33，51．

[40] 张树生，马静雅，陆文涛，等．矿用带式输送机巡检机器人控制系统设计与实现[J]．煤矿机械，2015，36（7）：28-30．

[41] 裴文良，张树生，岑强，等．轨道式巡检机器人系统设计与应用[J]．煤矿机械，2016，37（6）：142-144．

[42] 程诚，刘送永．基于WPSV和BPNN的煤岩识别方法研究[J]．煤炭工程，2018，50（1）：108-112．

[43] 张强，王海舰，郭桐，等．基于截齿截割红外热像的采煤机煤岩界面识别研究[J]．煤炭科学技术，2017，47（5）：22-27．

[44] 王昕，胡克想，俞啸，等．基于太赫兹时域光谱技术的煤岩界面识别[J]．工矿自动化，2017，43（1）：29-34．

[45] 伍云霞，孟祥龙．局部约束的自学习煤岩识别方法[J]．煤炭学报，2018，43（9）：2639-2646．

[46] 杨恩，王世博，葛世荣，等．煤岩界面的高光谱识别原理[J]．煤炭学报，2018，43（S1）：646-653．

[47] 黄华．基于模糊理论的采煤机自适应截割控制研究[J]．煤矿机械，2014，35（6）：110-112．

[48] 龙再萌．基于IMC-PID控制的采煤机自动调高系统研究[J]．煤炭工程，2019，51（8）：169-172．

[49] 李雪梅．基于变速趋近律的采煤机调高滑模控制研究[J]．控制工程，2019（4）：724-728．

[50] 葛帅帅，秦大同，胡明辉．突变工况下滚筒式采煤机调速控制策略研究[J]．煤炭学报，2015，40（11）：2569-2578．

[51] 王国法，庞义辉．液压支架与围岩耦合关系及应用[J]．煤炭学报，2015，40（1）：30-34．

[52] 徐亚军，王国法，任怀伟．液压支架与围岩刚度耦合理论与应用[J]．煤炭学报，2015，40（11）：528-2533．

[53] 梁利闯，任怀伟，郑辉．液压支架的机-液耦合刚度特性分析[J]．煤炭科学技术，

2018,46(3):141-147.

[54] 武红霞,秦东晨,于龙.基于机液耦合的液压支架仿真分析[J].煤矿机械,2012,33(11):43-44.

[55] 李飐,李语心,杨振,等.基于ADRC的液压支护机器人自适应控制[J].机械与电子,2018,36(4):71-75.

[56] 张东升,毛君,刘占胜.刮板输送机启动及制动动力学特性仿真与实验研究[J].煤炭学报,2016,41(2):513-521.

[57] 张春芝,孟国营,冯海明.刮板输送机链传动系统动力学建模与仿真分析[J].煤矿机械,2011,32(9):71-74.

[58] 曾庆良,王刚,江守波.刮板输送机链传动系统动力学分析[J].煤炭科学技术,2017,45(5):34-40.

[59] 毛君,张东升,师建国.刮板输送机张力自动控制系统的仿真研究[J].系统仿真学报,2008,20(16):4474-4476.

[60] 朱福学.带式输送机动态特性分析与动张力计算[J].煤矿机械,2015,36(12):52-54.

[61] 张妙恬,冯禹,李栋,等.带式输送机非均布载荷启制动动态特性仿真研究[J].煤矿机械,2015,36(1):60-63.

[62] 李阳星,李晓辉.基于ADAMS平面转弯带式输送机的动态特性[J].黑龙江科技大学学报,2015,25(5):482-488.

[63] 李冬梅,赵士明.带式输送机拉紧装置启动过程动态仿真分析[J].机械传动,2017,41(2):100-103.

[64] 唐恩贤.黄陵矿业公司智能化开采技术未来发展探究[J].陕西煤炭,2019,38(3):15-20.

[65] 吴宁,杨波.大采高智能化采煤控制技术在黄陵二号煤矿的发展[J].陕西煤炭,2019,38(6):103-106.

[66] 张有河.补连塔煤矿7 m大采高综采技术实践[C]//神华集团矿长大会.北京,2010.

[67] 王国法,庞义辉.8.2 m超大采高综采成套装备研制及应用[J].煤炭工程,2017,49(11):1-5.

[68] 杨俊哲.8.8 m智能超大采高综采工作面关键技术与装备[J].煤炭科学技术,2019,47(10):116-124.

[69] 何春光,李明忠.超大采高智能化综采成套装备及系统集成水平[J].煤矿机械,2018,39(2):132-134.

[70] 葛世荣,苏忠水,李昂,等.基于地理信息系统(GIS)的采煤机定位定姿技术研究[J].煤炭学报,2015,40(11):2503-2508.

[71] 王世佳，王世博，张博渊，等．采煤机惯性导航定位动态零速修正技术［J］．煤炭学报，2018，43（2）：578－583．

[72] 葛世荣，王忠宾，王世博．互联网＋采煤机智能化关键技术研究［J］．煤炭科学技术，2016，44（7）：1－9．

[73] 宋单阳，宋建成，田慕琴，等．煤矿综采工作面液压支架电液控制技术的发展及应用［J］．太原理工大学学报，2018，49（2）：240－251．

[74] 李建民．智能乳化液泵站在综采工作面的应用［J］．煤矿机电，2013（1）：62－65．

[75] 汪爱明，王子毅，程晓涵，等．液压支架压力监测地面站设计［J］．煤炭技术，2017，36（5）：216－218．

[76] 刘庆华，张林．煤矿井下工作面运输装备的现状及发展前景［J］．中国煤炭，2013，39（10）：65－67．

[77] 孔进．刮板输送机电驱紧链系统设计［J］．煤矿机械，2019，40（11）：18－19．

[78] 刘超．断链掉链保护装置在刮板输送机中的应用研究［J］．煤，2019（7）：49－50．

[79] 黄开林．高压变频技术在刮板输送机上的应用研究［J］．煤炭科学技术，2014，42（2）：68－72．

[80] 王世博，何亚，王世佳，等．刮板输送机调直方法与试验研究［J］．煤炭学报，2017，42（11）：3044－3050．

[81] 王力军，王伟．超重型刮板输送机在8 m大采高工作面的研发与应用［J］．煤炭科学技术，2018，46（S1）：135－140．

[82] 李建华．智能化带式输送机自移机尾的研发［J］．太原科技大学学报，2015，35（1）：64－67．

[83] 刘红英．煤矿主煤流输送智能化管控系统研究［J］．煤矿机械，2018，39（10）：50－51．

[84] 刘送永，崔玉明．煤矿井下定位导航技术研究进展［J］．矿业研究与开发，2019，39（7）：114－120．

[85] 陈新科，喻川，文智力．UWB定位技术在煤矿井下的应用［J］．煤炭科学技术，2018，46（S1）：187－189．

[86] 任洁，刘頔．基于采煤机振动时域特性的煤岩识别方法研究［J］．煤炭工程，2019，48（3）：106－109．

[87] 吴健，张勇．综放采场支架－围岩关系的新概念［J］．煤炭学报，2001，26（4）：350－355．

[88] 陆明心，郝海金，吴健．综放开采上位岩层的平衡结构及其对采场矿压显现的影响［J］．煤炭学报，2002，27（6）：591－595．

[89] 闫少宏．放顶煤开采支架工作阻力的确定［J］．煤炭学报，1997，22（1）：13－17．

[90] 闫少宏，毛德兵，范韶刚．综放工作面支架工作阻力确定的理论与应用［J］．煤炭

学报，2002，27（1）：64-67.

[91] 康立军. 综放开采顶煤应变软化特性对支架载荷限定作用的研究 [J]. 煤炭学报，1998，23（2）：140-144.

[92] 曹胜根，钱鸣高，缪协兴，等. 直接顶的临界高度与支架工作阻力分析 [J]. 中国矿业大学学报，2000，29（1）：73-77.

[93] 曹胜根，钱鸣高，刘长友，等. 采场支架-围岩关系新研究 [J]. 煤炭学报，1998，23（6）：575-579.

[94] 刘长友，钱鸣高，曹胜根，等. 采场直接顶的结构力学特性及其刚度 [J]. 中国矿业大学学报，1997，26（2）：20-23.

[95] 高峰，钱鸣高，缪协兴. 采场支架工作阻力与顶板下沉量类双曲线关系的探讨 [J]. 岩石力学与工程学报，1999，18（6）：658-662.

[96] 方新秋，钱鸣高，曹胜根，等. 不同顶煤条件下支架工作阻力的确定 [J]. 岩土工程学报，2002，24（2）：233-236.

[97] 闫少宏，尹希文. 大采高综放开采几个理论问题的研究 [J]. 煤炭学报，2008，33（5）：481-484.

[98] 孔令海，姜福兴，王存文. 特厚煤层综放采场支架合理工作阻力研究 [J]. 岩石力学与工程学报，2010，29（11）：2312-2318.

[99] 许红杰，邢国富，徐天发. 酸刺沟煤矿综放工作面矿压显现异常及控制技术 [J]. 煤炭科学技术，2012，40（7）：21-23.

[100] 尹希文，朱拴成，安泽，等. 浅埋深综放工作面矿压规律及支架工作阻力确定 [J]. 煤炭科学技术，2013，41（5）：50-54.

[101] 杜锋，白海波，黄汉富，等. 薄基岩综放采场基本顶周期来压结构力学分析 [J]. 中国矿业大学学报，2013，42（3）：362-369.

[102] 杜锋，白海波. 薄基岩综放采场直接顶结构力学模型分析 [J]. 煤炭学报，2013，38（8）：1331-1337.

[103] 郭宇鸣，刘恒凤，殷伟，等. 充填与垮落协同开采覆岩层间滑移破坏规律研究 [J]. 煤炭科学技术，2022，50（5）：92-103.

[104] 车晓阳，侯恩科，孙学阳，等. 沟谷区浅埋煤层覆岩破坏特征及地面裂隙发育规律 [J]. 西安科技大学学报，2021，14（1）：104-111，186.

[105] 王双明，魏江波，宋世杰，等. 黄土沟谷区浅埋煤层开采覆岩破坏与地表损伤特征研究 [J]. 煤炭科学技术，2022，50（5）：1-9.

[106] 张广超，陶广哲，孟祥军，等. 巨厚松散层下软弱覆岩破坏规律 [J]. 煤炭学报，2022，4（22）.

[107] 陈亮，吴兵，许小凯，等. 泥、砂岩交互地层综放开采覆岩破坏高度的确定 [J]. 采矿与安全工程学报，2017，34（3）：431-436，443.

[108] 刘红威, 赵阳升, REN Tingxiang, 等. 切顶成巷条件下采空区覆岩破坏与裂隙发育特征 [J]. 煤炭科学技术, 2022, 51 (1): 77-88.

[109] 来兴平, 张旭东, 单鹏飞, 等. 厚松散层下三软煤层开采覆岩导水裂隙发育规律 [J]. 岩石力学与工程学报, 2021, 40 (9): 1739-1750.

[110] 来兴平, 崔峰, 曹建涛, 等. 三软煤层综放工作面覆岩垮落及裂隙导水特征分析 [J]. 煤炭学报, 2017, 42 (1): 148-154.

[111] 郭文兵, 赵高博, 白二虎. 煤矿高强度长壁开采覆岩破坏充分采动及其判据 [J]. 煤炭学报, 2020, 45 (11): 3657-3666.

[112] 周光华, 伍永平, 来红祥, 等. 覆沙层下大采高工作面覆岩运移规律 [J]. 西安科技大学学报, 2014, 34 (2): 129-134.

[113] 钱鸣高, 缪协兴, 许家林. 岩层控制中的关键层理论研究 [J]. 煤炭学报, 1996, 21 (3): 225-230.

[114] 张宏伟, 朱志洁, 霍利杰, 等. 特厚煤层综放开采覆岩破坏高度 [J]. 煤炭学报, 2014, 39 (5): 816-821.

[115] 高保彬, 王晓蕾, 朱明礼, 等. 复合顶板高瓦斯厚煤层综放工作面覆岩"两带"动态发育特征 [J]. 岩石力学与工程学报, 2012, 31 (增刊1): 3444-3451.

[116] 陈超. 风沙区超大工作面地表及覆岩动态变形特征与自修复研究 [D]. 北京: 中国矿业大学 (北京), 2018.

[117] 张国锋, 何满潮, 俞学平, 等. 白皎矿保护层沿空切顶成巷无煤柱开采技术研究 [J]. 采矿与安全工程学报, 2011, 8 (4): 11-516.

[118] 何满潮, 陈上元, 郭志飚, 等. 切顶卸压沿空留巷围岩结构控制及其工程应用 [J]. 中国矿业大学学报, 2017, 46 (5): 959-969.

[119] 朱珍, 何满潮, 王琦, 等. 柠条塔煤矿自动成巷无煤柱开采新方法 [J]. 中国矿业大学学报, 2019, 48 (1): 46-53.

[120] 苏夏收, 魏红印, 苏毅. 复杂顶板条件下切顶留巷关键技术研究 [J]. 煤炭科学技术, 2019, 47 (8): 70-77.

[121] 陈上元, 赵波, 袁越, 等. 城郊矿深部工作面切顶留巷工程试验研究 [J]. 采矿与安全工程学报, 2021, 38 (1): 121-129.

[122] 王炯, 李文飞, 刘雨兴, 等. 塔山煤矿复合坚硬顶板切顶留巷围岩变形机理及控制技术研究 [J]. 采矿与安全工程学报, 2020, 37 (5): 871-880.

[123] 周均民, 申世豹, 刘进晓, 等. 厚表土厚坚硬顶板无煤柱切顶留巷关键技术研究 [J]. 煤炭工程, 2022, 54 (4): 1-6.

[124] 许旭辉, 何富连, 吕凯, 等. 厚层坚硬顶板切顶留巷合理切顶参数研究 [J]. 煤炭学报, 2023, 48 (8): 3048-3059.

[125] 华心祝, 刘啸, 黄志国, 等. 动静耦合作用下无煤柱切顶留巷顶板成缝与稳定机理

[J]. 煤炭学报，2020，45（11）：3696 - 3708.

[126] 赵萌烨，黄庆享，黄克军，等. 无煤柱切顶沿空留巷矿压显现规律 [J]. 西安科技大学学报，2019，39（4）：597 - 602.

[127] 薛卫峰，侯恩科，王苏健. 无煤柱切顶沿空留巷底板破坏规律 [J]. 西安科技大学学报，2022，42（6）：1133 - 1139.

[128] 何满潮，李晨，宫伟力，等. NPR 锚杆/索支护原理及大变形控制技术 [J]. 岩石力学与工程学报，2016，35（8）：1513 - 1529.

[129] 陈上元，赵波，赵菲，等. 恒阻大变形锚索力学特性及其在深部切顶留巷中的应用 [J]. 煤炭工程，2020，52（11）：103 - 107.

[130] 胡杰，李兆华，冯吉利，等. 恒阻大变形锚索弹塑性解析模型及数值分析 [J]. 岩石力学与工程学报，2019，8（S2）：3565 - 3574.

[131] 高玉兵，杨军，何满潮，等. 厚煤层无煤柱切顶成巷碎石帮变形机制及控制技术研究 [J]. 岩石力学与工程学报，2017，36（10）：2492 - 2502.

[132] 郭建伟，张广杰，丁坤朋. 坚硬顶板切顶卸压沿空留巷围岩控制技术 [J]. 煤炭技术，2020，39（4）：58 - 62.

[133] 郑立军，王文，张广杰. 高应力综放工作面切顶卸压沿空留巷开采技术研究 [J]. 河南理工大学学报（自然科学版），2021，40（6）：43 - 53.

[134] 陈超. 风沙区超大工作面地表及覆岩动态变形特征与自修复研究 [D]. 北京：中国矿业大学（北京），2018.

[135] 何满朝，曹伍富，单仁亮，等. 双向聚能拉伸爆破新技术 [J]. 岩石力学与工程学报，2003（12）：2047 - 2051.

[136] 梁洪达，郭鹏飞，孙鼎杰，等. 不同聚能爆破模式应力波传播及裂纹扩展规律研究 [J]. 振动与冲击，2020，39（4）：157 - 164.

[137] 何满潮，郭鹏飞，张晓虎，等. 基于双向聚能拉张爆破理论的巷道顶板定向预裂爆炸 [J]. 爆炸与冲击，2018，38（4）：795 - 803.

[138] 钱鸣高，刘昕成. 矿山压力及其控制 [M]. 北京：煤炭工业出版社，1984：53 - 70.

[139] 钱鸣高. 采场上覆岩层岩体结构模型及其应用 [J]. 中国矿业大学学报，1982，11（2）：6 - 16.

[140] 闫少宏. 综放开采矿压显现规律与支架 - 围岩关系新认识 [J]. 煤炭科学技术，2013，41（9）：96 - 99.

[141] 杨登峰，陈忠辉，朱帝杰，等. 基于切落顶板的浅埋煤层开采支架工作阻力研究 [J]. 岩土工程学报，2016，38（S2）：286 - 292.

[142] 杨胜利，王兆会，孔德中，等. 大采高采场覆岩破断演化过程及支架阻力的确定 [J]. 采矿与安全工程学报，2016，33（2）：199 - 207.

[143] 王家臣，杨胜利，李杨，等. 深井超长工作面基本顶分区破断模型与支架阻力分布特征 [J]. 煤炭学报，2019，44（1）：54-63.

[144] 娄金福，康红普，高富强，等. 基于"顶板-煤壁-支架"综合评价的大采高支架工作阻力研究 [J]. 煤炭学报，2017，42（11）：2808-2816.

[145] 黄庆享，徐璟，杜君武. 浅埋煤层大采高工作面支架合理初撑力确定 [J]. 采矿与安全工程学报，2019，36（3）：491-496.

[146] 张可斌，钱鸣高，郑朋强，等. 采场支架围岩关系研究及支架合理额定工作阻力确定 [J]. 采矿与安全工程学报，2020，37（2）：215-223.

[147] 徐刚，张震，杨俊哲，等. 8.8 m 超大采高工作面支架与围岩相互作用关系 [J]. 煤炭学报，2022，47（4）：1462-1472.

[148] 陈炎光，钱鸣高. 中国煤矿采场围岩控制 [M]. 徐州：中国矿业大学出版社，1994：102-117.

[149] 史元伟，采煤工作面围岩控制原理和技术 [M]. 徐州：中国矿业大学出版社，2003：96-112.